沒權力也能有影響力

學會Exchange交涉術，就能影響你的上司、同事及合作夥伴

Influence without Authority

Allan R. Cohen、David L. Bradford◎著　　陳筱黠◎譯

企畫叢書 FP2169

沒權力也能有影響力

學會Exchange交涉術，就能影響你的上司、同事及合作夥伴

作　　　者	Allan R. Cohen and David L. Bradford
譯　　　者	陳筱黠
副 總 編 輯	劉麗真
主　　　編	陳逸瑛、顧立平

發　行　人　涂玉雲
出　　版　臉譜出版
　　　　　城邦文化事業股份有限公司
　　　　　台北市中正區信義路二段213號11樓
　　　　　電話：886-2-23560933　傳真：886-2-23419100
發　　行　英屬蓋曼群島商家庭傳媒股份有限公司城邦分公司
　　　　　台北市中山區民生東路二段141號2樓
　　　　　客服服務專線：886-2-25007718；25007719
　　　　　24小時傳真專線：886-2-25001990；25001991
　　　　　服務時間：週一至週五上午09:00~12:00；下午13:00~17:00
　　　　　劃撥帳號：19863813　戶名：書虫股份有限公司
　　　　　讀者服務信箱：service@readingclub.com.tw
香港發行所　城邦（香港）出版集團有限公司
　　　　　香港灣仔軒尼詩道235號3樓
　　　　　電話：852-25086231　傳真：852-25789337
　　　　　E-mail：hkcite@biznetvigator.com
馬新發行所　城邦（馬新）出版集團 Cité (M) Sdn. Bhd. (458372 U)
　　　　　11, Jalan 30D/146, Desa Tasik, Sungai Besi, 57000 Kuala Lumpur, Malaysia
　　　　　電話：603-90563833　傳真：603-90562833
初 版 一 刷　2008年3月20日

城邦讀書花園
www.cite.com.tw

版權所有‧翻印必究（Printed in Taiwan）
ISBN 978-986-6739-36-1

定價：360元
（本書如有缺頁、破損、倒裝、請寄回更換）

目次 ● contents

第一部 引言

第1章 ————————————————————————006
為何需要影響力

第二部 影響模式

第2章 ————————————————————————018
影響模式：拿你的東西交換別人想要的東西

第3章 ————————————————————————041
商品與服務：交易的「籌碼」

第4章 ————————————————————————062
了解對方，知道他們要什麼

第5章 ————————————————————————087
了解目標、優先順序與資源，你可以給的比想像的多

第6章 ————————————————————————104
建立有效的關係：尋找與開發合作盟友的技巧

第7章 ————————————————————————129
互惠交易

第三部　影響力的實際運用

第8章 ————————————————————————————156
影響直屬上司

第9章 ————————————————————————————182
影響難搞的下屬

第10章 ———————————————————————————201
跨職能合作：領導與影響團隊、任務小組或委員會

第11章 ———————————————————————————214
影響組織團隊、部門及事業單位

第12章 ———————————————————————————232
影響同僚

第13章 ———————————————————————————250
發動或引導重大的變革

第14章 ———————————————————————————265
間接影響力

第15章 ———————————————————————————274
了解並克服組織的權術運作

第16章 ———————————————————————————290
硬碰硬：利誘無效時，逐步採取更強硬的對策

附錄　網路上的延伸範例　　　　　　　　　　313

第**1**部

第 部

引言

第1章

為何需要影響力

在瑞銀集團投資銀行（UBS-IB）裡，我們面對的最大挑戰之一是影響我們無權直接下達命令的人。日益扁平化的組織結構、全球化與跨領域團隊帶來了新的挑戰，加上必須影響作風或觀點相異的人，使得這項任務更為艱鉅。

能夠影響老闆、同事或最高管理階層，經常被視為是影響個人成敗的關鍵因素。我們都知道自己想要達成的目標，卻往往不知該如何下手，甚至不知道必須被影響的關鍵人物是誰。

——瑞銀集團投資銀行管理與監督訓練計畫（MAST）的影響與說服策略課程之原理

這本書是關於影響力——使你的工作得以完成的力量。你必須影響那些在其他部門與事業單位的人，亦即那些你無法命令或控制的人。你必須影響你的主管和其他位階在你之上的人，你當然命令不了也控制不了他們！

但是你並不孤獨：沒有人擁有絕對的權威去達成必須完成的事情，甚至包括影響他們的下屬。從前經理人可以命令下屬做任何必要的事，其實是種錯誤的認知，因為沒有人能擁有足夠的權威，從未，也永遠不會。對此而言，組織生活太複雜了。

　　然而，擁有足夠的影響力來促使事情發生是有可能的，本書將告訴你怎麼做。

　　為了完成重要的目標，你將學習如何採取對別人對你，和組織都有利的方式去影響別人。我們以一種你已經知道的方法為基礎，雖然當你陷入困境或是為了達成想要的結果，必須與難纏的個人、團體或組織打交道時，往往看不到締造雙贏的交易的方法。本書教導你避免再做任何會阻礙你施展影響力的事情，以及如何在面對重重困難的情況下做必須要做的事情，以大幅提升你的辦事能力。

　　當我們在一九八○年代率先著手撰寫有關影響力的書時，我們必須證明為什麼我們認為影響力對於組織各階層的人是非常重要的。在過去，領導與管理的重點在於如何加強控制、如何給予清楚的指示，並確保員工會遵守服從。但是世界正在改變，而且人們對於橫向管理和向上管理的需求也更大了，此外，光是下達命令已經行不通了。今日，凡在十人以上的組織裡工作的人，都知道透過影響力取得其他人的合作，是當代維持個人工作生命的根本。凡曾經負責協調工作的人都知道影響力的重要性，以及需要別人把工作做好卻請不動他們時有多讓人生氣。數不清有多少人聽到了本書書名：《沒權力也能有影響力》後，馬上就說：「那正是我的生活寫照。」

　　你的組織生活是否遇到下列的挑戰呢？

- 你負責領導一個跨部門任務小組，你必須督促其他部門投入這項工作，但是他們卻不肯合作。
- 你是一個跨部門任務小組的成員，你在忠於自己的部門和任務小組的新建議之間陷入兩難。
- 你參與一個特殊小組或是工作小組，儘管你哀求需要協助以趕上進度，其他成員還是將所有的工作都留給你。
- 你從事產品開發，需要重要的行銷人員或部門的合作，來測試一項你正在開發的新產品。

- 你從事行銷，卻無法讓區經理或是銷售人員對這個品牌的看法一致。

- 你從事人力資源工作，腦中擁有各種構想可以增進經理人開發員工潛能的技巧，但是他們以太忙為由，不願意參與你的計畫。

- 你有一個很棒的點子，但是你的職位較低，而且需要管理階層的同意才能進行。就算你知道該和誰談，但是他們並不了解你的問題，而且也不見得會聽你講。

- 你知道如何讓公司更有效率地應付客戶或供應商，但必須改變其他部門做事的方法，然而他們喜歡原有的方法。

- 你經常必須要求同事變更他們的優先順序、關心你的請求，甚至必須犧牲他們部分的資源，或是冒險用掉他們在組織裡，其他人對他們的信任。

- 如果你可以想出辦法讓愛掌控的老闆不來干擾你，工作可能就會更有效率。

- 你無法得到老闆的關愛，因為她總是有開不完的會及應付「層出不窮的危機」。

- 你需要老闆的支持和「護航」，讓你可以應付棘手的客戶。

- 你有一名能幹的下屬，你建議他如何應付難搞的同事，但他不聽；結果，他的效率大打折扣。

　　誠如這些例子（以及無數類似例子）所示，組織的世界正變得越來越複雜（參見表1.1以了解造成影響力需求提高的外力因素）。很少有人可以獨立完成任何一項重大任務，如同田納西・威廉斯（Tennessee Williams）的劇作所言，我們都「依賴陌生人（與同僚）的仁慈」（dependent on the kindness of strangers）*。這需要三方面的

---

* 田納西・威廉斯是美國當代知名劇作家，這句對白出自他的經典作品《慾望街車》（*A Streetcar Named Desire*）。

表1.1 提高影響力需求的外在力量

- 技術革新的加快及產品週期的縮短。
- 競爭加劇（包括國際性的競爭）。
- 複雜的問題需要更聰明的員工、更多專家的投入和更多整合的需求，因而使要求卓越表現變得更困難。
- 對資訊的需求增加，而且透過資訊科技可以取得更多的資訊。
- 由於縮編和削減成本，組織變得更精實，因此更需要善用所有的人力。
- 品質與服務更受重視，因此「得過且過」已經行不通。
- 由於技術革新與組織縮編導致中級主管減少。
- 傳統的階層式組織變少，扁平式組織變多，後者包括以產品為基礎、橫跨不同地理區域、以顧客為主、矩陣式、虛擬的網絡式組織。

影響力。除了死亡與稅賦之外，在組織生活裡每個人都有一個頂頭上司。在一個扁平化的組織裡，這個頂頭上司可能是一個疏遠又親切的資源；而在階層式組織中，他可能是緊迫盯人的；但就是沒有人可以豁免。即便是執行長，也有他們必須要影響的董事會和金主，更不要提創造或販售公司產品所需的金融市場、媒體和其他組織。

　　同樣地，在組織裡幾乎人人都要與同事打交道，很少有一個人能完全獨立作業的工作，多數工作有賴於不同部門的同事一起完成，而且這些工作對他們來說也一樣重要。

　　最後，某些人還負有管理職，這些經理人理應利用他們下屬的才能，監督他們完成分派到的工作。

　　因此，那些只埋頭做自己份內工作的人將慢慢絕跡。不管你做什麼工作，只要是重要的工作，就應該與同事一起合作，在過程中，你既會影響別人，也會被別人影響，所以你必須知道如何推銷重要的計畫、說服同事提供必要的資源、與同事以及他們的主管創造令人滿意的工作關係、堅持要求你的上司對他看來可能不重要的問題作回應，並轉而就同事對你提出的請求給予周詳的回應。今天向你要求某些東西的人，可能正是下週你將需要的那個人。

由於有這麼多必要的相互依存關係，施展影響力變成一種對技能的考驗（表1.1）。卑躬屈膝地懇求同事很少是非常有效的選擇，試圖憑藉匹夫之勇與躁進來強渡關山，也可能要付出不少代價。與至關重要的同事或上司對立是一種危險的策略，最後反而很可能成為你的麻煩。

如果你已經知道如何取得必要的合作，去做就是了。萬一你已經陷入困境，或是感到沮喪，抑或是想要確認與某人打交道的最好方式，那麼本書有一個放諸四海皆準的模式，可以有效運用在任何組織、個人或團體，以及各方面。

我們要教導給你的東西係以幾項核心前提為基礎。這些前提既不新奇也不讓人覺得陌生，雖然我們看過許多人，在碰到麻煩時太容易放棄或是拒絕他們所知道的一些東西：

- 影響力與交易有關，也就是以對方重視的東西換取你想要的。
- 關係很重要；你擁有越多良好的關係，找到對的人進行交易的可能性就越大，獲得一些善意幫助，讓交易進行的可能性也就越大。
- 要在職場上發揮影響力，你必須知道自己在做什麼、有適當的計畫、有能力處理手中的任務──但具備這些往往還不夠，它只是入門的代價。
- 為了組織的最高利益，你必須具有影響力。若從短期著眼，你不一定非得如此做，但是真心關心組織的目標會使你成為更可靠、更值得信任，別人不會認為你只是為了自己的利益而參與其中，並防止那些已受你影響的人詆毀你或尋求報復。
- 不幸的是，你難以施展影響力的原因還是在於你自己。有時候你只是不知道要做什麼，這很容易解決。但在某些關鍵時刻，我們盡做一些使我們無法發揮最大效力的事情。雖然有時候是因為對方的確很難纏，但是更多時候，是因為你正在做或是做

不到的某件事。

• 幾乎每個人都具備可以發揮遠超乎自我預期的更大影響力。

為何需要影響模式？

你對於影響力的認識已經遠超過你自己的理解。有些時候，你可以直接要求你想要的東西，對方如果認為可行，就會回應你的請求，有時候你必須更努力些，設法得到你想要的。你可能沒有在想這件事，只是你出於本能地了解，某人在幫你的同時，也在期待你遲早會以某種合理的方式報答他們。這種「禮尚往來」（give and take）的行為──正式的說法是交易（exchange）──是所有人類互動的核心，也是讓組織得以運作的潤滑劑。

禮尚往來的概念在許多方面既簡單又直接，但是交易的*過程*卻要來得較為複雜。當你與人已經擁有一個良好的關係時，就不需要刻意調查分析、仔細規畫作法，或是小心行事。就像多年之後發現自己不自覺地常常「老生常談」的人一樣，你可能已經本能地做了許多我們在這裡所說的方法，特別是當事情進展順利的時候。

記住，影響模式（包括詳細調查分析對方的興趣、評估你所掌握的籌碼、注重關係）在下列情況絕對是必要的：

• 已知對方將會抗拒。

• 你不認識對方，而且你要求的東西可能會讓他們付出很大的代價。

• 你的關係不佳（或者你是某個團隊的成員，而該團隊與對方所屬團隊的關係不好）。

• 你所要求的東西對付出的一方而言可能是一大負擔。

• 你可能不會有另一次機會。

但是在你面臨這些狀況的時候，你天生對「禮尚往來」的認知總

是讓你動彈不得。儘管你對於自己正試圖達成的目標充滿熱情，但是你越努力，遭遇的阻力就越大。

我們將會告訴你如何擺脫這種令人發狂的處境，如何退一步思考，並想出可行的辦法。

影響力的阻礙

為何當你的天生本能與知識想不通事情的運作方式時，要取得影響力是如此困難呢？（參見表1.2的摘要）

表1.2　影響力的阻礙

外　在	內　在
• 權力差距太大	• 缺乏如何施展影響力的知識
• 不同的目標與目的，及優先順序	• 盲目的態度
• 不相容的表現評量標準與報酬	• 害怕對方的反應
• 對抗、競爭、嫉妒	• 未能將焦點集中在自己的需求及他人的利益上

一些阻礙你發揮影響力的外部因素，例如：

- 你與自己想要影響的人或團體之間的權力差距太大。只要提到影響力，重點在於假設你能否影響正式權力（讓你有權下達命令的地位）不比你低的人。本書教導你找到方法來增加自己的資源，但是有時候權力差距太大會讓你拿不出對策。

- 你想要影響的人的目標與目的有別於你，導致彼此的優先順序不同，讓你無法找到共同點。因為在組織裡扮演角色的不同，有些人不會關心你想要完成的事情，因為他們有不同的期許，甚至他們的個人目標根本就與你的大相逕庭。

- 你想要影響的人有不相容的評量標準與報酬。同樣地，由於組

織角色的關係，評量機制不容許他們恣意而行，因此他們無法
回應你想要的。

- 你想要影響的人是你的競爭對手或是有競爭壓力，不希望你成
  功。如果他們認為你的成功會干擾到他們的成功，即便他們知
  道這麼做對公司有利，你還是可能無法得到幫助。此外，他們
  個人可能對你或是你的部門具有強烈敵意，以至於蒙蔽了他們
  的判斷。

這些是為何你很難取得完成工作所需協助的客觀理由。有時候無
論你再怎麼懂得影響技巧，都無法克服這些障礙。但是我們發現，更
多時候這些障礙的發生在於影響者本身的內在因素。你可能缺乏應對
的知識與技巧，不知道如何改變這個拒絕合作的人，或是你可能沒有
必需的態度與勇氣。

這些內在障礙包括：

- 當出現客觀性的問題時，缺乏如何施展影響力的知識。某些影
  響行為會引起本能反應，因此許多人在看到其他人或團體沒有
  產生回應時，就會變得束手無策。他們不認為影響力是一種交
  易行為，也不了解將某種重要的東西（而非他們本身所重視的
  東西）傳達給他人有多重要。他們只強調自己想要的東西有多
  好，而忘了必須訴諸對方所在乎的東西。
- 你的態度讓你看不見對自己有益的重要客觀資訊。你認為自己
  不該試圖去影響別人；他們只要認清事實並讓步就好嗎？另外
  一種有礙的態度是，凡沒有馬上同意你請求的人，你很快視他
  們為無物，認定他們有所不足。我們將會針對這個常見的阻
  礙，以及如何克服，進行許多討論。還有一項阻礙是知道什麼
  可以打動他人，但是你受不了想要它的人，所以就打退堂鼓或
  是變得懷有敵意。
- 害怕對方以及他們可能出現的反應。很多時候，人們為了擁有

影響力，必須說一些可能會使對方生氣或是想要報復的事情。出於恐懼，通常未經證實（且往往沒有理由），他們就認定自己無法繼續下去。光是想到強迫別人可能會使對方不喜歡你，就可能讓某些人感到氣餒。

- **無法聚焦在自己的需求和對方如何從中得利**。有時候，想要影響別人的人不是很清楚自己確切的目標為何，以及他們必須影響誰來完成自己的目標，因此搞錯重點，卡在次要且往往僅具象徵性的問題上。

克服阻礙：利用影響模式來指引方向

你可以克服這些不同類型的阻礙嗎？我們將幫助你退一步思考，並善用一些新的指導原則。這項挑戰將協助你克服自己的感受與反應，以做出更好的需求判斷，並學習克服阻礙你的恐懼與誤解。在下一章，將會介紹我們自創的柯恩－布雷福德（Cohen-Bradford）模式，並從那裡開始你的學習之旅。

這個模式始於這項觀察：影響力無非就是給被你影響的人一些有價值的東西（或避開某些討厭的事情），以回報他們願意給予你所要求的協助。這種交易（無論是正式或非正式）可以經由有系統地檢視，讓你更能找出對方想要什麼、釐清你自己又想要什麼，及至確認你必須提供對方什麼，並建立一個相互影響的關係來創造雙贏的交易。入門的代價是做好工作。這是最基本的，因為它創造了你是值得信任的執行者，但那常常是不夠的，你還必須擁有廣泛的良好關係（通常是遠在你利用它們之前就建立的關係），以及足夠的自我認知，來避免許多可能讓你無法發揮有效影響力的自我陷阱。

這聽起來可能過於算計——的確是，但它是關於如何把工作做好的謹慎規畫，不是為了個人的利益盤算。如果人們認為你只在乎自己的升遷或成功，他們會小心提防、抗拒，或是私下進行報復。久而久

之，組織內的影響力將歸於真誠之人──那些真心關心別人福祉的
人，那些建立許多關係並經常進行對彼此有利交易的人。詭計多端、
工於心計、追逐私利的行為可能收一時之效，但最終不是為自己創造
敵人，就是欠缺助人之心，使你喪失了影響力。當你的行為可能換來
別人的報復行動，這種報復行動可能令人感到難受。如果你所處的組
織已經發展出一味鼓勵追逐私利的負面文化，這樣的組織終將衰敗。

本書的架構

在此先說明我們的作法。本章已經介紹了對影響力的需求，以及
學習一個更系統化的方式，思考如何取得影響力的好處；第二章將詳
細說明影響模式的精髓；第三章到第七章則會更深入詳細地探討這個
模式的每個階段。接著在一連串實際應用的章節裡，我們利用影響模
式常見的狀況，闡述你如何可以得到所需的事物以完成工作。你可以
針對自己目前的情況挑選章節閱讀，當你進入其他或更為複雜的情境
時，再回過頭來看。

除此之外，我們在自己的網站上提供七個克服許多障礙以取得影
響力的案例（http://www.influencewithoutauthority.com）（參見附錄A
的詳細範例，以及我們從這些範例得到的教訓）。

我們將告訴你，非裔美國人內蒂・希布魯克斯（Nettie Seabrooks）
在通用汽車（General Motors）漫長職業生涯的期間，如何在一九六
○年代從圖書館員做起，一步步取得權力。

你可以讀到華倫・彼得斯（Warren Peters）的故事，這名經理人
自認按規矩辦事，卻因為一名更資深的經理人刁難他想要延攬的人事
案，雙方一度發生爭執，但是後來獲得解決。

或者，不妨細看一間財星百大消費商品公司的基層市場分析人員
安・奧斯汀（Anne Austin）的故事，看她如何想辦法讓別人接受她的
產品構想，得以成功跨越向來難以突破的行銷部門障礙，成為產品經

理人。

　　你可以從莫妮卡・阿胥利（Monica Ashley）的故事，聽到她如何應付一個複雜的矩陣組織（matrix organization），以及一名權力很大的資深研究員的反對，推出一項革命性的新產品——結果她被免除產品管理的職務，即使最後證明她是對的。

　　如果你想要看如何憑藉一己之力成功影響一個新社區，建立大家對風力發生等激進構想的興趣與支持，我們在書裡放入了一個蒙大拿州小小的英雄事蹟。

　　有關運用影響力來創造改變的好例子，我們放入了威爾・伍德（Will Wood）的故事，他是一名訓練與開發人員，學習說財務管理的行話，取得大家對創新的線上訓練所需的昂貴軟體的支持。

　　芙蘭・葛瑞格斯比（Fran Grigsby）則告訴我們，她如何成功橫渡Commuco公司的政治水域，在沒有太惹毛一名重要主管的情況下，停掉他心愛的計畫。

　　如果你喜歡從各式各樣的機會中學習，這些的案例提供了更完整的說明與情境分析，你同樣可以在http://www.influencewithoutauthority.com上查閱。

　　這是一本可以幫助你獲得成功的書，透過告訴你如何為組織和那些即將和你打交道的人帶來好處，賦予你更多的影響力。

第**2**部

影響模式

第2章

影響模式：拿你的東西交換別人想要的東西

我已經為你做得夠多了，阿波羅；現在輪到你為我做點事情了。
　　——紀元前七○○至六七五年，一尊希臘阿波羅雕像上的銘文，說明古時候對互惠（reciprocity）觀念的理解程度[1]。

雖然你並非總是清楚何時會從政治的恩典銀行提取積存的恩惠……但你總是清楚要儲存恩惠。
　　——摘錄自《紐約時報》（二○○四年八月十二日）A1版珍妮佛・史坦豪爾（Jennifer Steinhauer）的〈朱力安尼在布希競選路上扮演重要角色〉（*Giuliani Plays Major Role on Bush Campaign Trail*）一文，說明當代對互惠行為的了解。

　　針對我們在第一章裡所描述的種種挑戰，你可以如何影響那些你沒有權力支配他們的人呢？簡單的答案就是：為了擁有影響力，你必須擁有別人想要的資源，以便可以換取你想要的協助。影響力的秘訣是基於一個構成所有人類互動基礎的原則——互惠定律（the Law of Reciprocity）。

漠視互惠定律將自食惡果

　　互惠幾乎是一種放諸四海的信念：人們該為他們所做的事情得到回報──禮尚往來（或以牙還牙）[2]。這個在全球原始和不那麼原始的社會都顯而易見的行為理念，已擴大到組織生活中。職場上所採取的一種互惠形式是──「光明磊落做一天工，光明磊落拿一天的工錢」。

　　一般而言，人們會期待，久而久之那些曾接受過他們恩惠的人，會平衡這筆總帳，而以等值的作為回報他們的寶貴行為。基於該如何讓事情得以運作的基本信念，讓身陷困境的人們之間可以取得合作。一項經典的監獄守衛研究發現，這些守衛無法單憑威脅與懲處來控制人數遠超過他們的犯人。守衛必須給予犯人許多恩惠，例如對小的違規行為睜一隻眼閉一隻眼、供應香菸等諸如此類，以換取犯人在遵守紀律方面的合作[3]。世界上所有的正規管理機構都無法讓難以控制的犯人守規矩；他們給予犯人恩惠，讓坐牢的日子比較好過，以交換他們的合作，此舉並非出自於對「規矩」的尊重。

　　即使在組織裡，沒有類似的「禮尚往來」行為也難以成事。一名經理提醒她的同事，執行長今天大發雷霆最好躲遠點。心懷感激的同事後來投桃報李，告訴這名經理，他在競爭對手的資訊科技策略會議中所獲悉的消息。不久之後，這名經理聽說了一個潛在的新客戶，就告訴這個同事；當這個同事獲得這個機會後，開始動手進行一項簡化付款手續的合作計畫，替這名經理節省了大筆龐大支出。他們這種「禮尚往來」的互惠關係使雙方的組織生活變得更好。

　　「禮尚往來」也可以是負面交易。這種交易可能是因為拒絕合作而損失好處；或是因為回應讓人不滿意而付出代價。負面交易可能是以威脅語氣表明後果會如何如何，或是導致雙輸。

交易：充斥各種影響手段的你來我往藝術

影響行為的方法有很多種。你可以透過理性勸說、鼓勵、商議、逢迎、個人吸引力、結盟，或不斷施壓[4]等方法來影響別人。

雖然將每種方法視為一個個各自獨立的手段很誘惑人，但是我們認為交易（以某個有價值的東西換取你想要的資源）實際上是所有這些方法的基礎。在每一種影響力形式中，都有互惠行為居中運作及某個東西被交易出去[5]。舉例來說，因為被勸說的人從贊同別人的主張中看到好處，所以理性勸說行得通；因為這個人感覺自己是某個理想的一員或促使某件好事發生，所以鼓勵起了作用；也因為願意被影響，他獲得其他人的歡迎並與之親近，所以逢迎發揮了作用。然而，如果被影響的一方沒感受到某種程度的好處（以有價值的「籌碼」作為回報），這些手段無一能成功。擁有各式各樣可影響他人的策略是很重要的，你應該善用對症下藥的策略；基本原則是給予對方重視的某件東西，換取你想要或需要的東西（或是如果你得不到自己想要的，就不給對方看重的東西，或是給他們不想要的東西）。

這種互惠行為在組織生活中不斷發生，人們做些事情從而得到某些東西作為回報（表2.1）。

表2.1　互惠行為在職場上的例子

你付出	你得到
• 職務所要求的工作。	• 標準的薪俸與津貼。
• 願意週末加班完成案子。	• 上司讚揚你、向上級提及你的額外努力、提議讓你多休幾天假。
• 在重要會議支持同事的案子。	• 同事在案子成果上，給你一個表現的機會。
• 應其他部門同事之請，做一份高難度的分析報告。	• 同事跟你的上司說你有多了不起。

為何需要影響模式？

　　雖然交易的概念在許多方面既簡單又直接，但是交易的過程卻要來得比較複雜。當你已經與別人有良好的關係在，就沒必要大費周章調查分析情勢及思索合適的方法。你只要提出要求，同事做得到就會答應你。這並非意味著我們的模式不適用，它確實適用，只是意味著你是出於本能地在運用這個模式。

　　但是有的時候，影響他人並不是那麼簡單，你需要採取更小心謹慎的作法。那就是為什麼這個影響模式（仔細調查分析別人的興趣、評估你擁有的資源和關係）可能非常有用。表2.2條列出幾種狀況，它們需要一個更有系統的方法，調查分析你施展影響力的方式。

表2.2　需要留心使用影響模式的各種狀況

在面對下列的一個或多個狀況時，使用影響模式：
- 已知對方將抗拒。
- 你不認識對方，而且你要求的東西可能讓他們付出極大的代價。
- 你的關係不佳（或是屬於某個團隊，該團隊與對方所屬團隊的關係不佳）。
- 你可能沒有另一次機會。
- 你已經試過所有可以想到的辦法，但對方還是拒絕你的請求。

　　雖然你不必隨時留意這個模式，但是將這個模式想成類似飛行員每次飛行時都必須遵循的例行性檢核表，還是有幫助的。飛行員知道要做什麼，但是還是會跑一遍檢核表，確保他們做好所有的基本檢查。人在焦慮時，眼光焦點容易變得狹隘，並限制去思考其他可能的辦法時，此時，這樣的影響力檢核表尤其有用。我們已經建立了一個影響模式（圖2.1），在你陷入困境時指引方向[6]。讓我們來看這個模式的各個部分。

互惠行為自然而然地發生在組織生活中

身兼科學家、發明家及創業家的史丹利‧施耐德（Stanley Snyder）博士，是一所中西部頂尖大學非終身職的資深科學家。身為一名異議份子並自喻為組織局外人，施耐德博士學會從棘手的經驗取得必要的影響力。施耐德博士長久以來一直依附於生物系，對他而言，這是個合情合理的棲身之所，因為他擁有分子生物學的博士學位。他在該系為這所大學開發了若干專利技術，他利用專利權與授權支付自己部分的開銷。然而，他一直是主管研究事務的副教務長的肉中刺，施耐德博士認為後者一直在想辦法找藉口要他走路，而且已經有好一段時間。

九一一事件發生不久後的炭疽病恐慌，提供了衝突的藉口。施耐德博士的工作主要與化學有關，但是當美國政府開始尋求快速試劑來研判是否感染炭疽病病毒，某家公司找上了施耐德博士，請他協助研發這樣的試劑，施耐德博士「充當了救火隊」。他與一名研究並收藏炭疽病株且培養過這些菌種的同事一起合作。他們很快提出一種價廉又實用的炭疽病試劑。然後施耐德博士向學校的教務長宣布這項好消息，並協助安排企業授權協議，專利權將屬於這間大學。根據施耐德博士的說法，學校當局不但不歡迎這項消息，還因為炭疽病引發的高度恐懼而「大發雷霆」。他和他的同事接受大學的調查，然後又被當地的警察和聯邦調查局調查，彷彿他們是不顧後果的科學家與罪犯。他們被處以行政假（一種非常負面的「交易」！）。

施耐德博士一直都很喜歡在這所大學工作，在那裡他有同事與合作的研究員，當然不希望離開，起初他只想到與校方爭論。在這段關係緊張期間，物理系的要員哲里克夫（Zelikoff）博士與他碰面，施耐德博士之前曾經協助哲里克夫博士撰寫專利權申請書。他們在討論施耐德的工作問題時，哲里克夫博士試探性地提出讓施耐德加入物理系的可能性。哲里克夫博士本人有點個人主義傾向，卻精通大學組織內部的運作，他想協助解決施耐德博士和校方的僵局。他研究學校的政策與程序，發現可以邀請施耐德博士（反正他會自籌財源）加入物理系。結果，哲里克夫博士會得到一名能力出色的助手，物理系則得到了施耐德博士的部分專利權。施耐德博士則會得到某種程度的保護與監督，以及實驗室和辦公的地方。他們力抗該副校務長要解雇施耐德博士的行動，與教務長（助理常務副校長的頂頭上司）達成對施耐德博士、物理系和校方皆有利的協議，而施耐德博士目前則埋首於應用研究及新的發明上。

圖2.1 柯恩－布雷福德的無職權的影響模式概要

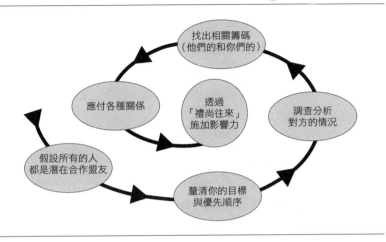

假設所有的人都是潛在合作盟友

影響力的最大挑戰之一，是試圖影響不合作的人。不要貿然放棄那個人，而是要將每個你想要影響的人視為只要你努力就可能成為潛在的合作盟友。當你需要從某個沒有正式合作關係的人處得到某件東西時，必須先評估是否可以透過可能有共同利益的地方著手建立合作關係。如果一開始便認定對方是敵人非盟友，因而未能那麼做，會阻礙你對情勢的正確理解，導致誤解、刻板印象與溝通不良，並可能為自己招來「自我應驗預言」（self-fulfilling prophecy）*的發生，所以把對方當作敵人會招來有敵意的回應。認定對方是潛在合作盟友的心態，同樣也適用於你的主管身上；如果你認為在組織中主管與下屬是夥伴關係，那麼想辦法讓這個關係對彼此都有利，這是你的責任，也是你主管的責任（第十二章將詳細探討如何做到這點）。

---

*「自我應驗預言」是社會學家羅伯・莫頓（Robert Merton）所提出的理論，意指個人對自己的預言，往往會在日後的行為結果中應驗。

釐清你的目標與優先順序

有時候，想要知道從潛在合作夥伴那裡可以得到什麼並不容易。下列幾個面向將影響你該選擇何種進行方式：

- 你的主要與次要目標是什麼？
- 它們是短期或長期目標呢？
- 這些需求是「必備的」（must-have），還是有商量餘地的「有也不錯」（nice-to-haves）呢？
- 你的優先任務是成就，還是維護／改善關係呢？

你必須努力思考自己的主要目標，才不會走偏去追逐次要目標。你究竟需要什麼？在若干可能性中，你的優先順序為何？你願意拿什麼來換取你的最低需求呢？你想要在一件特定事項上得到特定形式的合作，還是你會為了追求更好的未來關係退而求其次呢？為了短暫的勝利造成反感是否值得，還是將來能夠再與對方打交道更重要呢？

渴望影響力的人常常分不清個人的欲望與工作上的真正需求，以致招來誤解或阻力。舉例來說，如果你過於關心對錯、羞辱對方，或總是強辯到底，那麼你個人的利害變成重心，而妨害到其他更重要的組織目標。你要自己是對的還是有成果的呢？

調查分析合作夥伴的情況：組織的力量可能影響他的目標、關心事物與需求

這裡的挑戰是判斷潛在合作盟友的組織情況，這點牽動許多他所關心的事物。這些外在因素所扮演的角色，通常在決定什麼對他們是重要的時候，比他們的性格更為重要。如果礙於一些理由你無法直接詢問對方，不妨檢視可能會影響其目標、關心事物或需求的外在組織因素。舉例來說，組織如何評量和獎勵員工的表現、主管與同事的期許、這個人處於其職業生涯的哪個階段等諸如此類事情，對於這個人

可能想要以什麼東西來交換他的合作，以及他為了給予你想要的協
助，而必須付出何種代價，將產生重大的影響。

　　這項調查分析活動有助於防止你將不喜歡或不了解的行為，歸咎
到對方不好的性格、個性或是動機，並協助你了解在這個角色的背
後，對方到底是個什麼樣的人。了解對方所承受的壓力可以幫助你避
免將之「妖魔化」，而能看到潛在的合作夥伴。

找出相關籌碼（有價值的資源）：對方的籌碼與你的籌碼

　　我們將人們想要的東西稱為「籌碼」，因為那相當於你所擁有的
有價物件，可以用來交換他人所擁有的有價物件。多數人想要超過一
件以上的東西（例如：名聲、金錢、受歡迎）。如果你可以找出若干
合適的籌碼，手上就有更多資源可供交易（表2.3）。

表2.3　籌碼來源

來　　源	例　　如
● 受組織因素影響的籌碼	● 表現、行為規範、報酬機制
● 受工作因素影響的籌碼	● 符合評量標準、做好必要的工作
● 受個人因素影響的籌碼	● 偏好的風格、名聲

　　評估你擁有什麼對方想要的資源。你有可能無法提供合作盟友想
要的一些東西，因此知道自己掌握什麼資源，或是可以取得什麼資
源，才可以運用合適的「籌碼」。許多人低估自己可以聚集的資源，
所以驟下結論：自己無能為力。但只要仔細檢視許多你可以不需要預
算或是得到官方許可就能做到的事情（你所掌握的另類籌碼），可能會
從中發現到潛在的談判籌碼。舉例來說，部屬因為看不到自己可以提
供給主管的各種籌碼而失去影響力，像是準時完成工作、傳遞來自其
他部門的重要資訊、為主管辯護、提醒主管注意可能面臨的禍事等
等。

應付各種關係

這有兩個層面：㈠你與對方的關係的本質為何──正面、中性或負面？㈡對方想要什麼樣的關係？

你可能有一個早已建立的關係，如果它是一個好的關係，那麼你無須證明自己的善意就可以輕易提出請求。但如果這個關係存有不信任的前科在（無論是為了個人的理由，或因為你代表衝突的部門），或這是雙方的第一次接觸，就要格外謹慎小心，你必須小心建立一種必要的信任關係。

每個人都有自己偏好的建立關係方式，有些人喜歡你在與他們進行討論前，先提出你的完整分析；有些人偏好聽取你的初步構想，並做腦力激盪。有些人想要看具有選擇性的解決辦法；然而，也有人只想得知你的最後結論。千萬不要以你最喜歡的方式建立關係，而不去考量對方偏好的互動方式。如果你採用對方覺得安心的方式建立關係，將會擁有更多的影響力。

決定你的交易方法：達成交易

一旦你已經決定了可以用來交易的商品或服務，就表示你已經準備好提供你所擁有的來換取你想要的。影響你交易方法的因素包括：

- 你所提供資源的吸引力。
- 對方對於你所擁有東西的需求。
- 你對於對方所擁有東西的渴望。
- 在組織不成文的規定下，人們可以多公然表達自己想要與需要的東西。
- 你與潛在合作盟友以前的關係，以及比較喜歡的互動方式
- 你願意碰運氣追求你想要的東西嗎？

這可幫助你規畫一個最有利於你的交易方法。我們會在後面幾章

進一步詳細討論上述所有問題，但在此之前先了解，期待互惠行為的發生對於取得影響力至為關鍵，十分重要。

交易的後果：工作與關係都發揮重要影響

在組織裡，所有施展影響力的努力同時包含了工作上與關係上的著力。人們很少是在缺乏過去經驗或不了解彼此的情況下進行互動，也多少影響了這項主題的討論（事實上，你甚至不需與某人有實際的互動，你與他人的互動關係，就足以影響對方將會如何與你打交道）。再者，想到未來的關係也可能影響這項討論。忽略未來可能會造成贏得一場戰役卻輸掉整個戰爭的危險。你可以選擇忽略過去或是你的交易行為，但是如果你必須再與同批人打交道，那可能會產生問題。

在達成影響力方面，信任佔有舉足輕重的地位。如果別人認為你太工於心計，或是你對影響力的興趣是為了個人而非組織的利益，他們會擔心、會抗拒或私下進行報復。如此長久以往，最後組織內取得影響力的人，將是那些對他人福祉真正感興趣的人，他們與人建立關係並經常致力於對彼此都有利的交易。詭計多端、工於心計、追逐私利的行為可能收一時之效，但最後只會為自己樹敵，或是欠缺助人之心，讓不擇手段的人無法成功。

良好的關係有助個人更容易贏得別人的合作，所以慷慨大度並致力於雙贏交易者會有好報。一起做好工作，實踐你的承諾，或僅僅提供對方所重視的東西，都會增進關係。締造成功的交易容易讓雙方對彼此更有好感。

及早並經常建立關係。有時候，不良的關係幾乎無法讓人進行任何工作上的交易，即使這麼做符合彼此的最佳利益，於是在任何工作被完成之前，都必須花時間重建關係。為了避免發生這種情況，在需要用到關係之前，先想辦法建立關係。假設為了規畫新產品，你想要同事給你一份特別的分析報告，如果你們的關係緊張，你的首要之務是緩和彼此間的緊張狀態，修補關係。這麼做可以減少你為取得所需

資訊花費的唇舌，並找到一個取得協助的基礎。

最後，在討論你想要的東西的時候，你們雙方的關係品質如影隨形陪伴在側。留意整個交易的討論過程，如果你只在乎交易結果，一意孤行，不只可能傷害到未來的交易，還可能失去這筆交易。

與許多人建立關係並創造一個正面的名聲，意味著你會建立起良好的信用，而且你會有更多時間回報所得到的幫助。擁有良好名聲是一種未雨綢繆的作法，就像將信譽存入銀行，以便日後可以隨時提取。千萬不要拿自己的未來做抵押，因為你永遠不知道何時必須兌現你的籌碼。

交易行為可以是正面的，也可以是負面的

誠如之前所提，交易行為可能會以正面或負面的形式出現。正面交易是：「我做些有利於你的事，反之，你也做些對我有幫助的事。」但是，你也能以負面的行為交換負面的行為，例如：「既然你不答應幫我，我也不打算特別幫你。」

仔細留意兩種負面交易行為：㈠暗示或公然威脅對方你可能會採取的不利行動，或是對方的回應可能會導致可怕的後果；㈡採取負面的報復行動，其結果是雙方皆淪為輸家。以牙還牙可能讓施與受雙方都感到不快，但如果最後能導出正面交易，這麼做可能是不得不然的必要手段。雙輸的報復性交易是最下下策，只能被當作最後訴諸的手段。如果組織已經發展出這種一味鼓勵追逐私利的負面文化，將步上衰敗之途，在乎組織目標的人會因此感到厭惡，而盡速走人。

你可能偶爾必須運用負面交易。然而，即使是正面交易的提議，也隱含著不接受提議將產生不利後果的訊息。像是如果答應合作對彼此都好的提議，就潛藏著不合作會為雙方帶來不利後果，是有可能發生的。你可以說清楚也可以不明說你未來也將拒絕合作，來報復對方的拒絕或有意施予某些處罰。「如果你幫助我，我將永遠感激你」這句話也可能意味著：「如果你不幫我，我不會對你懷有任何感激之意

（甚至可能會很不高興）。」同樣地，「如果你可以出借那名化學工程師，我就可以完成這項非常重要的計畫。」暗示著，如果對方不合作你會停止這項計畫，而且會失去某個有價值的東西。最後，你可以利用負面交易逐步提高賭注，使對方越來越難以拒絕合作。

公然表明採行負面交易，可能有助於推動事情的發展，是一種可以強制執行你的請求的有效手段。這顯示事情的嚴重性，也可能是影響對方的有效方法——如果這個威脅是真的，而且對方也在乎這個威脅。

雖然以負面後果作為威脅不是一種很友善的交易方式，但在極度棘手的情況下可能是必要的。當好說歹說都無法拉動這頭騾子時，可能需要迎頭痛擊來吸引他的注意。在提及不利的後果時，也拿出一根胡蘿蔔的作法通常還滿有用的：「我不想訴諸此道，我比較喜歡某種作法，但如果辦不到，我將被迫……」有關這點，會在第七章「達成交易」這個主題上做更多的討論。

然而問題來了，當得不到合作的沮喪（當下或過去的經驗）導致你不是出於仔細的調查分析，而是出於惱羞成怒展開負面交易行為。阻礙進展的感覺可能迫使人們迅速擁抱負面的作法，以威脅作為第一個訴諸的手段而非最後的手段，這種作法本身可能會招來負面的反應，阻礙達成交易的可能性。

傾向正面交易。雖然負面交易可能是有力的影響手段，但我們還是鼓勵從交易的積極面著手。雖然有些人發現，在必要的時候反而更難採取強硬的態度，但是我們認為，強調積極面還是比較能擴大多數人的影響力範圍。

負面作法會創造它自己的互惠形式，其中之一是讓對方覺得不得不拒絕合作。你創造了一個「自我應驗預言」，受到威脅的人往往不自覺地開始以其人之道還治其人之身，升高他們的抗拒態度，變得更難纏，也加深了你對他的負面看法，導致你採取更強悍的態度。這種負面情緒會一直升高，直到你們都被激怒且無法讓步。更糟糕的是，

如果你的負面名聲遠播在外，一些潛在合作夥伴在你對他們做任何事情之前，已打算以負面態度對你。你所點燃的潛在威脅火苗還沒有燒到別人，就已先燒到你自己。

強調正面交易的另一個理由，是同事與上級可能更強勢；他們手中可能擁有不亞於你的報復資源，升高了陷入惡言相向的潛在危機，他們可能渴望有這個機會來證明誰比較強。另一方面，抱持正面的期待創造了一個更有可能締造雙贏的氣氛。在請求對方幫助之後，許多事情的發生，不只取決於你滿足對方需求的程度，也取決於對方對你的信任程度──它是你過去的行為以及對方認為你是個多好的企業公民，共同創造的產物。

此外，你必須超越目前去思考，現代組織的變化速度讓人難以預卜未來所有人的職場關係。可能有一天你發現自己成為對方的下屬、上司，或是需要支援的同儕。只要你還有與某人再度打交道的可能，就應該表現得好像你可以找到共同的目標和結果。這樣一來，他們肯定會跟你有志一同。即使後來證明這個假設是錯的，你還是可以求助其他對策。

自己製造的影響力障礙

我們已經闡明一個簡單易懂的模式，用來調查分析要做什麼，並執行這個模式來達成想要的影響力。多年來，我們教會許多人成功地運用這個模式，但是我們在這個模式的各個階段也觀察到許多失敗的例子，無論他們是否知道或意識到自己正在使用這個模式。這些想要擁有影響力的個人不是使事情變得更糟、或過早放棄，就是因為預期會失敗而洩氣得連一點努力都不肯嘗試。在進一步探討如何利用這個模式之前，我們先來看看在每個階段中阻礙人們發揮效能的常見習慣。當你試圖在工作上成功達成任務時，表2.4可以作為警惕，隨時督促自己。

表2.4　常見的影響力自造障礙

- 未能假設對方至少是個潛在的合作盟友。
- 未能釐清你的目標與優先順序。
- 未能調查分析對方的情況：組織的力量可能影響他的目標、關心事物與需求。
- 未能確認對方的籌碼。
- 知道對方的籌碼，卻不接受。
- 未能評估你擁有哪些資源與對方所想要的有關。
- 未能調查分析你與潛在合作盟友的關係（並在必要時修補關係）。
- 未能想清楚你想要如何交易──並達成交易。

　　障礙：未能假設對方至少是個潛在的合作盟友。未能以正面的態度去思考那些難以影響的人，或許是最致命的自製陷阱，它通常肇始於一個被拒絕的請求。你想要某個對你而言明顯重要的東西，而且完全是對方能力範圍內所能提供的。有時候，你還會提出第二次的請求，如果你真的不屈不撓，還會有第三次。絕大部分的人在被拒絕兩到三次後，便認定對方根本就有問題（心理學家稱此為歸因〔attribution〕[7]），如果不是這個人的性格、動機或智商有缺陷，就是這個人是「那群可悲的沒用傢伙的完美表率……（一群麻煩份子）。」這種負面歸因（negative attribution）行為無須大聲說出來（「不過是另一個搞行銷的空殼子」；「又是個科學怪人」；「一心只想著數字的金融騙子」；「沒腦袋又假惺惺的人事室傢伙」；「滿眼鈔票的會計師，不夠格當會計師」），就已經將你的心態表露無遺。

　　問題在於無論你是否說出口，光是想著這樣的事情，這些被批評的對象都會感覺到你認為他們很差勁，進而關閉溝通管道。誰想要受某個額頭上像是掛著一塊紅色霓虹燈招牌：「我認為你是個蠢蛋！」的人所指使。難就難在一旦你認為這個人是個蠢蛋（或更糟糕），就很難找到夠大的罩子遮住這塊霓虹燈招牌。

　　將你此刻的沮喪（你的真實感受）與這個人可能永遠都不是合作盟友的結論分開來看，即使對方認為他有拒絕合作的合理理由，你還

把你想要影響的人設想成最壞的人：千斤頂的故事

有個男人深夜開車行駛於一條陌生的鄉間道路上，這時候車子爆胎，他想要換輪胎，卻發現車廂內沒有千斤頂。在發了一頓脾氣後，他決定唯一的選擇是徒步找農家借千斤頂。他一邊走一邊開始擔心時間已晚，天色又暗，而他將會是一名半夜吵醒住家的陌生人。但是他沒有別的選擇，天氣又冷，只好不停地走著。終於，他看到一間農舍，但是當他走近時，越來越擔心被他吵醒的人可能會有的反應：「他一定會非常不高興，會生氣，還可能拿出槍」等。最後他抵達農舍，敲了門，並再度想像這個農民會有多生氣。在敲了很久的門，並等了很長一段時間後，燈亮了起來，門也打開了，這名旅人狠狠地揍了這名農夫一頓，大吼：「你可以留著你該死的千斤頂！」然後大步離去。

是要設法尋找一些彼此的共同立場。試著不放棄任何人，無論他們看起來有多難纏。如果盡了所有努力還是失敗，你多的是時間可以鄙視他們。

障礙：未能釐清你的目標與優先順序。你可能有一大長串想要的東西，尤其是從某個你無法成功影響，或是預期可能會被拒絕的人處得到，但那樣想只會造成負擔，讓人打退堂鼓。另一個我們經常看到的錯誤是個人目標與組織目標不分，這不僅發生在一些所要求的資源或支持上，還出現在自我肯定或是獲得額外關注上，或是身為組織的弱勢族群，肯定自己是個可敬的對手（像是科技公司裡的行銷專家、在男性主宰的組織裡的女性、在白人掌控的組織裡的非裔美人）。通常，做好工作終會帶給你所渴望的讚美；但將之與工作相關的請求混為一談，可能引來大家對這個混合訊息的反感，並減低你得到資源的機會。

另一個重要的障礙源自於當你強烈的個人需求——要贏、不能丟臉、摧毀對方、證明你有多聰明、獲得成功等——無法讓對方確信你不是為了勝利而是真的想要合作完成任務。個人的勝利是否重要到讓

未能考量組織因素，造成員工拒絕合作的案例

　　一名產品經理人感到非常沮喪，因為法國區總經理不願意督促他的銷售人員去推銷一件重要的新產品。原來這名法國區總經理的考績是按照全國總營業額來評量，加上跟做成幾筆現有產品的大生意相比，介紹及販售新型、低價產品必須花費更多的工夫。這位新產品經理人努力推動案子卻在沮喪下放棄，欠缺合作並非無可避免的結果，他犯下的第一個錯誤是未能事先調查分析目標方面的差異，只是盲目地跳起來反對；其次是即使了解這項差異，但卻忽略可能有其他可以吸引對方的東西。或許，法國區總經理在乎率先為新產品開發一個好市場的名聲，或是想要參與更早階段的市場規畫，這也是產品經理可以提供的籌碼。

你甘冒危害工作或關係之險？如果答案是肯定的，那是你的權利，但是你應該謹慎抉擇，而非只是無意識地行動。

　　障礙：未能調查分析合作盟友的情況——組織的力量可能影響他的目標、關心事物與需求。每個人都會對其所處的環境做出回應，尤其是在組織內部。你無法發揮影響力的一個主要原因，是其他部門的考績評量標準與你的部門不同，因此他們不願意回應你的請求。結果，你不是要試圖適應他們認為非常重要的事情，就是要更努力逼迫他們去做你所知對組織和你而言重要的事情。

　　障礙：未能確認合作盟友的籌碼。更常見的是，你根本完全未留意想要影響的人或團體所關心的事物。那些渴望擁有影響力的人往往對他們試圖完成的事情感到如此興奮，如此熱愛他們希望實現的成就，如此確信價值是不證自明的，以至於忽略對方所重視的事物，我們稱此為「失之千里」（missing by a mile）。如果讀者沒有親身犯下這樣的錯誤，想必也看過這種自我設限，想像足球狂熱份子試圖向棒球迷或橄欖球迷推銷足球運動：「它是非常講究技術與技巧的巧妙運動，所以得分很少，如果你看得夠久，就會知道它有多迷人！」這種論調還沒成功過，雖然還是有些人一直如此鼓吹。

　　另一項常見的主要障礙，是未能充分了解人們重視的籌碼，認定每個人都只喜歡你所喜歡的。並非只有電影《窈窕淑女》（*My Fair Lady*）中的亨利・希金斯教授無法了解：為何一個他想要影響的女人無法更像一個人──亦即更像他。

　　這個問題的一個變數是假設對方只喜歡一件東西（一個重要的籌碼），而且當你沒有那種籌碼時，就如同產品經理與法國區總經理的例子一樣施展不開。幾乎每個人都有一組有價值的籌碼，即使有些籌碼比其他籌碼更有價值，但往往還是有可能達成交易的。

　　障礙：不接受合作盟友的籌碼。有時候，想要影響別人的人確實了解對方在乎什麼，卻不願意接受它們作為他值得擁有的籌碼。如果對方想要的東西嚴重違背你的價值觀或是道德原則，那是一回事，但往往不接受對方籌碼只因為彼此的差異。一名擁有創業能力的行動派人士可能難以接受專注於結構與程序的同事，導致他想要改變這名同事，而不是去適應這名同事所重視的東西。透過交易施加影響力是給予對方想要的以換取你所需的，而非關改變對方之所欲。

　　障礙：未能評估自己擁有哪些資源是與對方想要的東西有關。這部分最大的阻礙是未能認清許多人想要的籌碼，是那些你已經擁有很多的籌碼，你不需要任何人的允許就能給予別人肯定、表示感謝、賦予地位、給予尊重、體諒他人、幫助別人等。如果對方唯一會接受的籌碼是經費轉讓，而你的案子尚未取得經費，交易當然可能會毫無進展，雖然有時候精明地討價還價還是可以克服那樣的限制，但多數人擁有的可用資源比自己所知道的還多。

　　障礙：未能調查分析你與潛在合作盟友的關係（並在必要時修補關係）。我們已經提過忽略良性關係的好處可能阻礙交易達成。如果你不被信任，可能很難讓潛在合作盟友冒險與你合作。那些渴望取得影響力的人犯了一心只想著交易在工作上所帶來的好處的錯誤，不然就是突然試圖在最後一刻裝好心，給人虛情假意的印象。

　　否則就是有些渴望影響力的人假裝對對方有興趣，裝成要跟你建

立交情的樣子，或是在試圖影響他人的每個階段，以非常功利的方式接近對方，而予人耍手段的印象，引起對方的不信任。如果人們認為使用這些方法的人只是為了追逐私利，那麼所有的技巧都是沒用的。當我們的影響模式被看作是一種顯然只關乎影響者的個人利益，而與組織的真正需求完全無關的方式來使用時，這個影響模式是沒用的。玩弄權謀的人常以所有的索求都是「這麼做對組織好」為藉口，彷彿他們的自利取向（self-orientation）神不知鬼不覺。

障礙：未能想清楚你想要如何交易——並達成交易。未能創造信任感再度成為發揮影響力的主要障礙。讓人覺得你是個一報還一報的人（一個野心勃勃工於心計的人，或是永遠無法靠彼此的善意與好感進行交易的人），可能連吸引人的交易也會被拒絕。有時候，想要施加影響力的人一廂情願地認為，基於和對方有過正面交易和不錯的關係，應該可以讓他完全違背個人利益與自己合作，當對方表示這個要求太過分時，就發脾氣，破壞彼此的關係，進而喪失了自己未來和現在的影響力。

另一個常見的障礙是未能調整自己的互動方式，去配合潛在合作盟友所喜歡的方式。這可能是因為人際關係的盲點所造成，例如：你沒注意到對方喜歡簡單明瞭的解決之道，仍滔滔不絕地說著問題的複雜性。有時候你可能知道對方喜歡的互動方式，卻仍頑固堅持自己喜歡的作法，誤以為這是「忠於自己」。將人際互動的方式定位為自我誠信問題，容易讓人忽略他人的權益，以保有自己偏好的事物，進而引發憤怒，或是更糟的情況。

參見以下範例，一名原本能夠勝任的經理人，因為缺乏適當的引導模式來幫助他決定行動對策，因而未能得到他想要的資源。接下來的五章，將詳細說明「沒職權也能有影響力」的模式。

為什麼他就是不聽？一個常見的影響力失敗故事

　　比爾・希頓*是西岸一家價值達二‧五億美元公司的研發部門的主管。這個部門製造特殊的通訊零件，有許多值得稱讚的技術成就。然而過去幾年當中，這個部門的業績表現時好時壞。儘管該部門做了許多努力想要變得更賺錢，但多年下來，累積了數百萬美元的虧損。幾筆大型合約一直大幅虧損，導致部門內各個單位交相指摘。比爾覺得這個問題主要出在行銷計畫負責人羅蘭德身上。

　　比爾的同事暨該部門的行銷主管泰德・勞瑞是羅蘭德的直屬上司，後者授命負責一項重要的新合約，需要行銷與研究（加上生產）一起合作。注意比爾談到他企圖影響泰德時的沮喪：

　　另一項計畫即將通過，這個計畫的負責人羅蘭德是一個好人，但是他不懂壓低姿態，而且永遠也不會。他是造成上次大幅虧損的原因，現在又要由他負責。我不斷與他的主管泰德・勞瑞爭要換掉羅蘭德，卻徒勞無功。泰德並不認為羅蘭德有能力，但是他肯定沒有嘗試找別人，反而來找我，擔心我這邊的狀況。

　　我在這點上一直是很有團隊精神的人，我應他們的請求改變我的人員配備，派他們想要的人去為羅蘭德的案子做研究。關於應該派誰做這項計畫，我甚至駁回我部屬的判斷，但我還是無法從羅蘭德那裡得到我所需要的進度報告，而且他向來拿不出計畫。我沒有聽到什麼爭議，也沒有任何改進這個問題的行動。這讓人覺得很不舒服，因為我回應他們的請求，卻得不到他們的回應，不可能有辦法解決這個問題。如果他們不同意，那就這樣，我可以採取一報還一報的對策。我可以告訴他們如果他們不做我想要的，下次就要給他們好看，但是我不知道要怎麼做才不會傷害這個組織，這種感覺比從粗暴對待羅蘭德得到的滿足感更糟糕。

　　羅蘭德的主管泰德比起他之前的那個傢伙好多了，所以我不希望看到他被撤換。我們可以一起去找我們共同的主管——總經理，但是我真的討厭那樣做。如果你必須去找你的主管，那麼你在矩陣組織內已經失敗。在我把問題丟給他去處理之前，我必須努力嘗試。

　　同時，我被迫堅持要泰德換掉羅蘭德，但是我擔心這是一個毀滅性的作

---

* 本範例中除所有人名皆為化名，其餘都是真人真事。

法。我只想要大叫，我不想等這個案子失敗後被告知我搞砸了。

比爾顯然對於這樣的情況很生氣，也對於他無法影響泰德‧勞瑞感到沮喪，他發現自己以不舒服的方式在做事。比爾未能利用互惠定律是他無法影響泰德的主要原因。因為比爾認為他已經盡全力幫助泰德，期待泰德主動投桃報李，並換掉羅蘭德。當泰德並未採取行動時，比爾的怒氣反映他所相信的，透過變更他自己的人員配置計畫，他已經在泰德身上創造了義務。他「有恩」於泰德，所以泰德應該報答他並同意換掉羅蘭德。

比爾也擔心「負面交易」——在他盡了本分後，卻因為案子失敗而遭受不公平的指責。他對於自己的努力應得的肯定非常在意，在做了額外努力之後還遭受嚴厲的批判，將會違反他的公平原則。

未能將別人視為潛在合作盟友

比爾就像其他經理人一樣，非常想要影響某個不願合作的人，他將自己的潛在合作盟友——泰德——視為棘手的敵人，將負面動機加諸於泰德身上，因而限制了自己對各種可能性的判斷力。由於比爾不知道如何從泰德身上得到他需要的東西，開始對泰德為何忽略他的努力斷然下了危險的結論。

此外，他已經放棄將羅蘭德視為值得合作的對象，只是將他的上司——總經理——視為最後訴諸的仲裁法庭，而非解決問題的可能資源。因此，比爾將他自己與潛在合作盟友脫離，並覺得沒有能力達成任何雙方都滿意的解決方法。

未能釐清自己的目標與優先順序

比爾未能找出他的目標與優先順序。他想要擺脫羅蘭德，但那是為了達成更重要目標的一個手段：改善專案管理流程及逆轉該部門目前的低迷表現。比爾希望泰德了解他的需求；卻將重心放在一個特定的答覆，而非合作解決問題。他想要報復，但並不想要傷害組織。他想要解決問題，卻不想讓總經理涉入其中，因為那會顯得他很無能。難怪比爾無法聚集影響力；他未能釐清對他而言什麼才是最重要的。因此，他沒有辦法發展出一個行動計畫。

未能調查分析合作盟友的情況，找出籌碼

由於注重自我利益是人類的本性，因此比爾未能從他潛在合作盟友的情況和觀點來看這個問題，例如：比爾未能思考如果泰德換掉羅蘭德的代價是什麼。

比爾原本可以輕鬆地判斷泰德的這些利益考量：

- 將專案管理成本降到最低。
- 利用既有的人才。
- 讓他的部門覺得他保護他們免於遭受外界的攻擊。

如果比爾曾經考慮進行調查分析，原本可以先問自己下列幾個問題：

- 泰德有更好的人選嗎？
- 泰德是否認為自己可以指導羅蘭德在這個專案上有更好的表現呢？
- 泰德是否真的認為羅蘭德在上一個專案上的表現不佳呢？還是，他將這個案子的失敗歸罪於其他的部門呢？
- 泰德是否想要在他的下屬面前保留顏面呢？
- 泰德是否擔心自己會立下由研發部門決定他人員配置的先例呢？

比爾如此熱中於告訴泰德他應該換掉羅蘭德，以至於沒有用心評估泰德可能有的想法，或是去考慮泰德的想法會對泰德的配合造成什麼影響。

最後，比爾連問都沒問泰德，為什麼他不做回應？或許，公司是以不同的標準來衡量泰德的考績；或是他承受來自總經理的某種程度壓力，讓他無法回應比爾的要求。除了生氣和渴望報復，比爾原本可以著手找出問題，從泰德的觀點和自己的觀點，了解自己可以做什麼來形成一個值得的交易。

比爾原本可以用友善、不具威脅的態度去找泰德，告訴他：「泰德，我真的很為難，在我看來，你似乎不願回應我對羅蘭德的疑慮。顯然，我對他有不同於你的看法，所以請幫助我了解你對這個問題的態度。」這樣一個初步的行動至少可能會打破僵局。不了解潛在合作盟友的情況，就難以準確找出如何才能產生自己想要的回應。

未能決定交易策略

比爾是如此沮喪，以至於他錯過許多交易的可能性。雖然他認為透過調整自己領域範圍的工作配置，就是表達了誠意，也在泰德身上加諸了責任，但是泰德是否了解比爾是在回應他的請求？或泰德是否得到他想要的東西？這點並不清楚，甚至連泰德是否知道比爾期待有所回報也不清楚。雖然比爾調整自己的組織，期待從泰德那邊得到對等的回報，但是他並沒有讓泰德清楚知道這樣的調整對他而言有多不方便。因此，比爾只有付出卻沒有獲得。單方交易的感覺是什麼呢？是憤慨。

雖然比爾的價值觀使得他無法採取會傷害這個組織的行動，但是他似乎

不知道自己可以聚集資源來取得良性的交易。他與總經理的關係是他討厭打的一張牌，但還是有方法可以讓他在不會顯得軟弱無能的情況下達成目標。他原本可以利用總經理來試探如何接近泰德，不是嗎？他原本可以建議總經理以解決問題的諮詢者身分，而非最後的仲裁者，來與他和泰德開會，不是嗎？

　　此外，比爾顯然只有兩種互動模式：好人或壞人。當不成好人時，他認為只有轉為壞人一途。比較溫和的方式──打聽、冷靜地堅持或思索──似乎沒有發生在他的身上。比爾擁有經過嚴格訓練的背景，或許有能力尋求別的辦法，但是他並沒有仔細了解自己的選擇，再從中找到任何可行的辦法。因此，他擁有的影響力遠低於他本來可以擁有的。

　　由於他沒有一套影響模式，因此缺乏有效的方式發起調查分析，只能陷入沮喪不安之中。他不知道要跟泰德要求什麼，或是如何針對羅蘭德的問題展開對話，好導引出一個可行的辦法。這正好說明社會心理學家克特‧雷文（Kurt Lewin）的至理名言：「沒有任何東西比一個好的理論更實際」──或者，我們也可以補述：沒有任何東西比缺乏好的理論更不切實際。

註釋

1. 《哈佛雜誌》（*Harvard Magazine*；1989年5-6月）特約編輯Janet Tassel 在〈Mighty Midget〉一文中引述這段來自名為「曼帝卡羅斯阿波羅」（Mantiklos Apollo）雕像的銘文。

2. Alvin Gouldner, "The Norm of Reciprocity: A Preliminary Statement," *American Sociological Review* vol. 25 (1960).

3. Gresham M. Sykes, *Society of Captives: A Study of a Maximum Security Prison* (Atheneum, New York, 1969).

4. Gary Yukl and J. Bruce Tracy, "Consequences of Influence Tactics Used with Subordinates, Peers, and the Boss," *Journal of Applied Psychology*, vol. 77, no. 4 (1992), pp. 525-535. （參見第99頁Porter 等人的表，由因子分析、Q-sorts量表、內容效度分析等推論得知。）

5. 交易的概念是本書的重心，後面幾章將有詳細的討論。我們參考了一些經典文獻：George C. Homans, "Social Behavior as Exchange," *American Journal of Sociology* (1958), p. 63；Peter M. Blau, *Exchange and Power in Social Life* (New York: John Wiley & Sons, 1964)；*Peter M. Blau, Bureaucracy in Modern Society* (New York: Random House,

1956）；及Peter M. Blau, *The Dynamics of Bureaucracy* 2nd ed. (Chicago: University of Chicago Press, 1963)。

6. 模式（models）的本質是簡化真相的抽象概念，凸顯出重要的是什麼以及要注意什麼。真相通常更為混亂，尤其是當人們涉及不同的認知、感覺和假設。在任何假設的例子中，你可能必須作調整和推論，但是一個好的模式有助於釐清真相。我們的影響模式採用先前社會學家視為描述性的（descriptive）——人群中互惠行為的存在——並使它成為規範的（prescriptive）和主動積極的（proactive）。結合我們在組織方面的研究，這個模式分成幾個往往被人們視為理所當然或是覺得不可抗拒的步驟。

7. 我們在整本書中運用我們所詮釋的歸因理論，H. H. Kelly在《*Attribution in Social Interaction*》（Morristown, NJ: General Learning Press, 1971）及F. Heider在《*The Psychology of Interpersonal Relations*》（New York: John Wiley & Sons, 1958）中都對這個理論有所說明。

商品與服務：
交易的「籌碼」

強盜：要錢要命。

以小氣聞名的美國喜劇演員傑克‧班尼（Jack Benny）：（沉默
不語）。

強盜：如何？

傑克‧班尼：我正在考慮！

王國硬幣*：籌碼的概念

　　柯恩–布雷福德的影響模式是以交易與互惠行為為基礎——以別
人想要的換取你想要的。當你擁有別人想要的東西時，就可能發揮影
響力。籌碼所代表的意義——某種有價值的東西——可以幫助你判
斷，自己可以提供什麼給潛在合作盟友以換取合作。因為籌碼代表可
交易的資源，所以它們是取得影響力的基礎。如果你的金庫裡面沒有
對方重視的籌碼，就沒有可交易的東西。在本章中，我們進一步細看

---

* 「王國硬幣」（Coin of the Realm）原為大不列顛（the Great Britain）形成之前，在英格
　蘭王國（the Realm）流通的硬幣（coin），今日「王國硬幣」已經成為法定貨幣的代名
　詞，此處意指商品與服務的交易貨幣（籌碼）。

籌碼如何運作、哪些是組織生活常見的籌碼,以及如何了解它們的用途。

普受重視的籌碼

為了達成交易,你必須了解許多人們想要的東西,以及所有你必須提供的有價值東西。在各式各樣的狀況中,至少有五種籌碼是具有影響力的:

1. 與鼓勵有關;
2. 與工作有關;
3. 與地位有關;
4. 與關係有關;
5. 個人的。

雖然這個名單不夠全面,而且有點是為了方便而強制歸類,但相較於許多組織成員的傳統看法,它確實讓人看到了更多可能的籌碼。擁有這個基本架構可以提醒你注意他人可能重視的籌碼,或是你可以提供的籌碼,表3.1概括了我們的基本籌碼列表。

與激勵人有關的籌碼

這類籌碼反映了帶有鼓舞人心的組織目標,這些目標賦予工作意義,而且越來越受到組織各階層的重視。

願景(Vision)。願景或許是最崇高的籌碼。描繪公司或部門令人振奮的未來願景,並讓對方覺得他們的合作將有助於達成這個願景,可能是非常大的鼓勵。如果你可以鼓勵潛在合作盟友看到你的請求具有更大的意義,將有助於達成個人的目標與克服許多麻煩事。

卓越(Excellence)。有機會將某件事情做得很好並很驕傲有此機會可以卓越地完成工作,可能是很大的鼓勵。這也表示「職業技能」

表3.1　組織內常見的重要籌碼

與鼓勵有關	
• 願景	參與一個對單位、組織、客戶或社會更具意義的任務
• 卓越	有機會將重要的事情做得非常好
• 品德 / 職業道德	根據比效能更高的標準做「對的」事情

與工作有關	
• 新的資源	得到金錢、追加預算、人員、空間等
• 挑戰 / 學習	有機會做增進技能的工作
• 協助	在目前的專案或討厭的任務上得到幫助
• 組織的支持	得到公開或暗中的支援或執行工作時的直接幫助
• 迅速回應	更快得到某些東西
• 資訊	取得組織或技術相關消息的途徑

與地位有關	
• 肯定	努力、成就或能力的肯定
• 能見度	有機會讓上級或組織內其他重要人士認識你
• 名聲	被視為能幹、忠誠
• 打入核心圈子 / 重要性	重要性與歸屬感
• 人脈	與其他人建立關係的機會

與關係有關	
• 理解	有人傾聽你所關心的事情與問題
• 接納 / 包容	感受到親切與友善
• 個人的支持	得到個人與情感上的支持

與個人有關	
• 感激	表達受人恩惠的感謝
• 掌控 / 參與	對重要工作的掌控與影響
• 自我概念	價值、自尊和個人特質的肯定
• 自在	避免麻煩

（craftsmanship）未死，只是隱藏起來等著被發掘善用。許多人想要做高品質、精緻的工作，因此知道如何提供這種機會可能是有用的籌碼。

　　合乎倫理道德（Moral/Ethical Correctness）。或許，多數的組織

成員喜歡根據他們認為合乎倫理道德、利他主義或是非對錯的標準來行事，但是他們也常常覺得要在工作中做到這點是不可能的。由於這些人重視更高的道德標準勝過效率或個人的方便，他們會回應讓他們覺得自己正在做「對的」事的請求。他們的自我形象是，寧可自己麻煩，也不願做任何他們認為不恰當的事情。這一點讓他們喜歡自己，所以美德本身就成了獎勵。

與工作有關的籌碼

與工作相關的籌碼和工作的完成度有直接關係。它們與一個人執行被分配到的任務或是因成就而得到滿足的能力有關。

新的資源（New Resources）。對一些經理人而言，尤其是在資源很少或難以取得資源的組織內，最重要的籌碼之一，是有機會取得新資源協助他們完成目標。這些資源可以是、也可以不是與預算直接相關；它們可以是人員、空間或設備的借用。

挑戰性（Challenge）。有機會從事富有挑戰性的任務，是當代組織生活中最普遍受到重視的籌碼之一。在詢問員工哪些是其在工作上最重視的事情的調查中，挑戰性經常名列前茅。最極端的情況是，有些專業人士願意盡一切可能取得挑戰艱巨任務的機會。一個在許多科技公司裡流傳的笑話，一週花八十小時在一項艱巨任務上操死自己的報酬是——如果成功，你會得到再做一次更艱巨、更重要任務的機會。對於那些人而言，挑戰本身就是報酬。

想辦法提供挑戰其實並不難，要求你的潛在合作盟友加入問題解決小組，或是將你案子裡棘手的部分交給他去做，是你可以提供挑戰籌碼的方法之一（而且如果這個人能力非凡，或許你得到的回報會超乎你的預期）。

如果你的上司重視挑戰，告知他你正面臨的棘手問題會是明智之舉，找他商量棘手的決策，或是提出重要的問題，讓他可以與同事或上級交涉（討厭挑戰的上司重視的，則是不讓自己處理複雜的問題）。

協助（Assistance）。雖然有許多人想要承擔更多的責任與挑戰，但是大多數人都會遇上一些棘手的工作任務需要有人協助，或擺脫它們。或許是因為他們個人不喜歡那些工作、難以招架眼前所面臨的難題、工作嚴苛到不合理，或是為了某些理由已經決定不再為組織賣命。無論理由為何，他們會對可以減輕他們負擔的人給予特別善意的回應。

另一個重要的協助類型籌碼，是一個部門提供給另一個部門的產品或服務。這些產品或服務不是為了提供者的方便而設計，而是可以依據接受者的需求量身打造。在要求對方配合新計畫之前，幕僚人員可以認真地先去了解對方部門的需求，並做必要的調整適應，來創造協助的籌碼。

組織的支持（Organizational Support）。這項籌碼最受正在進行一項計畫，並需要其他人的公開支持與幕後協助者所重視。對於正大力推行一連串活動，或是會因為上級或其他同事的一句好話而受益的人而言，這也是很有用的籌碼。既然凡有一點重要性的工作，都可能招致某種程度的反對聲浪，「朝中有友」，對試圖讓專案或是計畫通過的人或有很大的幫助。一句好話在對的時機落到對的人身上，對於促進某人的職業生涯發展或完成目標可能幫助很大。當某人受到攻擊，同事願意挺身而出公開支持他或該計畫時，這種支持也是最有用的。

迅速回應（Rapid Response）。對於同事或上司而言，知道你會對緊急請求迅速做出回應，是非常有價值的。掌控該應急「昨日」所需資源的經理人會很快發現，幫助某人避開大排長龍的隊伍，累積了自己日後可以提取的寶貴信用。有時候在這個位置的人由於得意忘形，即使有多餘的能力可以幫助別人，也會做得像是一直在施予對方莫大的恩惠。這種小把戲只有對那些急需幫忙又搞不清楚真正情況（一個不太可能保守太久的秘密）的人，才行得通。小心，過分誇大你的負擔，不僅會讓有用的籌碼變得不值錢，還可能累積不信任感。

資訊（Information）。認清知識就是力量，有些人重視任何可以

幫助他們改善工作績效的資訊。明確的問題解答可以是有用的籌碼，但是更廣泛的資訊一樣有幫助。了解產業趨勢、客戶關心的事情、高層的策略性觀點，或其他部門的工作進度等資訊是有益的，因為它有助規畫與管理重要的工作，而內幕消息可能更有價值。誰佔上風？誰又有麻煩？管理高層最近關心什麼？最熱門的產業趨勢或最新的顧客發展為何？資訊狂熱份子會傾力襄贊可以提供他們內幕消息的人，即使這樣做對他們眼前的工作並沒有幫助。

對於凡能取得寶貴資訊且願意分享的人而言，這種對資訊的渴望可以為自己創造機會。如果你的上司重視這種消息，你就有更多誘因驅策自己在組織開發廣泛的人脈關係。除此之外，留意周遭動靜也有助你提供許多非常有價值的籌碼給渴求消息的上司。弔詭的是，一個人的職位越高，就越難知道組織內部究竟發生了什麼事，也就越會感激別人給他情報。

與地位有關的籌碼

這些籌碼提高一個人在組織的地位，從而**間接地**增進自己完成任務或是促進事業生涯發展的能力。

肯定（Recognition）。當人們相信自己的貢獻會受到肯定時，會很樂意全力投入一項計畫。然而，不可思議的是，有許多人吝於大方予人肯定，或只在非常特殊的情況下才給別人肯定。或許，這不是巧合，一項重要的研究顯示，幾乎所有曾經成功推動改革的中階主管，一旦改革完成，都非常小心地分享功勞以及散播榮耀[1]，他們都認同利用這個有價值的籌碼來回報人們的重要性。

被高層看見（Visibility to Higher-Ups）。擁有雄心壯志的員工都知道，在一個大型組織裡，有機會表現或得到有力人士的肯定，可能是贏得未來的機會、情報或升遷的決定性因素，那也就是為什麼專案小組成員爭相向決策高層做報告的原因。

名聲（Reputation）。還有另一項與獲得肯定有關的變數，即更

普遍的名聲籌碼。好的名聲可以為許多機會鋪路，反之，名聲狼藉可能讓人很快拒你於千里之外，而難有表現。

名聲良好的人受邀參與重要會議，人們有新的計畫會徵詢他的意見，在推銷想法的時候，認為有他的支持很重要。有能力但名聲不佳的人（即使名義上位居要職）可能會為人忽視，不然就是等到事情已經成定局時，大家才去徵詢他的意見。注意：一個人的實際能力與名聲之間只有部分的關聯性，至少在較大型的組織內是如此，因為很少人對誰有多少真正實力有直接的了解。不過，名聲具有強大的影響力；沒有名聲——根本沒人注意——意味著即使你對他們很有用，也不會有人邀請你加入。

認為自己沒有什麼影響力的基層員工，往往不了解自己擁有多少能力可以影響擁有更多權力的經理人的名聲。說主管的好話或壞話可以對其名聲造成很大的影響，進而影響他的管理效能。深諳人情世故的銷售人員特地討好秘書或其他支援人員，他們深知秘書在老闆面前對他們有不好的評價，可能造成難以彌補的壞印象。

打入核心圈子（Insiderness）。對於某些成員而言，打入核心圈子可能是一種最有價值的籌碼。這個籌碼的特徵之一是，擁有內幕消息；另一項特徵是，與重要人物建立關係。有機會參與重大的事件、工作或計畫本身可能就是有價值的。擁有這樣的機會確實引發一些人產生覺得自己很重要的感覺。

重要性（Importance）。有關內幕消息與人脈籌碼的一個變種籌碼是，有機會感受自己的重要性。被核心圈子所接納和得到內幕消息是其兩項特徵，單單被承認是重要的參與者，對於許多覺得自己的價值被低估的人而言，意義非凡。

人脈（Contacts）。與前述許多籌碼有關的是製造關係的機會，這創造了一個互蒙其利、交易所需的人際網絡。一些人有了門路後，對建立令人滿意的關係的能力就有了信心。擅長呼朋引伴的組織成員也會從協助引見彼此不相熟的人中獲益。

人脈創造大師

　　我們的朋友莎珍特（Alice Sargent）是一個企業顧問，她是世界上最棒的關係促進者。透過專業知識、友善及開放的行事作風、願意自我奉獻的精神，還有一個讓她能夠與許多新面孔接觸的職業，莎珍特的通訊錄為數以百計的人們提供服務，也包括我們，而且無論我們在做什麼，她總是知道某個我們「應該與其一談」的人。她的熱心幫忙是無私的，還有她對每個人工作的了解、在擴展人脈方面的活力，以及樂意分享她的人脈，都讓我們深表感激。即使死神不公平地提早降臨，在她臨終前，仍在尋找正確的管道來幫助一位朋友的女兒決定該上波莫納大學，還是布林茅爾學院；她還幫助一位作者找到讀者群，以及一家協助包裝這名作者的訓練計畫公司。許多顧問與企業人士因為她的慷慨行為獲益，至今依然懷念她。我們從她身上學到的事情之一是，幫助人們建立關係中所蘊藏的力量。

與關係有關的籌碼

　　與關係有關的籌碼較著重於加強與某人的關係，而非直接完成組織交代的任務。但這並無損於這些任務的重要性。

　　接納／包容（Acceptance ／ Inclusion）。有些人最重視的是那種與他人是親近的感覺，無論對方是個人或團體／部門，他們容易接受那些溫暖、以親切為籌碼的人。雖然他們可能會、也可能不會把親近看得比其他與工作有關的籌碼還要重要，至少他們無法忍受與任何沒有用親切和接納的態度開啟嚴肅工作話題的人，進行令人滿意的交易。

　　了解／傾聽／同理心（Understanding ／ Listening ／ Sympathy）。對於組織的要求感到困擾、被孤立，或是得不到上司支持的同事，尤其重視別人懷抱同理心的傾聽。幾乎每個人都會很高興偶爾有機會討論困擾自己的事情，尤其是當傾聽者似乎並非別有企圖，或是不會一心只想到自己的問題而無法留心聽你說話。的確，抱持同理心傾聽而

不發表建議，是一種許多經理人也都不了解的行為模式，基於他們的工作與性格的本質，他們傾向於「做點什麼」，孰不知傾聽本身可能就是一種有用的籌碼。

　　個人的支持（Personal Support）。對於許多人而言，在特定的一些時刻，擁有他人的支持是他們最重視的籌碼。當一名同事感覺有壓力、心煩、脆弱或是極度渴望關心時，就會雙倍感激並記住你的一個體貼的動作，譬如：到他的座位打聲招呼、說句貼心的話，或是將手放在他的肩膀上。有些人直覺地就知道，只要給予壓力中的同事適當輕輕一拍就好、誰喜歡花、誰喜歡受邀到府晚餐，以及誰對一篇有意思的文章或書籍最感興趣。無論表達心意的肢體動作有多笨拙，動作本身就已傳達一切。

　　不幸地，這種表達個人心意的動作也可能失算，或是被誤解為偏向私人利益或私人情誼的層面。舉例來說，邀請他人到府用餐，可能讓習慣獨來獨往的人覺得是一種打擾。雖說應小心行事為宜，但是真誠地表達善意通常都能戰勝誤解。

個人的籌碼

　　這些籌碼可能包含許多個人的獨特需求，人們重視這些籌碼是因為它們加強個人的自我意識，可能來自於工作或是人際活動。我們所提到的只是一些個人常見的籌碼。

　　感謝（Gratitude）。雖然感謝可能是另一種肯定或支持形式的籌碼，但未必是許多決心幫助別人的人會高度重視的工作相關籌碼。有些人希望接受他們幫助的人，能夠向他們致上謝意或敬意。這是一種微妙的籌碼，甚至對那些渴望別人感激的人而言，過度使用這個籌碼容易變得不值錢。也就是說，第一次受人恩惠就表達感謝，可能會比在第十次時才表達類似的感激之情更有價值。

　　掌控／參與（Ownership／Involvement）。另一項組織成員經常重視的籌碼是，有機會感覺到他們參與控制某項重要資源，或是有機

會做出重大貢獻。雖然這和其他的籌碼相近，但對於有些人而言，有機會掌控某件有趣的事情本身就很值得，完全不需要其他形式的報酬。

自我的概念（Self-Concept）。我們在前面提到正確的道德與企業倫理是一種籌碼。另一種思考自我參照（self-referencing）籌碼的方式，是將那些與本人形象相符的籌碼含括在內。「報酬」未必總是別人給的，也可以是透過符合自我認知的行動而自行產生，還可以被當成是給自己的獎勵，滿足個人對於道德、行善，或是致力於組織福祉的信念。你可能答應別人的請求，因為此舉強化你所珍視的價值觀、認同感或是自我價值感。因為「這是做對的事情」，並且覺得成為「這種並非出於狹隘的自我利益而行事的人」而感到安心，因此答應他人請求者，則是在製作自我滿足的籌碼（美德）。

蘿莎貝絲・坎特（Rosabeth Kanter）這位鑽研「改變」的頂尖研究人員發現，一些高瞻遠矚的中階主管會投入長時間和大量精力，推動明知不會有報酬的重大改變[2]。還有人因為努力推動重大改革，對組織珍視的信念與重要的高階主管造成困擾，而遭到組織的懲罰。此外，雖然明知他們的努力將會為自己惹上麻煩，仍然義無反顧，因為他們自認為是無論他人認同與否，都會做（他們自認為）該做的事情的那種人。

自在（comfort）。最後，許多人非常重視個人的自在感受。喜歡一成不變厭惡冒險的人會盡一切可能避免惹麻煩，或是避免讓自己感到不自在。想到必須公開爭論，惡名遠播，或是憤怒地攻擊對方，就足以讓他們躲到天涯海角。他們對於升遷的興趣遠不及在干擾最少的情況下工作，保護他們不受干擾或限制局外人接近，就是幫他們一個大忙。

負面的籌碼

籌碼是人們重視的東西，但是思考負面籌碼（人們不重視且想要避免的籌碼，參見表3.2）也是可行之道。這些籌碼的運用比較不受

歡迎，因其可能引發你不想要的反彈，但有時候卻是有效或必需的。
負面籌碼有兩種形式：

一、扣留已知的重要籌碼，以為懲罰。

二、直接使用不受歡迎的籌碼。

誠如籌碼對於合作盟友的價值，缺乏籌碼或威脅要拿走籌碼也可
能產生刺激作用。由於太多人在尋求影響力的時候，只想到可能的負
面效應，所以我們強調籌碼使用的積極面，但是忽視了扣留手上重要
籌碼也是有力量的。拒絕給予資源、肯定、挑戰或支持，可能迫使合
作盟友與你合作。使用得當的話，威脅走人（拿走你留下來的好處）
可能也很有效。

直接使用不受歡迎的籌碼有一定的危險性，因其對於接受此負面
籌碼的人而言，所換來的可能是相當不愉快的懲罰。雖然不同的人重
視不同的籌碼，但是人們都不喜歡被大吼大叫，不希望將自己的行為
攤在上司或其他人面前，也不希望因為他們的行為態度遭受威脅，更
不想要同事攻擊他們的名聲。這些負面籌碼，或是威脅使用這些籌

表3.2　常見的負面籌碼

扣留重要籌碼
• 不給予肯定
• 不提供支持
• 不提供挑戰
• 威脅走人
直接使用不受歡迎的籌碼
• 提高嗓門、大吼大叫
• 當別人請你幫忙時，拒絕合作
• 提高問題的層次，提報雙方的上司
• 搬到檯面上，讓不肯合作一事曝光
• 攻擊這個人的名聲與品行

碼，可能正好是你迫使對方採取行動的必要手段。

　　直接使用不受歡迎籌碼的危險是，對方會馬上或在將來採取報復行動。你並不想要激怒一個攻擊砲火比你猛烈，或寧願拖著你一起下地獄的人。運用負面籌碼有引發戰爭的危險；或是，雖然贏得一時的勝利，卻製造出一個伺機報復的敵人。

　　因此，勿逞匹夫之勇，即使在運用負面籌碼進行交易時，也要尋找一個正面的方式去塑造籌碼。「我知道你不會想要被排擠在外」，或許比起「如果你不合作，我將看著你被排擠在外」，更容易得到正面的回應。然而，在這兩個例子中，被用來作為可交易的籌碼，正是缺乏籌碼或是扣留籌碼。如果你不得不直接使用一項負面籌碼，設法將它與未來一種較受歡迎（負面籌碼絕非必要）的狀態結合。

運用籌碼：複雜性與限制

　　即使你沒有低估自己所擁有的籌碼數量，但在執行面上還是有其複雜性。

建立籌碼交換率：如何讓蘋果等於橘子

　　如果每個人都很期待得到某種形式的回報，那麼討論「某種形式」這個問題就變得很重要了。提供對方認為等價的籌碼，需要什麼？

　　在經濟市場裡，每件東西都被轉化為等值的貨幣，使得進行合理交易變得比較容易。一噸鋼等同於一組高爾夫球桿嗎？將兩種商品轉換為美元（或等值的歐元、日圓、盧布）計價，陌生人也可以完成公平交易。然而，在組織市場中，報價的計算更為複雜。我要如何報答你願意幫助我完成我的報告呢？簡單一句「謝謝你」夠嗎？我跟你的上司說些好話是否足夠？萬一你對於公平報價的認知與我的認知大不相同呢？我們可能對相同的東西有著大相逕庭的評價。在缺乏一個已確立的標準價值情況下，換取影響力是一個複雜的過程。

　　一個能有效地將潛在合作盟友看重的東西概念化的方式，是檢視他們交易的商品與服務。他們在乎什麼？他們的語言暗示什麼？在說明不想合作的原因時，他們最先談到的是什麼？你對於他們的領域與其表現的評量與獎勵標準的分析有用嗎？本著找到方法幫助他們好讓他們可以幫助你，你是否可以採取合作的方式直接詢問他們呢？小心不要用你自己的價值來衡量對方的籌碼，重要的不是你如何評量這些商品與服務，而是他們的評量標準。

　　有時候，組織成員知道自己在工作上給人恩惠或協助可以換取的確切回報；但更常見的情況是，如果對方有足夠的善意，他們會勉強接受差不多的等值物。因此，比起決定確切的數量，更重要的是找出潛在合作盟友希望得到的交易籌碼，並以你已經轉化為該籌碼的商品來作為交換。換句話說，在你擔心「量」之前，先思考每項交易中打算拿來交換的籌碼的性質（「質」）。

不同的人有不同的喜好：沒有放諸四海皆準的籌碼

　　因為每個人的喜好不同，籌碼的價值也不同，完全是見仁見智。這名經理人可能認為一張謝卡代表感激，但另一名經理人可能視其為一種諂媚行為，第三個經理人則可能不屑一顧，認為這是企圖以廉價的方式回報他的大恩惠或幫忙（而且根據經驗，我們可以說，即使是善意，也不要將「東岸」的嘲諷言辭嘗試用在直率、友善的明尼蘇達州人身上）。

　　此外，曾經多次在同樣的人或團體上生效的相同籌碼，最後可能會變得毫無價值，不再有用。例如，如果你給予讚美以換取別人不斷施恩予你，久了之後，這種讚美聽起來可能就變得一毛不值。

一項行動：具備多重籌碼與多重報償形式

　　這裡所討論的這類籌碼並非嚴格不變，同時也具有一個認知與語言的功能：

- 一件特別的「好事」，例如，提議製作一份特別的分析報告，可能被轉化為若干不同的籌碼。對接受這份報告的人而言，這份報告可能是一種工作籌碼（「當我擁有這份報告時，就能判斷要推銷哪些產品」）；一種政治籌碼（「得到這份報告將幫助我在部門總裁面前塑造好形象」）；或是一種個人籌碼（「雖然得到這份報告不會危害我的決策，但更重要的是，它的確證明了你肯定我的事實」）。同樣的好事可能因為不同的理由，而被不同的人（或相同的人）賦予價值。

- 一種籌碼可以許多不同形式來作為報償。例如：你可以透過口頭致謝、讚美、在會議上公開表達支持、私下向同儕們表達你個人的評論，或是照會這個人的上司來表達感謝。

- 由於籌碼價值的可變性，盡可能了解每個潛在合作盟友所重視的東西，也變得更有必要——不只是他所重視的東西，還包括談論該重要籌碼的方式。有時候，用不同的方式談論你所提供的籌碼——基於你對合作盟友的風格與其優先順序的了解——會讓你所提供的籌碼更具吸引力。不做不必要的誇大，如果你沒有適當的商品，誇大只會惹人反感。不過，仔細思索如何談論可用的商品是值得的。

籌碼可能是組織的，不只是個人的

　　為了方便起見，我們已經就你想要影響的人所重視的籌碼進行完整的討論，但還有另一種比較間接的籌碼就是部門或組織的利益。當一名員工對他的團隊、部門或組織的福祉具有強烈的認同感時，提供好處給其單位而非個人的交易可能就變得非常重要。

　　同時，該名員工也得到「做好事」或「做對事」的心理滿足，這些絕對不是不足為道的籌碼。對許多人而言，能夠證明自己是個仁慈、忠誠的公民，的確是個強大的籌碼。這對他們而言是個有力的報酬，即使乍看之下，他們必須付出的東西並不符合其個人利益。

事實上，在一些組織中，贏得願意從事非切身利益的事情的名聲，正好是開發一個深具影響力的正面名聲所該有的，這些是利他主義至上的組織類型。舉例來說，我們看到麻州藍十字藍盾醫療保險組織（Blue Cross Blue Shield）*的許多中上階層經理人，致力於可以為會員以及沒有保險的人提供醫源資源，並抗拒狹隘解釋自身或部門利益的論調。因此，運用創造力，思考如何幫助顧客的經理人之意見受到注意與重視。

在這類情況下，為了個人利益鼓勵潛在合作盟友配合的對策，是嚴重違反行規。而提高個人名聲應視之為一種副產品，一種不會被蓄意兜售的籌碼。

雖然預期會出現這種直言不諱：「如果你做了那件事，我就會做這件事」的交易方式（如同一家作風強悍的紐澤西建築公司的作法）很少見，但是在大多數的組織裡，這個情況比較像是如何以迎合你的聽眾喜歡的方式來形容你想要的東西。除了注意個人重視的籌碼，留意企業文化也很重要。然而，如果你是與一名離經叛道的人打交道，反文化的作法或許正中下懷。

重新建構：表達方式需與企業文化相符

個人利益的定位因組織而異。舉例來說，在許多高科技公司中，公司會期待員工直接表達他們想從別人身上得到什麼，員工也可以自由討論取得個人利益的手段。但在IBM，公司期待以較間接的表達方式，在措辭上要以組織利益（非個人利益）為目的來提出請求。IBM沒有人會說：「如果你在這個案子上協助我，就會升官。」相反地，他們的說法會像是：「你所提供的專業協助將提高產品的價值，並有助於你的團隊因其傑出表現獲得應有的肯定。」結果可能相同，但使用的表達方式卻不相同。

---

*「藍十字藍盾」是美國非營利性醫療保險組織，以服務為目的，採會員制。

有時候，一個好點子會受到阻撓，是因為你用攻擊性的語言說明這個點子——亦即你的表達方式讓人聯想到的涵義使你失去了你最需要他支持的人。不當的表達方式可能會讓潛在合作盟友原本重視的東西，變成不受歡迎的籌碼。

做長期投資

當你一心只專注於眼前的工作，並想盡辦法取得更多的影響力時，很容易就忘了未來。但設法讓自己放眼未來，預先設想相關同事（或是未來可能成為同事的人）的未來籌碼。舉例來說，如果你的工作與營運部門互有往來，而且你知道自己的組織正面臨成本的壓力，必須考慮將一些業務外包到印度或中國，你可能會想了解一些外包業務方面的問題，即使沒人如此要求你。如果你事先累積這方面的知識，擁有一些有價值的資訊，就可以提供給突然接手這個問題的營運單位，還可以創造日後對你有幫助的信用。

使用籌碼時的自設陷阱

雖然交易的概念看似簡單，但是人們常常走了許多冤枉路，而且遠遠偏離目標（參見避開籌碼陷阱的檢查表）。

低估你可以提供的籌碼

從你知道的開始。你的訓練與經驗可以給你哪些可能別人會視之為有用的籌碼呢？

- 珍貴的技術知識？
- 組織的相關資訊，例如：哪些部門掌握專門技術？哪些部門對你部門的活動有興趣？或誰掌握了尚未使用的資源？
- 客戶相關資訊，例如：一名重要的客戶與誰在打高爾夫球；客

避開籌碼陷阱的檢查表

不要低估你必須提供的東西，你的訓練與經驗賦予你哪些資源？

你的資源　　　　　　　　　　　　　　　誰會重視這個資源呢？

- ☐ 技術　　　　　　　　　　　　　　_____
- ☐ 組織資訊　　　　　　　　　　　　_____
- ☐ 顧客資訊　　　　　　　　　　　　_____
- ☐ 辦公室政治資訊　　　　　　　　_____

你掌控哪些不經許可就能提供給別人的資源呢？

- ☐ 名聲　　　　　　　　　　　　　　_____
- ☐ 讚美　　　　　　　　　　　　　　_____
- ☐ 能見度　　　　　　　　　　　　　_____
- ☐ 感謝　　　　　　　　　　　　　　_____
- ☐ 肯定　　　　　　　　　　　　　　_____
- ☐ 尊重　　　　　　　　　　　　　　_____
- ☐ 你個人在工作上提供的協助　　　_____

給予對方所重視，而非你所重視的籌碼。

- ☐ 配合你對這個人的了解
- ☐ 配合這個人喜歡的接洽方式
- ☐ 給對方想要的籌碼，即使你並不喜歡

你願意做比公司要求還要多的工作嗎？

- ☐ 超越公司規定的工作內容

不要誇大或撒謊。

- ☐ 你可以實現你的承諾嗎？

戶使用公司的產品有什麼問題；客戶突發奇想想出使用公司產品的新方法，其他客戶可能也會感興趣；目前沒有服務的潛在客戶。

- 辦公室政治資訊，例如：誰不高興；誰計畫走人；誰行情看漲；或是誰和重要的高層走得很近。

　　你掌握哪些不需要任何人允許就可以提供的資源呢？誠如前面所示，有時候，自覺缺乏權力的人對於自己所掌控的資源，想法過於狹隘，他們認為只有掌控預算或升遷才是重要資源，因此認為自己沒有東西值得交易。你可以表達自己對別人的感激、肯定、讚美、尊敬，以及挺身相助——對別人而言，這些都是有價值的。你不需要主管或上級授權才能寫一封感謝函、公開讚揚別人，或是很快答應別人的請求。如果你撒下的網夠廣，有價值的商品或服務任你支配使用。

給別人重視的籌碼，而不是你重視的

　　這是一個完全可以理解的陷阱，因為你很容易知道自己喜歡什麼，也很容易認定由於這個籌碼對你是如此重要，所以每個人必定也想要同樣的東西。當然，有些籌碼幾乎是人人想要的——自我價值、做好工作受到肯定、交情——但即使要贏得這些籌碼，還是需要技巧。許多人喜歡具有正面意義的關注與感激，但也有些人不喜歡成為眾人矚目的焦點，或是為了他們認為是分內工作而被人感謝；也有人只想要不被打擾。更糟糕的是，人們往往太專注於自己想要的東西上，以致沒有留意到或是完全忽略對方傳送出他重視什麼東西的信號，這些信號常被聽成是藉口、障礙或乾脆完全忽略。

　　我們看到許多人（甚至位居高層的人），因為深信不可能影響自己的主管，所以完全遺漏掉一些顯而易見的事情，像是上司希望提案如何寫等。舉例來說，某個下屬想要上司及早回覆，但是他認為上司一定不會喜歡他的構想，所以就沒有費心在開會前先做一份簡要的備忘錄給上司過目。製作一份備忘錄是這名下屬能力範圍內的事，但是她從不知道那對於謹慎又忙碌的上司而言有多重要，所以未能採取一個簡單而有效的手段來取得影響力（想要對別人送出的信號有更多的

了解，請參見第四章）。

最糟糕的是，受挫的影響者聽到對方想要的東西不為他們所喜歡時，壓根不想給對方。舉例來說，汲汲於追求地位的同事可能讓他們覺得不齒，所以盡一切可能貶低他。或是，他們討厭野心，所以設法阻撓，不願意幫助有野心的同事獲得成功。記得，「互惠」是給予對方重視的東西。

厭惡必須特意去做什麼

有些人以非分內工作為由，拒絕以別人喜歡的方式去做影響他人可能需要的事情，進而限制了他們的影響力。他們死守原則：「那應該不是我的工作，我的同事應該被我的主張所說服，而且我的想法是正確的！」當然，有些原則不值得違背，但是「這不是我分內的工作」或許不在其中。不妨將其視為建立你來日可能會想要提領的信用額度，或認為這麼做就是有用的。如果你理解以滿足別人的需求來換取合作是符合組織的利益，這到頭來終會符合你的利益。

一句叮嚀：謹防不實陳述

誠如前面所討論過的，你用來形容自己所能提供資源的表達方式，可能提高那些商品或服務符合對方需求的機會，亦即滿足對方渴望的籌碼。謹慎、思慮周密的溝通是為了讓你的供給與對方的需求，增加必要的精確性。

然而，在這個過程裡仍有一些危險之處。善於表達對於任何銷售活動都很有幫助，但是要避免畫蛇添足或誇張陳述。在你自己的組織內，一個不可能實現的承諾、一個證明是錯誤的主張，甚或太過一廂情願，都可能損害你的信用，而阻礙將來的交易。如同我們企圖再三想說明清楚的，即你的名聲對於組織而言是一件寶貴的商品，即便在你努力突破限制以完成重要交易時，都要努力保護這個寶貴的資產。

無法轉換的籌碼

　　一家高科技公司的創辦人兼董事長，與他五年前所雇用的總裁越來越不對盤。這名總裁是哈佛企管碩士，責任是在創造最高股東價值——這對他而言是最寶貴的籌碼。他預估公司的國外零件產品線很快就會達到市場飽和，公司會需要進行大膽的重大研究投資，以能策略性地轉移到末端用戶產品。因此，他得出結論，目前是公司賺大錢的大好機會，透過縮減支出求得最大獲利，然後上市。

　　但是董事長不為所動，因為他重視的是不同的籌碼：技術挑戰的樂趣。他已經很有錢，一點都不在乎，公司減少研究支出，並出售求得最大獲利，他將賺得一千萬美元或是更多。他想到一個地方去測試他與生俱來、富有創造力的直覺，而非毫無生命力的資本累積。

　　他們的歧見先是發生口角，接著演變成敵意。但是他們能夠超越敵意，並經過進一步地徹底思索，了解他們永遠都不可能達成共識。他們的籌碼就是無法找到雙方可以接受的「籌碼兌換匯率」，了解這個讓他們獲得解脫，同意總裁在公司找到更適合的接替人選後，在友好的關係下離職。後來他確實跳槽到另一家公司工作，並在那裡大展鴻圖。

最後警告：一些籌碼確實無法轉換

　　另一項警告：不是每件東西都可以轉換為等值的籌碼。如果兩個人所重視的東西有著根本的差異，可能會找不到共同的立場。開放、誠實的調查研究只是確定雙方是否存在著任何可能的依存關係，最後終會有結果出來，即使未能找到交易的可能性，也可能不會損及雙方的關係。但有時候，籌碼不能轉換，你必須知道何時收手，並收得漂亮。

　　籌碼很重要，但並非總是顯而易見。如果你對對方不是那麼熟悉，你和想要影響的人或團體又沒有直接交往，第四章將告訴你如何找出可能的籌碼。

註釋

1. Rosabeth Kanter, *The Change Master s* (New York: Simon & Schuster, 1983).

2. 參見註1。

3. Peter M. Blau 在《*Exchange and Power in Social Life*》（New York: John Wiley & Sons, 1964）一書中，稅收人員的經典研究裡發現；幫助人並換來人們感謝的專家很快就發現，請他幫忙的人實在太多了，以至於他幾乎無法做自己的工作，「謝謝你」也變得不值錢。

第
4
章

了解對方，
知道他們要什麼

己所欲不必施於人，他人的品味可能不盡相同。

—— 蕭伯納（George Bernard Shaw, 1903）

　　既然你可以給別人需要的東西，就擁有影響力。但是你如何知道
他們需要什麼呢？了解你想要影響的人（所有重要利害關係人）所關
心的事情、目標和行事作風，是你決定該提供什麼籌碼以取得合作的
基礎。你知道的越多，越能判斷具有交易價值的籌碼、對方喜歡的表
達方式，以及他們偏好的互動風格。有些事情你不自覺地就是知道，
而能有效地進行。但是如果你不清楚對方重視什麼、不了解對方為何
拒絕、「合理的」作法又行不通，就將對方的動機與人格想得很負
面，那麼你有必要對他們的世界做更仔細的分析。你為了一個特定目
標必須影響的利害關係人越多，或是你預期找出正確作法的難度越
高，就越應該做事前仔細分析。本章將詳細檢視分析的過程，說明如
何判斷那些不是輕易就能看出影響他們的因素和他們的環境，好讓你
得悉如何建立目前與未來的雙贏關係。

　　只從你自己的觀點來觀察一個狀況，很容易掉入無益的自我挫敗
壓力循環，或是陷入痛苦的沉默中。極度渴望去做某件重要事情或重
要改革，能讓原本很可能成功的影響者看不見潛在盟友所重視的東

西。不願意合作的人看來好像很難纏、讓人受不了，甚至不明事理，因為他的行為在態度堅定的影響者眼中是不可理喻的。千萬不要掉入那個陷阱裡。

可以解釋所有行為的兩股力量

如果你想找出一個可以發揮影響力的對策，了解哪些因素可能有助於影響對方的行為是有幫助的。幾乎沒有哪位社會學家會告訴你所有行為可以只用兩件事來解釋，但是我們會，那就是：性格（personality）及其他的一切（everything else）。對於了解什麼東西對一個人是重要的，性格當然是重要的因素，而且如果你有信心能了解對方的心理，以及什麼會讓一個人動起來，就能想出你的影響力對策。但是要小心，研究顯示：我們常常過於簡化自己對他人的評估。如果你不是非常了解對方，你很難理解對方的性格，即使你已經與對方有過密集的接觸。此外，性格也不容易改變。基於上述兩個理由，我們建議你不要花太多精力在性格上。

至於其他會促使人們關心的事物出現變化的力量，源自他們所處的環境，例如，在工作場合有許多因素可能影響行為。雖然我們在後面會探討這些因素，但其中咸認最明顯的一個例證是：評量與獎勵的方式形塑了許多行為。史帝夫‧柯爾（Steve Kerr）的經典文章：〈希望得到A卻獎勵B的愚蠢行徑〉（On the Folly of Hoping for A When Rewarding B）清楚說明：組織的實質獎勵比起管理上的規勸更重要[1]。

本章的前提是，當你清楚對方的工作背景（平日大都是間接了解，甚至不認識這個人或團體），會對於你想要影響人的行為背後的那股主要驅動力量有充分的解讀，然後你可以發展出良好的工作感，知道哪些籌碼可能有用。有些時候，一個重要當事人的性格會蓋過所有其他可能的影響因素，但這發生的可能性往往低於許多人的認知

（心理健康的一個定義是改變行為適應環境的能力，這意味著對所有人——上司、母親、愛人、孩子、同事和下屬——一視同仁是不太健康）。

在這個背景下，我們轉向職場上最普遍的一些影響因素，它們構成個人或團體的世界，往往還提供了有關對方所重視及可能願意交易的強力線索（參見圖4.1，常見影響因素的圖解摘要）。

圖4.1　性格加塑造行為的背景因素

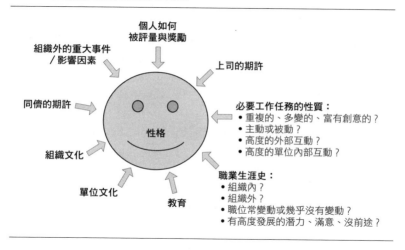

如何知道對方可能重視什麼

有許多因素可以幫助你決定，你想要影響的個人或團體可能重視的事物。

潛在合作盟友的工作任務

了解潛在合作盟友的職責可能是影響他的一個關鍵因素，根據以下五個簡單卻基本的組織因素，思考工作對其影響：

1. 他成天都在應付數據，還是應付人呢？
2. 他的工作是重複性質，還是非常多變呢？
3. 他被要求必須重視正確性與一成不變呢？還是因其原創性與臨場反應而得到獎勵呢？
4. 他受制於別人接連不斷的要求呢？還是會對別人提出許多要求呢？
5. 他是處在高風險、高能見度的職位呢？還是從事有保障的工作呢？

這類資訊可能提供了一個初步的指引，讓你了解合作夥伴所重視的籌碼、如何看待這個世界，或是接近他的方式。舉例來說，品牌經理的工作包含：產品的定位、呈現與定價等等，與市場研究人員的任務不同，後者處理統計、效度、科學方法、焦點團體等。品牌經理被要求迅速從許多不同部門召集資源並加以協調利用；市場研究人員通常獨立作業，或是與一個做類似工作的同事合作，並以較為緩慢的進度去發現重要的結果。

潛在合作盟友的環境

其他塑造工作任務需求的因素還包括與下列各種關係的互動程度：

- 組織外的環境。
- 最高管理階層。
- 總部。
- 銷售人員。
- 工廠人員。
- 性能不穩定的設備。
- 媒體。

諸如此類的每種關係（或是缺乏這些關係）都可能形成壓力，影響人們看待問題和請求的方式。相較於從來沒見過顧客，卻與主控者辦公室來往密切的經理人，負責處理顧客申訴的經理人可能更能接受品質改善的要求。

工作的不確定性

另一個可能的重要指標是：潛在合作盟友其工作層面中不確定性最高者。在組織生活中，控制也很重要。不確定性越高，就越難控制，所以不確定性最高的地方也獲得最多關注。想辦法幫助對方控制目前工作上的不確定性，通常可以贏得對方的合作。

但是工作上的需求並非是對方所有壓力和關切的所在，因此思考對方可能還會重視哪些面向是有幫助的。

由於報酬制度的差異無法配合

某間銀行的抵押貸款經理非常生氣，因為投資部門的同事並未建議一名信用良好的客戶，利用該行進行一筆金額龐大的抵押貸款生意。她可能不了解公司支付投資顧問薪水就是為了留住顧客。如果這間銀行的抵押貸款利率不具有競爭力，客戶可能覺得這名投資顧問不公正，並轉往其他銀行。投資顧問的回應作法未必是因為漠視抵押貸款經理，或是銀行的銷售目標，而是出於自己的績效評估依據。

同樣地，管理資訊系統（MIS）經理拒絕工廠經理中意的自動生產成本計畫，可能是因為她的績效表現是根據庫存基準來評量。不太複雜且不需要從頭設計的專案可能比較容易規畫與控制庫存，所以她可能會避開一個值得擁有卻必須耗日費時的專案。接著，財務長則對管理資訊系統經理所要求的最新技術感到猶豫，他的績效表現可能是根據某種財務比例來衡量，添購昂貴的設備將會損及財務比例，而且這個設備要等上好幾個月才會開始提供相稱的收益。

誰會算？評量與獎勵機制

誠如前面所示，績效表現的評量與獎勵的方式往往強力主宰人們的行為方式。行事「難纏」或消極的人，可能只會做那些他確認在其職務上被視為良好表現的事。

你必須了解其他人的表現評量標準，以此來決定你要怎麼做可以增加籌碼的價值或改變請求，以滿足對方的需求。在某些情況中，也許可以提出關於評量標準的合理性問題，因為無論是由高層所訂定或是沿襲過去的部門考績評量標準，都可能會引發始料未及的負面後果。如果它們對於公司的負面影響已經很明顯，組織可能會想要改變評量標準，但通常在短期內，必須配合對方的評量標準是毋庸置疑的。

單位與組織文化

多數人都會受到他們組織文化的影響，有時候也受到切身工作團

兩種觀點互異的文化：投資銀行與保險公司

在投資銀行（從事高風險、高收益的交易）和保險公司（鎖定低風險、可預測的收益）任職的人，往往對於投資的積極程度、公開談論金錢與野心、如何穿著、如何對待同事、哪些專業能力該受到尊重等，彼此看法互異。但是每個產業下的公司形形色色，而且在每個大型組織裡，可能還有相當程度不同的（有時候是衝突的）次文化。在這兩類公司的後勤人員的地位不是那麼高、不是那麼沉迷於金錢遊戲，更細節導向，比較不耐煩，或許更直接。他們被迫思考極短期的目標——準時下班——而且他們可能照章行事。不管在哪種組織裡，分屬不同單位的員工傾向於鞏固他們所屬的文化，因為那些表現不符合適當行為認定的人，被視為維繫文化的威脅。因此，當你碰到某個唐突、直率、好挖苦人，且喜歡驅使別人的人時，這可能是一種A型性格的組織文化，與其職務的產物。同樣地，禮貌、個人利益與耐心可能是在一個許多方面以親切自豪或是擁有一個以顧客為尊的強大文化的單位裡工作所衍生出來的副產品。

隊的特殊次文化所影響。文化是一套不同群體所擁有的、對於世界該
如何運作的習慣性假設。

組織以外的主要影響因素

可以影響行為的外在力量包括：

- 經濟狀態。
- 遭受威脅者對於工作與變遷的感受。
- 主要競爭對手。
- 法規對產業或企業的影響。

這些力量可能影響組織內的每個人，或是在部門之間造成程度不
一的影響。美國證券交易委員會（SEC）興訟行動引發的威脅、含有
歧視色彩的禁止聘雇及升遷政策命令，或股價下滑，都可能引發強大
的反應。舉例來說，一家軟體公司因為收購一個主要競爭對手而被
告，該公司的法律部門人員可能會積極挑戰之前被忽略的同仁作業方
式。相反地，地理位置孤立或是擁有主控市場地位的組織，此時會有
迥異於其他多數組織的作法。

他們的目標為何？職業生涯抱負與個人背景

除了組織因素是潛在合作盟友世界的一部分，許多個人的考量也
源自於個人先前的工作經驗及當前的目標。你可能不是很認識這個人
到足以清楚了解他的整個經歷，但如果你剛好知道或可以輕易問到他
之前在哪裡工作，與其先前的工作內容為何，或能得到對你有用的見
解，雖然你無意刺探令人難堪的秘辛，但是對方通常會對過去的經驗
丟出一些看法，提供關於他重視什麼的線索。

對方的世界於你是友善的，還是敵對的？是熟悉的，還是未知的？
如果你得到一些關鍵問題的解答，潛在合作盟友的世界將更為透明：

- 你的合作夥伴是平步青雲，還是一直卡在目前的職位呢？
- 為了推展部門重組與內部變革對方承受了多少壓力，還是只想維護部門的平靜呢？
- 對方願意容許合作（或拒絕）的後果持續多久，還是可能很快就會繼續前進，因而不是那麼在乎後果？

在避免造成刻板印象的同時，你也可以檢驗目前已知的合作夥伴的個人經歷。他是在世界的另一端長大的嗎？他是第一代公民嗎？教育背景可能很有幫助，包括就讀的科系和學校。在一些組織裡面，沒有大學學位、企管碩士或其他高等教育學位的經理人，可能對於別人認為他能力不足，或是輕視他們的學歷會特別敏感。

常春藤名校的文科畢業生可能比大型州立大學畢業的工程師，更在乎精緻文化與優雅禮節。同樣地，主修工程或會計的人可能比主修行銷的人更偏好詳細的資料與細節的討論。雖然將你的行動完全建立在這種先入之見的基礎上並不聰明，但它們可能提供你有效的線索做更仔細的調查分析：

- 這個人在前幾個工作的表現如何？
- 這個人認為自己很稱職，還是仍在學習中？
- 這個人是解決問題的空降快手，還是慢慢地升遷，而且在公司待了很久？
- 上次這個人在做類似你正在推動的案子時，是失敗還是成功，是否還有其他理由？
- 這個人是否曾遭到任意解雇，且是壞主管手下的犧牲品？
- 這個人是否曾在關鍵時刻遭到下屬的背叛，或是在得到支持承諾之後又遭人背後中傷呢？

曾任職IBM或奇異（GE）的經理人對問題的看法，會不同於終身在同一家中型家族企業工作的經理人；曾經在歐洲與日本子公司待

造成差異的職業生涯背景

　　史丹是一家財星五百大公司的人力資源副總裁。在主管會議裡他很少開口，即使是直接影響其專業領域的議題，也從來不說任何會引發爭論的話。該部門的一名新成員覺得不解，史丹從前線位子爬到目前職位，他的背景應該讓人聯想到更有自信、更肯冒險的行事作風。等到一名同事告訴他一件事，這名新成員才恍然大悟：「前任執行長有一天因為他說的一些話而大發雷霆，當場炒他魷魚。同一天不久，這名執行長又收回了成命，導致史丹從此變成這個樣子，就算新的執行長比爾遠比之前的執行長更能接受不同的意見。」

過一陣子的經理人，或許會有不同於那些一輩子沒有離開過底特律的經理人的觀點。所有這些情況都可能會影響這個人對新點子、重大變革、是選擇大型計畫或小型計畫的反應。

潛在合作盟友所擔心的問題

　　除了觀察影響潛在盟友的環境因素，你也可以思考這個人可能擔心什麼事情。問你自己：什麼樣的工作問題會讓你想要影響的這個人在凌晨兩點輾轉難眠。至少，組織裡的每個人都應該可以替他的上司回答那個問題。如果你不知道，好好想一想。你永遠也無法從你上司那裡得到你想要的，如果你不清楚他最擔心的是：

- 來自中國的長期競爭？還是外包工作的問題？
- 下週有沒有錢支付薪水？
- 購併謠傳的製造工廠？
- 因為沒有執行完畢預算支出，害怕上司生氣？
- 外來新科技的衝擊？
- 如何在齷齪的權力遊戲上勇敢面對頑強的對手？

這類問題的解答有助於決定接下來要採取的行動。

潛在合作盟友如何解讀這個世界

雖然隔段距離觀察不是很容易，但知道潛在合作盟友所認定的重要議題，例如：領導力、動機、競爭或改變，將有助於你判斷對方重視什麼。通常在許多公開陳述裡會談到這類基本問題，所以大家都知道他們的觀點。舉例來說，認為人們天性懶惰、必須嚴密監督的經理人，可能重視控制力與可預測性；而相信多數人想要做好工作的經理人，則可能比較重視挑戰與成長的籌碼。無論是哪種情況，相信凡事皆可商量的人與固守原則的人，兩者的行事作風差異相當大。

為了落實前述的概念，你可以設想一名很難被影響的同事，並填完關於他的調查表（圖4.2）。填完之後，你了解了多少，你有多確信自己的回答是正確的？這個表是否足以判斷這個人的情況和可能的籌碼？如果不能，你該怎麼做來找出更多的答案？根據你的調查分析，對方最可能重視的籌碼是什麼？

蒐集對方的第一手資料

警告在先：雖然之前所描述的方法（包括直接詢問）會帶來很有用的訊息，但在採取行動之前，你仍必須小心翼翼以獲致可靠的結論。將你所了解的資料視為可被進一步測試的有用假設，而不是讓你不假思索就貿然行事的最後結論。對於你發現的任何東西，要先問問自己有多確信這是對方世界的一部分，你又如何證明之。由於在發揮影響力的直接行動中，經常可以發現對方的重要新籌碼，因此你要用心傾聽。

你說過什麼話？語言是有用籌碼的一個線索

如果你的任何主張或要求是建立在你想要影響的那個人所重視的籌碼上，就比較可能成功，所以任何重要籌碼的線索都不可輕忽。快

圖4.2　調查表

調查的領域	我所知道的	確信程度		最佳消息來源證實
		高　　　　　低		
主要職責		├─┼─┼─┼─┼─┼─┤		
優先考慮的工作任務		├─┼─┼─┼─┼─┼─┤		
如何評量此人		├─┼─┼─┼─┼─┼─┤		
如何評量此人的工作績效		├─┼─┼─┼─┼─┼─┤		
與此人打交道的主要部門與人物		├─┼─┼─┼─┼─┼─┤		
職業生涯抱負		├─┼─┼─┼─┼─┼─┤		
工作與溝通風格		├─┼─┼─┼─┼─┼─┤		
擔心的事情、哪些方面具有不確定性或工作壓力		├─┼─┼─┼─┼─┼─┤		
之前的工作經驗		├─┼─┼─┼─┼─┼─┤		
教育		├─┼─┼─┼─┼─┼─┤		
外部利益		├─┼─┼─┼─┼─┼─┤		
價值觀		├─┼─┼─┼─┼─┼─┤		

速了解對方籌碼的最佳方法之一，就是用心傾聽對方的談話。當你聽懂對方的話時，會驚訝地發現，人們有多常且多不厭其煩地公開表明他們的籌碼，也就是他們所重視的東西。

　　人們選擇的比喻往往可能透露他們所關注的事物。她是否經常使用與作戰、競爭和摧毀對手有關的軍事和運動的隱喻？他是否使用關心組織人才的學習與發展的園藝隱喻呢？這個人是以客觀的機械術語來形容所有的東西嗎？還是大量採用關於人性弱點與成就的例子呢？技術上來說，下面兩個與組織改革有關的句子提的都是相同的事情，但分別以不同的觀點來看這個世界：

1.「我正在尋求一種連結傳動裝置以扣住每個前進環節，防止倒退。」

2.「我們必須抓住人們的心，以防他們墮落。」

當你跟某人求助，對方馬上詢問還有誰會加入，你就知道權力的考量是那個人的籌碼。對方也可能會直接問道：「我能得到什麼好處？」透露出對方重視個人的利害關係，並暗示直截了當的答案或許最有效。還有經理人會反問你的請求是否符合公司的使命，這表明他重視組織目標勝過個人目標──或許會很高興有個成為好組織公民的機會。

將對方關心的事情當成線索

不可思議的是，有望獲得影響力的人往往看不見打動潛在合作盟友的明顯線索。許多拒絕合作的對象藉著提出疑慮，透露他們的核心籌碼：「如果我們做了那件事，我擔心會……」；或「我認為財務人員不會買帳」；或「這裡我擔心的是……」。這些話很容易被解讀為頑固和難纏，但也可以解讀為對方是在表明他們所重視的籌碼，並邀請進一步的對話。聽者沒有探究問題，了解自己可以支付的籌碼，反而為自己辯護，讓他喪失了渴望的影響力。

語言溝通所採用的方式──隱喻、比喻、行話──可能透露線索，但是語氣和非語言的溝通，也可能是了解對方感覺與態度的重要線索。傾聽他人的感覺是你應該練習的一門溝通技巧，因為在試圖理解潛在合作盟友重視什麼的時候，這種溝通技巧尤其有用。無論你只是在你上司臉紅脖子粗時學著軟化你說話的口氣，或是留意聽者在你的引導下，越來越感興趣地張大眼睛的神情，仔細留意非語言線索可以幫助你決定要使用哪些籌碼，以及如何在提出請求時，善用語言以引導出想要的回應。

感受對方的非語言線索，說比做容易。在我們舉辦的管理訓練研

討論會中，我們發現許多與會者常常急於展現自己多麼懂得解讀他人的心思，但接著馬上就掉入推銷他們自己觀點的陷阱裡，而沒有試著去確認對方的看法。

其他資料來源

即使當你尋求協助的人是個陌生人，他也可能會很明白地公開宣示自己的觀點，所以你很難不知道他重視什麼。我們大概都碰過這樣的同事，不管聊天的主題是什麼，他都能在五分鐘之內提到自己是哪個（一流）大學或MBA學院畢業的。不需要深奧的心理分析就可以了解，對那個人而言，地位或許是一項重要的籌碼。

對於那些你不認識的人，以及你很難了解他們重視哪些籌碼的人，其他同事或能提供一些資訊。誠如一家大型電腦公司的溝通經理所言：「當我必須接觸某個我不認識的人時，會先詢問某個認識他的人，以了解他是什麼樣的人？他關心什麼？什麼會引發他的熱烈回應？他有哪些忌諱是我絕對不能提起的？最起碼，我不想踩到任何地雷。」

一昧推銷自己的觀點而忽略了對方要的籌碼

馬克想要拉吉加入一個任務小組，幫忙解決公司延攬頂尖人才的問題，拉吉回答：「是喔，然後在我們都知道高層永遠不會同意簽發紅利與股票獎金的情況下，花好幾個小時不斷繞著『更好的工作條件』之類的話題打轉。」馬克經常聽到拉吉大談有錢能使鬼推磨，他做了一個缺乏助益的嘗試，告訴拉吉這個任務有多重要，再舉雙手投降放棄這個他認為死要錢的工程師。結果是，他不了解拉吉送出的重要訊息：拉吉多麼希望能很快得到結論，對於遲遲得不到高層的首肯感到沮喪，可能是他對於其他參與者有些質疑，以及他相信金錢的力量會克服其他的阻礙。所有這些籌碼都還有商量的餘地，有些可以通融，有些則不適用，如果馬克認真傾聽，而不是一心只想著：要為他的任務小組找到適合的成員。

動點腦筋，往往可能發現你所信任的某個人是很有用的資源。

乾脆直接詢問

問一個人重視或關心什麼並非易事，如果雙方的關係又有問題，此舉可能太冒險。但是，我們不想輕忽直接詢問的好處。我們將於後文中討論如何克服妨礙直接詢問的關係問題，並思索向這個你想要影響的人直接表明的好處：「我想要更了解你所承受的壓力，請讓我助你一臂之力，至少不要因為我的請求妨礙了你。我們的專業領域相互依存，如果我們可以提供彼此更多協助，雙方都可能受惠。」令人訝異的是，即使是很難纏的對手也會對此有些回應，或許期望你一旦了解，就會走開。也許，你會發現對方想要的籌碼是你給不了的，但總比不知道來得好——更何況你可能真的能給對方想要的籌碼。

一個了解重要利害關係人的極端方法：加入一陣子

克里斯托福‧潘尼尼（Christopher Panini）是一家成長快速、甚具野心的財星五百大高科技公司的行銷經理人。公司告知他好幾次，必須更加學著了解銷售人員，以加強戰鬥力。以下是他自述的經過：

我知道為了加強行銷能力，必須學習銷售，所以我參與面試爭取轉任銷售職務，進入一個新的領域。在為期兩年半的時間裡，我擔任業務開發代表走訪費城、巴爾的摩和華盛頓特區的客戶。我的工作是追蹤新客戶，並搶走競爭對手的生意。我們這些在網路泡沫期間利用電話促銷開發新客戶（cold-calling）的業務主管，設法將我們的價值主張傳達給任何願意聆聽我們說話的人。身為客戶經理的生活方式，有部分是贏得人心、設宴取悅業務負責人、陪他們打高爾夫球、主辦活動招待他們——我的所作所為都是為了建立一個客戶及夥伴的人脈網（這在任何組織內部都會是個運作良好的方法！）。突然之間，我在公司被認為是個可以在客戶情報架構中扮演策略性角色的人……我邊做邊學習，有一半的時間都在隨機應變。

有一天，我突然醒悟到自己不再是一名行銷人員，而是一名銷售人員。之所以會有這樣的領悟，是在我的人生發生了下列許多改變之後：在一身冷

> 汗中驚醒，想著即將到期和無所不在的銷售業績；將我得到的第一份佣金用
> 來滿足衝動性的購買慾；按照每個會計季度安排個人生活計畫；丟了頭六筆
> 生意後才贏得我的第一筆交易；將我的日本小車換成德國跑車；每次快達成
> 配額時，管理階層就提高我的業績配額；每天早上七點與我的地區經理進行
> 小組會議；在為數二十、專挑我事業計畫漏洞的主管面前，進行兩小時的地
> 區視察業務等等。這些經驗使我真正了解我所支援的這些人，非常有趣也很
> 真實，雖然有點可悲。當我回到行銷領域時，以前在銷售單位所學到的東西
> 意外地成為我的觀點的佐證。我已經是個不同的人。

走路搖擺並發出呱呱聲不代表就是一隻鴨子：刻板印象的危險

逐一過濾你所聽到的每件事情，並只視之為線索，而非確切的資訊。千萬不要單憑一個因素就決定所有的籌碼，因為人們很容易對許多複雜的壓力作出回應。初出茅廬的會計師可能確實偏好簡要的、統計性的報告，但是我們與一流的會計師合作過，他們大談數據分析的限制和做重大決策時直覺的必要性。

我們並非暗示你，必須針對想要影響的潛在合作盟友蒐集一個完整的檔案。常常，你需要的只是一些資訊，好讓你對於重要的地方有充分的了解。但是情況越困難，進行仔細的調查分析是越明智的作法。

讓人無法視其為重要利害關係人而採取行動的阻礙

有若干事情可能阻礙你，讓你無法利用從了解你想要影響的人或團體的世界所取得的知識。

負面歸因循環

得不到你想要的影響力可能造成自我挫敗的負面歸因循環（Negative Attribution Cycle），質疑對方的目的、動機，甚至人格[2]。

假設你碰到認為不合理的拒絕，而且你所有努力都遭到漠視，因為與這個人打交道如此不愉快，你開始避免任何的互動。但是你必須找到某種解釋，了解對方為何如此抗拒，你很容易設想出最壞的情況，例如：對方想要阻撓你，所以他就成了一個自私、不顧別人的笨蛋，但這也讓你處於極度難以影響對方的處境。圖4.3的負面歸因循環，說明這種情況發生的過程。

疏遠難纏的人

人們喜歡跟自己喜歡的人打交道（而且他們最喜歡、也最常與同類型的人往來）。反之，人們會避免與調性不同的人往來。這樣做雖然可以避免陌生的困窘或爭鬥，使生活更愉快、更容易掌控，但也很容易讓你無從得知可以給你幫助的人的相關訊息。

因此，最重要的是要找出這些關鍵人士感興趣的事物，但這也是最不可能被了解的。很難打交道的潛在盟友可能很重視能夠達成交易的籌碼，但如果沒有進行接觸或討論，就很難得知。

圖4.3 負面歸因循環

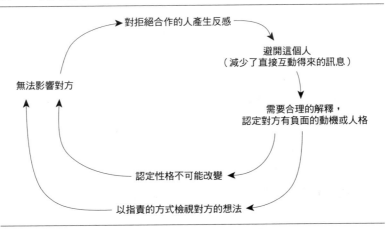

認定對方的動機與目的：邪惡的假設

當對方出現令人感到不解的行為時，人們常會本能地將其歸因於他們的動機，為這個行為找到合理的解釋。他們認定這是個由內在因素引發的行為，而非前面所示的組織因素（參見圖4.1）所致。

當你不喜歡某個人的作為，就很容易將那個人妖魔化，並為他貼上「愚昧」或是更糟糕的標籤。雖然大家都這麼做，但是過早將其貼上負面標籤，也讓了解潛在合作盟友想要的籌碼變得更困難。誰先開始這個負面歸因並不重要；一旦起了頭，往往就會循環下去。

> 學習了解對方，不要成為「他這麼聰明，我不了解他為什麼不同意我」的那種人。
>
> ——富達投資（Fidelity Capital）科技長
>
> 派特・希爾曼（Pat Hillman）

進一步減少互動

隨著性格的邪惡假設開始成形，所有互動的意圖也將消失殆盡。為何要浪費時間在一個你認為具有負面性格又不肯改變的人身上呢？因為你已經認定觸犯這樣一個冥頑不化的人，只會受傷或是生氣，所以你認定那名潛在合作夥伴毫無價值。

不過，這類合作機會渺茫的情況，確實喚起了一個問題：人們很難不採取負面的、指控的作法因應。這麼做只是減輕你的沮喪，卻無助於增進對方的正面認知。這個時候，即使你認為潛在合作盟友無法改變他的決定是錯的，你的攻擊只是杜絕所有正面回應的機會，而且為了證明自己的負面看法是正確的，而放棄了這項交易。雖然這為你的沮喪提供了暫時宣洩的管道，但絕對不是建立信任關係（彼此可以相互影響）該有的作法。

避免創造距離及限制影響力的其他作為

　　避免陷入這種限制影響力負面循環的方法之一，是了解它的發展模式。每當你發現自己將負面人格加諸於不肯合作的同事或上司身上時，就要將它視為需要進一步調查的警告。當然也有可能最後證明那個難纏的人是個冥頑不化的人，但除非你已徹底驗證你所想不虛，否則不可能知道對方是否真是如此。

　　你可以透過詢問同事對這個人的看法是否與你一致，來了解對方。他們的觀點可能更周詳、更超然，也更深入，以免你做出不正確的結論。但須確保同事了解你不是在探聽八卦，你只是試圖了解這個人，以便你可以釐清事情。

　　不幸地，同事不一定是最有用的訊息來源，雖然他們的不同觀點可讓你免於過早作出武斷的結論，但同事的意見有兩個潛在的問題。首先，那些你最相信他們意見的人往往是那些觀點與你最相近的人，分享偏見與沒有證據的假設，往往促成同事之間的信任關係，這讓你

雙方的誤解減少互動與了解：奧立佛與馬克

　　以我們所觀察到的馬克‧巴克利（Mark Buckley）和奧立佛‧漢森（Oliver Hanson）的互動，就是一個狀況急轉直下、令人遺憾的（而且是很常見的）案例。馬克最近被拔擢升任為新近收購的地產與意外事故保險公司Magnacomp的人壽保險子公司Vitacorp的總裁。在接任這個職位後不久，他對負責Vitacorp集團的Magnacomp副總裁奧立佛的行徑越來越不滿。奧立佛是Magnacomp快速崛起的明星人物，卻不熟悉人壽保險作業，他不斷向馬克的下屬探聽消息。馬克發覺這點很令人生氣，因為奧立佛會基於這些很明顯的日常談話而驟下結論，並開始詢問馬克有關Vitacorp內部「麻煩」等令人生氣的問題。

　　因為奧立佛不熟悉Vitacorp的作業，馬克發現他的問題總是有點偏頗，似乎比較反映Magnacomp的政治角力以及地產和意外事故業務，而非Vitacorp所面臨的實質問題。經過幾次這樣的經驗之後，馬克決定採取行

動，但是他間接向奧立佛暗示這個問題卻換來滿肚子氣。奧立佛抱怨他需要了解發生什麼事。

馬克的結論是：奧立佛的迅速崛起必定是因為奧立佛是個喜歡管閒事的討厭鬼，想要把每個人都抹黑，以彰顯自己的好。這也使得馬克處處提防奧立佛，而且盡可能找藉口減少他們之間的接觸，他心想：「我給那個汲汲於權力的雜種越少消息，造成的傷害就越少！」他們的關係變得非常緊張，也讓馬克開始懷疑自己為何要當總裁。

奧立佛對這些事情的看法相當不同，他之前被安排負責 Vitacorp 的開發任務。基於他的一般保險知識，所以對於改善 Vitacorp 的業績表現有些想法，但是他的想法是源於財務專業知識，而非源於對 Vitacorp 人壽保險業務的深入了解。一開始，他感覺到馬克反對他與其下屬談話；由於他不是業務專家，所以他覺得有必要直接了解經理人們的想法。他無意干預，但想要有更多的了解，以決定如何評估 Vitacorp 的走向。此外，因為 Magnacomp 的企業文化權力鬥爭很激烈，所以奧立佛想當然地以為 Vitacorp 會和他之前在 Magnacomp 所見的一樣，會發生爭權奪利的情況。他認為只有非常天真的經理人，才會疏於開發自己的資源，來解讀公司內部的權力角力。

有了這些假設，奧立佛對於馬克的遮遮掩掩與畏畏縮縮感到意外和不安。「他在隱瞞什麼呢？」奧立佛覺得很奇怪：「我最好花更多的時間與工作人員談一談，否則我真像是無頭蒼蠅。」因此，馬克對奧立佛行為的回應使得情況更加惡化（參見下圖，以了解這個行為模式的概要）。

相互強化的行為與假設

希望得到初步的了解　　隱瞞資訊以防「干預」

主管（奧立佛）　　　　　　　　　　下屬（馬克）
我必須了解進展　　　　　　　　　　我想要有權管理
如何　　　　　　　　　　　　　　　我的專業領域

奧立佛願意修正並改變自己的作風，但馬克從未給他這個機會。只要馬克認定奧立佛是個專搞權謀又愛管閒事的討厭鬼，就相信自己不能提起這個問題，因為他害怕對方趁機製造對他不利的事情，為什麼要對不能信任的人開誠布公呢？

感到更加安心，卻也讓已扭曲的事實更加扭曲。

　　其次，即使這個被你徵詢意見的人並未提供只是附和和強化你偏見的類似意見，但是他能夠提出的佐證也不見得比你已經有的證據高明。他的答案可能是基於為數不多的觀察以及一些謠言，而非第一手的了解。因此，要從同事那裡得到有效的證據，並非如其表面上的那般簡單。

我還以為你永遠都不會問：把直接詢問當成另一個選擇

　　誠如本章前面所示，了解對方的一個好方法是直搗黃龍。儘管人天生害怕受傷，但是有懷疑就該問。不過，你的詢問必須是誠心想要解決問題，而非暗藏指控。

　　要做到這一點（不是騙不了任何人的做做樣子），你必須將之前的所有負面判斷擺在一邊，並接受這個有效的假設：潛在合作盟友並不認為自己的行為是蓄意使壞。大部分的人都認為自己的行為合理正當，無論別人的看法如何。

　　解除你負面看法的竅門，在於設想潛在盟友認為他的行為合乎情理，而且你的工作就是去了解那個通情達理的人的基本信念，以便找出一個締造雙贏的解決辦法。換句話說，你可以他的眼睛看世界嗎？試著退一步並（暫時）採取新的態度：「讓我假設這是一個明智、講理的人，因為某個我不了解的原因而不願合作。我已開始覺得他是在故意使壞，萬一不是這樣呢？我要怎麼做才可以對此有更清楚的了解呢？」你可以問哪些問題來開啟討論呢？表4.1提供了沒有設定負面動機的詢問範例。

　　往往，一個直接的問題可能就是一切所需。但是如果你有這樣的不良意圖：你能想出的問題會讓事情變得更糟時，你就有麻煩了。別有意圖的問題只會激怒對方，而不是開啟一個探究問題所在的討論。

　　一旦你已經對某人下了負面的結論，就很難平心靜氣地探索問

表4.1　沒有設定負面動機的一些問題範例

- 我想要更了解可以得到你回應的有效作法。
- 你可以幫助我了解你的工作以及工作的要求嗎？
- 你的工作為何讓你晚上輾轉難眠？
- 告訴我更多關於那件工作的相關事宜。
- 你似乎很擔心某件事；為什麼那件事會讓你這麼擔心？
- 我可以幫助你減輕問題所帶來的困擾嗎？

題。只要你還存疑，就應該要努力了解對方的世界，不要在你已經判定這個人有罪之後才去做。

詢問的好處

　　儘管人們天生害怕公開承認，自己不懂一些事情（尤其是在一個你認為可能會故意跟你過不去的人面前），但抱持這種開放的心態很有用，原因是首先，對方可能對你的誠意感到驚訝，因為組織內很少有人費心詢問他人的觀點，被詢問的人往往覺得很感激，感謝你願意表達自己的疑惑，反而會給你所需要的資訊。

　　其次，多數的人會感謝有機會「訴說他們的故事」，能為自己和他們的處境做辯解。但這只有在你對對方所說的事情是真的感興趣，而非只是利用你在一些書裡找到的情緒技巧，這個作法才會有用。很奇怪，許多組織成員相信，他們可以任意欺騙別人，但沒有人可以騙得過他們（結果是，沒有人是傻瓜）。總而言之，偽善騙不了任何人，所以如果你不是真的有感覺（或是無法拋掉你已經做出的負面假設），就不要假裝有興趣或有疑惑。

　　最後，誠懇、直接地提出問題為彼此的關係帶來更多坦誠以對與信任，有助未來的交易。你很容易因為太專注於影響潛在合作盟友，以致無法從他們身上學習。詢問他們重視什麼，有助於讓你維持一個更開放、接受的態度，提高他們對你的信任。

如果你自認為知道動機

有時候，你並非完全不知道哪些因素可能影響不願合作的人，只是你不想跳到會得出有助否定結論的那一步，因此有可能以探索的方式測試你的直覺。

你越看重與你想要改變的這個人的關係，或許越令你難以直接說出自己想要什麼。然而，退縮往往只會讓事情變得更糟，將問題攤開來於你會是莫大的解脫。通常，當對方解釋他時，他惹惱你的立場似乎會變得通情達理多了。

直接詢問的障礙

在類似的情況下，究竟有哪些因素造成雙方無法得出皆大歡喜的共識？為什麼直接詢問以找出最重要的交易成功關鍵是如此困難？如果你可以直接探究對方所關心的事情和狀況，促成交易成功的可能性就大多了。即使雙方關係不好的時候，詢問可能還是很有用。為什麼不多問問呢？

是指責，不是詢問

當對方的行為不如所願，且頭幾個方法都沒有產生想要的結果時，障礙便會升高，負面的結論也會開始成形，而且具有不可思議的持久力。將來你的詢問就會變成帶有強烈負面意味的陳述方式。就如同父母「問」小孩：「你為什麼不能保持房間乾淨？」帶有指責意味的詢問很少會產生有用的資訊。

了解與共識之間的困惑

雖然當對方的行為不是很容易理解時，探究問題的所在有其必要，但是當對方說了某件從你的觀點來看是「不正確的事情」的時

如何邀請難纏或難以理解的同事進行探索性的對話

假定你感覺潛在合作盟友受到來自他上司的壓力，而且他不斷回頭看，也多少暗示著老闆的大手正伸進來。你可以說一些這樣的話：

卡斯柏，你對於支持這個計畫猶豫不決的態度，讓我一直覺得很納悶，尤其是我認為它對我們雙方都有好處。我懷疑部分的問題是否在於，你認為如果你做出任何可能影響你季度財務的事情，歐托將會把你罵個半死。那是我們難以合作的原因嗎？

即使你的直覺是錯誤的，這種直接的詢問還是有可能開啟有意思的對話。如果你的問題讓人覺得真誠，而且並未暗示否定的答案將會讓你認定他是個儒夫，無論他的答案為何，你都使自己對事情有更多了解。如果他證實你的懷疑，你就可以幫助他想出對策，克服他來自上司的疑慮。如果他回答上司與此無關，就考慮提出邀請，問清他真正的問題是什麼。

讓對方直接討論他們的興趣、關切的事情或籌碼的另一個方法，是尋找看似混淆的訊息。這個人說一套做一套嗎？還是嘴巴說好聽話，口氣卻充滿敵意呢？例如，你的上司一直宣稱，部門的未來是要仰賴同仁採取更多的主動，並具備更多的創業精神，但接著她卻採取微管理（micromanage），要求你每個芝麻小事都要取得她的同意。先不要斷然認定她是偽善（或是她確有這樣的想法卻不願放手），進而放棄，而是要嘗試直接的作法，例如：

琳達，我真的很困惑，因此我想去做我認為妳想要我去做的事情時就造成干擾，所以我必須更了解妳真正的想法。在員工會議上，妳一直強調妳希望我們能更主動些，去做要做的事情。但是有些事情，妳仍堅持我在採取行動之前要先徵求妳的同意。對我而言，這些工作是我可以用負責、進取的方式來採取行動的地方；然而，當我在執行的時候，卻沒有太多的發揮空間。我們可以談談這個問題嗎？因為這令我感到困惑。如果能釐清這點，我就可以工作得更有效率。

候，最好據理力爭。如果你不介入，對方可能得出不正確的結論——或是（但願不會如此）信以為真。一昧聽信別人的危險是你可能必須改變自己的意見，這會在你試圖改變對方的意見時，立場動搖。

不過，了解但不表示同意的情況是有可能發生的。英語沒有提供我們日語的 "ah so"（是喔）的方便性，這句話的意思是聽者了解但不表態，所以我們必須更小心地表明自己的立場。這樣說可能很有用：「我並不了解你做事情的方式，但如果我們要好好共事，讓我了解你的理由是很重要的。如果我保持沉默，並不代表我同意或不同意，我只是很專心地在了解你對這個問題的看法——或是在我對你有一定程度的了解之前保持緘默，不會貿然對你提出質疑！如果你認為我沒有弄懂你的觀點，請讓我知道。」表4.2概述了在了解對方的世界時，自己造成的障礙。

表4.2 了解對方世界時自己造成的障礙

你的認知因素

- 只想著你想要的，沒有去傾聽別人的心聲。
- 想當然地認為所有的拒絕是因為性格，不是因為組織的因素，然後將對方的人格、動機或智慧給妖魔化。
- 不熟悉對方的世界，所以沒有任何線索，或是以自己的假設取而代之。
- 沒有仔細聆聽對方說的話，尤其是沒有留意他所關心的事情。
- 不肯開口詢問。

你和你的態度造成的問題因素

- 以指責的方式提出問題，引起對方的防衛心或憤怒。
- 避開難纏或拒絕受影響的人。
- 根據一點資訊就驟下結論。
- 尚未了解對方的環境和環境如何影響他的行為，就不認同對方的世界。

擁有耐心來了解對方的世界，可能有助你捷足先登，找到別人沒看到的交易機會。然而，了解潛在合作盟友的世界只是你必須要做的一部分。你還必須清楚自己的需求和興趣，以提高找到對方所重視籌碼的機率。了解你的世界和你的控制力是第五章要討論的主題。

註釋

1. Steve Kerr, "On the Folly of Rewarding A While Hoping for B," *Academy of Management Journal* vol. 18, no. 4 (1975), pp. 769-783.

2. 我們在整本書中運用我們所詮釋的歸因理論，H. H. Kelly 在 *Attribution in Social Interaction*（Morristown, NJ: General Learning Press, 1971）及 F. Heider 在 *The Psychology of Interpersonal Relations*（New York: John Wiley & Sons, 1958）中都對這個理論有所說明。

了解目標、優先順序與資源，你可以給的比想像的多

……（我隸屬一個義工團體）「哥倫布夥伴關係」（Columbus Partnership）是一個擁有十六名執行長的社團，這個團體選出我擔任領導人，我的就職演說是：「我沒有權力；你們都是自動自發在這裡——你們感興趣的是公眾。雖然我將嘗試領導你們，但要了解我只能夠影響你們。我深切了解你們都是總裁，而且還有些人的企業規模比我們還大，在某些層面的利害關係也不同，但是我只能夠從影響力著手來領導你們。影響模式、權力模式、傾聽技巧、組織技能、願景技能……（等）概念，這些都是領導者想要學習的事情，學習它們的藝術及技巧。將這些東西運用在公眾事務上是非常棒的事情，遑論你們的特殊技能……它能豐富並提升你們的職業生涯。」

——The Limited 公司執行長雷斯·韋克斯納（Les Wexner）
於二〇〇三年秋天在哈佛大學甘迺迪學院的談話

影響力的來源

我們的基本前提是你的影響力來自於擁有別人想要的資源——這個能力是由於你的技能，其重要性不亞於你的職位。這點之所以可行，是因為你透過參與對雙方都有利的交易取得影響力，而且你可以提供的資源越多，得到的影響力也越多。這項見解改變一般人對於擁

有影響力的思考模式。太多人只將重心放在正式的權力，相信權力在於「說不」（say no）的能力。雖然負面操作有時候是必要的，但是過度使用實際上可能是在消耗影響力。真正的影響力來自於知道何時以及如何「說好」（say yes），並集中精力在更多能夠「說好」的方法上。

如何找到可以提供的有用資源，讓你可以「說好」，並提供必要的籌碼呢？要取得說好的力量，你必須先了解自己的世界——你的興趣、能力、成就，以及可能合作夥伴的世界。到目前為止，我們已經假定你完全清楚自己的世界，但不幸地，我們經常看到的是，員工並不清楚他們想要什麼以及他們可以拿到檯面上——他們掌控的資源。雖然他們想要影響力，但是不知道自己可能正在做某些削弱自身影響力的事情。

你或許比自己想像的更有影響力。仔細的調查分析可以發現你尚未開發的資源，即使在困難的情況下，你依然可以利用這些資源來取得影響力。當你知道自己的世界以及潛在合作夥伴的世界，我們在本章將透過仔細檢視可用元素，告訴你如何提高自己的資源庫和擁有的影響力本領。

你究竟想要什麼？釐清你的目標

增進你力量的第一個步驟是釐清你究竟想要什麼，這一點說比做還容易。通常，重要的影響企圖都有一個以上的目標，問題在於決定哪個目標最重要，而哪個目標可以再等一天。

總而言之，仔細思考你想要從每個試圖影響的人或團體那裡得到什麼，先決定你對每個人的最低需求。因為在很多情況中，你的需求清單會比潛在合作盟友願意（或能夠）給的還要多，重要的是要了解可有可無和絕對必要之間的差別（參見表5.1）。

表5.1　釐清你的目標

- 你的主要目標為何？
- 阻撓你目標的個人因素為何？
- 保持彈性達成目標。
- 調整你對於自己的角色和對方角色的期許。

你的主要目標為何？

想想當雷斯・查姆（Les Charm，參見範例）了解他不喜歡自己在保德信保險（Prudential）的工作內容時，他抱持的目標是：他想要接觸許多將來做生意時可以幫助他的人；他想擁有複雜的金融交易方面的經驗；他想要擺脫一般公司的約束與日常的文書作業；他也想要不依慣例行事，而且不想出賣靈魂給一間大公司。

雖然雷斯最後還是能夠達成所有的目標，但必須先釐清自己目標的優先順序為何。如果突破慣例是雷斯的主要目標，他原可把重心放在那個問題，並與迪克・吉爾（Dick Gill）發展出敵對的關係（許多自命不凡的年輕人因為無法理解組織內的運作方式，而惹惱他們的老闆），然後他會失去拓展新生意的機會。但是雷斯卻透過將重心放在擺脫例行的文書工作上，讓自己可以有時間和可能貸款的客戶接觸。當他證明自己的能力（他很快就辦到了），就有機會以突破慣例的方式求取表現。

任何工作的第一要務之一，是實現公司對你的期望。如果雷斯不擅長開拓融資業務，不過就是一個大嘴巴、又過度自負的新進MBA。透過釐清自己想要什麼，加上優異的表現，他得以塑造工作的其他條件。

願意抑制你的個人需求（即使是暫時地）並不容易。我們經常看到人們執著於個人需求，排擠掉工作目標，並使對方無法聽到他們想要的。重要的不是壓制自己所有的欲望，而是釐清優先順序。

保德信新人雷斯・查姆找到有用籌碼以換取他想要的自由

　　為了挽救一個令人難受的狀況，我們的年輕朋友——企管碩士畢業生雷斯・查姆，快速找到有用的籌碼以換取他想要的工作型態。他曾經是一個找到方法贏得影響力的異類低階員工，雖然他與公司內的那些人非常不一樣，但是他一步步展現自己的能力、企圖心與渴望，贏得驚人的機會。

　　雷斯現在是一名成功的創業家、特許經銷商和轉虧為盈的專家，他總是充滿活力、勇氣百倍，也願意冒險。他喜歡做複雜的金融分析，以及發現意想不到的機會。在百森商學院畢業之後，他取得哈佛商學院的企管碩士學位。哈佛畢業之後，他的第一份工作是在保德信一個擁有五名成員的私人放款部門擔任分析師，當時的保德信是一家保守、官僚作風濃厚的保險公司，打從一開始他與公司的風格就南轅北轍。

　　雷斯從青少年起，就已經在父親的皮革製造公司工作，而且總是一大早就開始工作。第一天到保德信上班時，他早上七點半到達公司，便迫不及待想要開始工作，但是其他同事還沒有人到。他沒有問，也沒人想到要告訴他上班時間是九點到五點。等到大家都出現時，他對於保守、僵化的工作氣氛也不是很滿意。

　　迪克・吉爾是這個部門的資深副總裁，也是保德信經驗豐富的資深員工，當天他把雷斯叫到他的辦公室並歡迎他：「歡迎來到保德信，你什麼時候要走人？」雷斯大吃一驚，問吉爾是什麼意思。

　　吉爾回答：「像你這樣的野心勃勃的猶太裔男孩不會打算在這種地方發展，所以你打算待多久呢？」

　　嚇了一跳的雷斯決定直來直往，問道：「你希望多久？」

　　「兩年，」吉爾坦白以告：「到時候你已經學會這行生意，而且也完成足夠的交易報答我給你學習的機會。」

　　雷斯認為這個安排夠公平，但是不到兩個禮拜，他就等不及了。他討厭公司規定的文書工作，但其他人似乎對這種充滿例行公事、官僚十足的生活方式甘之如飴。他想要和麻州東部的所有創業家接觸，為自己建立人脈，從事複雜的貸款生意。他要怎麼樣熬過這兩年，甚至能享受工作並學到東西呢？

　　當雷斯思索自己的選擇時，他了解到自己是個菜鳥，一個保守地方的異類。他的正式職位比吉爾低兩階，而且他的下面沒有別人。這個情況不太允許他以自己喜歡的方式去做他想要做的事。

　　雷斯想起自己除了家裡的皮革生意之外的唯一工作經驗。在雷斯取得企管碩士學位之後的一個禮拜，他的父親過世了。在進修企管碩士課程之前，他空出一年時間賣掉父親的公司。六個月之後公司成功賣出，雷斯發現自己沒有工作。才一個月的時間，他就受不了領取失業救濟金的生活，於是接受波士頓第一國家銀行（First National Bank of Boston）資產代理部門的一份短期工作。雇用雷斯的人派他去做審核信貸的低階工作。

　　在這間銀行上班的第一個禮拜，雷斯的主管理查・阿傑米恩（Richard Ajamian）請他到外面喝一杯。在一些禮貌性的對話之後，理查突然對雷斯說：「你一定要在九月離職去上研究所。」看到雷斯不置可否，理查繼續說道：「我沒關係，不要擔心。看吧，你可以一週花兩天時間做你目前的工作。我今年三十一歲，想要在這間銀行一路高升。我想要你幫助我，成為我升遷的工具。我打算讓你加入我的管理訓練計畫，使你可以了解這間銀行的所有部門。你將會接觸許多人，所以這麼做不會浪費你的時間。我將利用這個訓練計畫作為掩護，送你到所有資產代理部門。你的工作是找出這個體制內的所有缺點，而且每週向我回報，如此一來，我可以強化這個部門，你也會發現這個部門變得更有意思。」

　　雷斯欣然接受，而且身為一個沒有包袱、觀點嶄新的局外人，他能夠找出當時體制裡的大漏洞。更棒的是，他接觸了這間銀行裡面許多重要人物，他們在他後來的創業過程中也成了有用的人脈。

　　其中對他幫助最大的是，雷斯了解到人們可以透過提供一個吸引對方興趣的雙贏提議，開啟協商，取得想要的東西。理查在這間銀行提供的機會，現在可以讓雷斯當作一個模式，達到他在保德信想要的目標。

　　雖然雷斯在保德信裡，名義上是歸迪克・吉爾的屬下管，但是雷斯的上司寧願做自己的工作，也不喜歡管別人。雷斯知道吉爾是他要影響的人，因為他是公司招攬新業務的專家。他推想吉爾可能有興趣在找尋新客戶上得到一些幫助，尤其是平常不容易接觸到的公司。如果他可以和吉爾達成一項非正式協議，就可以讓自己擺脫難受的工作束縛，去接觸各式各樣的創業家和金融家，反過來提供吉爾有價值的生意。

　　因為他的部門很小，直接談話很容易，雷斯跟吉爾說：「迪克，我知道你認識所有的人，但是我確信你可以利用幫手招來新的生意。我願意為你做這件事，但是有兩個條件：不要有人規定我幾點上工，而且除了實際的交易事宜以外，你要找個人處理所有相關的文書工作，我不想浪費時間聽辦公室裡的那些屁話和花時間填表格。如果你能做到我的提議，我會為你創造前所

未見的生意商機。如果你覺得滿意，就讓我去爭取上面人的同意。」

　　吉爾說只要雷斯辦得到，他就會支持雷斯。在那之前，雷斯要靠自己。當雷斯說他了解這些狀況時，吉爾同意這項交易。

　　雷斯將接下來的五年花在保德信，以他喜歡的方式工作，貸款業績也是部門內最高的。雖然他工作勤奮，卻很少出現在辦公室，而且完全不遵守公司慣有的規定。當他難得出現時，他會身著高領衫，從容走入主管專用的餐廳吃午餐。他用來贏得及宴請潛在客戶和一般客戶吃飯的帳單，總是辦公室裡最高的，而且他以讓吉爾頭痛為樂。有一天，他在早上九點悠閒地走進辦公室，吉爾問他：「你今天要做什麼？」他回說：「喔，我今天收工了，我已經完成了兩筆生意。」

　　連雷斯最後的離職都涉及重要的「交易」。在做了五年後，他去找吉爾告訴他要離職。他並不是真的知道自己接下來要做什麼，但打算自己創業。「我可以跟你做一筆買賣嗎？」吉爾回答，「多待五個月，完成你正在進行的這筆大生意，以及訓練接替你工作的人。反過來，我每個月會多給你一天假讓你去做你自己的生意——第一個月一天、第二個月兩天，依此類推——完全不扣薪水，我會罩你。」雷斯同意。雖然保德信的員工手冊裡面沒有這項協議，但是雷斯和吉爾各得所需，對公司也大有好處。

阻礙取得影響力的個人因素

　　這裡爭論的焦點不只是未能將個人的問題與更大的目標區分開來，還包括個人需求與渴望可能阻礙取得影響力的問題。仔細思考卡爾‧魯茲（Carl Lutz）如何打敗自己（參見下一個範例）。

　　我們所學到的教訓並不是你應該完全將個人需求擺在一邊，那麼做既不可能，也會產生不良後果。你必須親自參與本書主張的過程與交易，若沒有親自參與，就沒有動力去設定目標，並堅持到底。認清你的需求並接受它們的正當性，而非將它們趕到暗處以及你的意識控制範圍之外。但是不要被你的需求控制，謹慎地判斷要花多少精力直接致力於自己的需求上，而不是讓它們成為表現良好附帶產生的結果。

　　在多數尋求重要影響力的情況裡，人們將需求置於工作目標之

上。他們可能也需要提高自己本身或部門的能見度，故以參與專案作為尋求「成名」、肯定或尊重的一個途徑。這些額外的個人需求不只可以提供他們度過難關所需的幹勁，也對組織有助益。以雷斯‧查姆為例，為了有時間達成他所承諾的貸款目標，他必須跳脫既有的官僚要求，以換取更多的自由，要求高於公司規定的自主權，以達到他的目標，再將其被授予的自由合理化，他的個人需求與其職業目標及工作上的真正要求吻合。相較之下，卡爾‧魯茲的個人需求高過於工作相關的任務，因此產生不必要的衝突。

　　個人與組織的需求可能彼此衝突或相互支持的另一個常見狀況，是發生在人際關係出現難題的時候，可能是你喜歡又不願意傷害某人，或是害怕這個人又不想要讓他生你的氣。你的工作是否要求你必須處理人際難題？還是允許你在完成工作的同時，擁有一些揮灑的空間？你必須將自己的感受放在一邊去做「正確」的事嗎？還是先提出棘手的問題是絕對必要的呢？如果你對這個人的表現不滿意，可以有技巧地來表達你的不滿嗎（第九章將進一步討論影響難纏的下屬）？還是可以在不引起激烈反應的情況下處理這個問題呢？當個人感受與工作糾纏不清時，想要仔細釐清優先順序變得更加困難，但是如果你想要達成目標，或是不想老是壓抑自己害怕洩漏的感受，釐清優先順序就有其必要。

　　另一項個人障礙發生在當你更適合待在幕後，卻一心渴望提高自己的能見度與獲得賞識。舉例來說，你試圖在令人覺得不自在的新作業程序方面，取得幹勁十足又不想受約束的同事們的合作。如果你一心要他們讓步，以便你可以在這個計畫上居功，你這個罔顧別人需求的行為可能正是導致他們不願合作的原因。你是否非常渴望居功，以至於必須急著成為眾人的焦點？還是你可以提出建議、說明好處，然後退到後面，讓他們覺得自己也擁有控制權呢？

　　另一個個人障礙發生在你對於某個籌碼感到不安，使你無法利用它。舉例來說，有些人對於衝突感到非常不自在，無法涉入任何有爭

議的事情，無論那是多麼的必要。「喔，我無法要求那個；那會引起她的爭辯和攻擊。」同樣地，有些人非常渴望受人喜愛，以至於在對方還沒有機會消化他們的請求之前，無法討論任何可能惹人生氣的事情。還有些人不喜歡親暱的關係，因此難以與想要交換感覺與喜歡親密感的人打交道。

最後的問題是我們之前提過的：拒絕給予某種特別的籌碼，因為你不喜歡或不認同，而且認為誰都不應該重視這個籌碼。或許因為你深信每個人都應該平等對待他人，所以為那些汲汲於地位的人所拒。又或許你看到同事渴望獲得肯定，但是你鄙視那種執著。或許，正是那些想要權力與支配力的人讓你熱血沸騰。但是，影響力是關於你必須做什麼以取得合作，不是將你的價值觀加諸他人。你有權對一些你拒絕支付的籌碼有如此強烈的感受，即使它能帶給你想要的影響力。

脫離自己的需求與技能的危險

卡爾是一家大型金融服務公司的資訊系統副總裁，他在公司步步高升，雄心勃勃的他，渴望著資深副總裁的職位。

當他兩度與那個職位擦肩而過時，既震驚又苦惱。雖然卡爾非常聰明，但是那些與他共事的人卻覺得他不夠老練又太天真，懷疑他是否有能力處理一個相當需要政治手腕與撇開個人情感的工作。

卡爾對於高層那種泥拘小節、不坦率的行事風格不太有耐心，他攻擊那種行事風格的人：「老是逢迎拍馬，只在乎形式——不在乎實質的東西——而且缺乏堅持信念的勇氣。」

當卡爾第一次與這個職位擦肩而過時，他的老闆試著解釋為什麼沒有挑選他，但是卡爾太執著於想要官位所以聽不進去。他頑固地堅信公司待他不公，他的大發雷霆只是加深別人對他「難以」共事的看法。由於他無法記取教訓，卡爾最後被要求離職。

更糟的是，他沒有好好思考自己的優先順序，以致未能看清自己真正喜歡的是複雜的技術性工作，而非管理職務。諷刺的是，這個部門原本很樂意賦予他更多責任負責重要的系統設計案，這些都是他會喜歡又擅長的工作。

你可以選擇正義而非成效，只要你做決定時知道後果如何就好。

達成目標要有彈性

即使人們知道自己的主要目標，還是可能因為達成目標的作法過於缺乏彈性而失去影響力。有時候，擁有一個令人振奮的構想與熱情會讓人變得過度專注，他們沉溺在自己精心打造的願景，而忽略了可能有用的變數。因此，他們錯失良機，無法透過配合合作夥伴的想法，取得部分進展——或有時候，一個與自己需求不同卻更好的結果。

研究發現，成就重大變革的組織中階人員擁有非凡的毅力和彈性[1]。當他們需要與許多利害關係人打交道時，會堅持自己想要結果的本質，但是對於改變作法卻抱持開放的態度。有時候，因為現實帶來新的限制和可能性，連最根本的願景也會順勢改變，但更常見的情況是改變細節與作法，願景則維持不變。

舉例來說，雷斯‧查姆知道自己想要創業，因此他需要技術與人脈。剛開始，他認為自己只會在保德信做兩年，但是他很清楚經驗和人脈的重要性，因此持續學習，並累積人脈，待了五年多才離職。

調整自己和合作盟友角色的期許

當人們武斷地劃定自己與潛在合作盟友之間的工作界線時，就可能限制他們的潛力，並切斷選擇的自由。

傳統的工作說明書給人們過多的約束，理由有若干，其中一項理由是職場的改變。組織與個人之間的傳統合約（或交易）是：「做你的工作，公司會照顧你。」強調待在組織架構的界線和框架之內，不要干擾他人小心管制的工作。然而，現在人們必須做超過工作說明書內所列的工作事項，因為沒有一套規則可以預測所有的變動。因此，現在需要的是自動自發而非順從。

人們過度約束自己的另一項理由，反映了對威權的陳腐態度。與

放寬工作規定限制的好處

亞瑟的上司席歐・史內林（Theo Snelling）雖然在許多方面都很能幹，但卻似乎永遠無法交出備忘錄，這意味著決策無法適當地傳達到整個組織。席歐是歐洲人，對自己的英文沒有把握，又堅持撰寫完美的備忘錄，而時間永遠不夠讓人達到完美。

亞瑟對於這個問題越來越感到沮喪，當其他人向席歐抱怨時，得到的是道歉而非行動。雖然備忘錄並非這個部門最重要的問題，但卻越來越令人感到厭煩。

最後，亞瑟了解自己太拘泥於死板的角色觀點：「那是席歐的工作，他應該做這件事。」當亞瑟了解到這點，他跑去找席歐並自願草擬備忘錄。對他而言，這不是什麼太困難的工作。這個正面交易帶來許多好處：不只備忘錄很快就出爐，有助於加強部門的決策，而且亞瑟日後就利用與席歐之間建立的信用，爭取席歐支持具爭議性的計畫。

同儕打交道撈過界是一回事，但是與擁有監督你正式權力的上司打交道又是另一回事。同時，傳統上來說，上司和下屬之間一直存在著一種明顯的**交易**：「讓我做重要的決策，而我這個聰明的老闆會做出正確的決定。」下屬同意這個交易，因為他們可以將困難的問題交給上面。誰不渴望碰到完美的老闆：體貼又不忘工作、不會嚴厲糾正你、能夠給你自主權，又不會讓你無所適從？但是這樣一個聰明又萬能的主管只存在於幻想裡，也使得滿懷希望的下屬陷在組織框架裡，無法擺脫。如果上司無法「做他們應該做的」，下面的人能怎麼辦呢？

你甚至可以影響直屬上司

雖然我們會用一整個章節（第八章）討論如何影響自己的頂頭上司，但是我們還是要在這裡簡短地探討一下，這個多數人並沒有充分發揮影響力的重要領域。他們往往將重心局限於「按時做好工作」或

是「避開麻煩」，而忽略了一些上司需要的重要籌碼。他們都無法像雷斯・查姆所做的：「了解老闆的關鍵需求，然後想辦法滿足這些需求。」

當你真正學會配合上司的目標和興趣時，就可以努力推動你想要的目標，也可以不同意上司，並因此受到賞識。在多數的情況下，實現老闆的期望，可以給你機會提出要求、直言不諱，並達成交易。

但是你如何滿足老闆的需要？你掌握哪些籌碼呢？雖然每個上司的興趣各不相同，但是除了我們在第三章提過大部分上司都會樂意接受的籌碼之外，還有一些放諸四海皆準的籌碼，細想那些你所掌控的籌碼（參見表5.2）。

雖然表5.2列示的內容並非盡善盡美，但是知道如何產生這些籌碼，讓你可以從只是「提出請求」（這使得你必須依賴對方的恩典），變成將你的請求與老闆的目標相結合，或是創造可以換取你想要的結果的信用。

了解你的需求與渴望，但不要忘記你想要影響的人

在本章的第一個部分，我們強調了知道自己的目標和更清楚自己的需求的重要性，但這只是與你想要影響的人打交道的第一步。只專注於自己想要的東西，意味著這個交易基本上取決於依自己的需求，而不是根據你想要影響的人的需求，這樣的策略不太可能成功。

如果你很清楚知道自己想要什麼（如果這些要求是在別人能夠履行的合理範圍內），就可以隨心所欲、集中精力在他們對這個交易的需求上。然後，透過檢視你所掌控的資源，進而可以決定這個交易如何能滿足他們的需求。無法兌換手上有用籌碼，是無法發揮影響力的原因之一。

表5.2 你手握所有上司都會重視的籌碼

- 工作表現超越要求是一種與所有上司建立信用的傳統方法，這個方法仍然十分重要。當雷斯‧查姆（參見範例）要求直接從事尋找特殊、有賺頭的貸款機會，並實現自己的承諾時，他破例得到主管的通融，後者欣賞他的工作成果，願意打破一些規定來包容一個表現高於預期的明星級員工。

- 不必擔心下屬的工作表現。知道他會實現承諾，如同雷斯‧查姆找到新客戶時所做的一樣。

- 知道下屬會考慮組織內的政治因素（在艱難的處境中，當雷斯‧查姆不屑於公司的穿著慣例，他拒絕遵守）。

- 能夠依賴下屬來作為試探他人之意見（確保老闆不會自討苦吃）。

- 能夠依賴下屬作為自己的消息來源，獲取其他部門和下層的消息。

- 相信下屬會將問題通報上司，確保沒有意外發生。許多人認為上司只想聽好話，所以不會告訴上司實話，使得經理人更想要也需要公司內部發展的可靠情報。證明自己是個可靠的消息來源、善於預測別人的反應，隨時警告主管何處有地雷，以及提醒主管小心潛在問題的下屬，可能受到重視與信任。

- （正確無誤地）代表上司與組織的其他部門打交道，讓上司可以脫身去處理其他重要的活動。

- 成為創意與新點子的來源。

- 在你自己的下屬面前捍衛並支持上司（以及組織）的決策。既然許多員工將所有苛政怪罪在「老闆」身上，或是看不見的「高層」，所以當下級主管讓下屬接受公司的政策，而不是暗示所有不受歡迎的決策都是受到高層的壓迫，進而傷害公司的威信，會讓上司很感激。

- 提供支持與鼓勵，「與老闆同在一條船上」。高處未必不勝寒，但是掌權的人往往無法確切解釋為什麼他必須做某些決定，或是為何擁有足以影響他人人生的權力，可能是殘酷的負擔。經理人往往也會感激下屬的忠誠、鼓勵或是信任。即使是勇敢、強勢的領導人，也會重視能為他赴湯蹈火在所不辭的人，這只有在你真心欣賞這個老闆時才行得通，如果你是，這個籌碼會非常有效。

- 主動提出新點子；避免問題發生，而非等待問題發生。在一個快速變遷的年代裡，更需要可以採取主動、而非枯等指令的下屬。主動積極採取行動去防止問題發生是有用的，且往往效果非常明顯。

自設陷阱：在交易中失去動力

並非所有交易阻礙都是對方造成的，你也可能因為某些理由，製造了一些問題。

不願意堅持合理的主張

在下頁的範例中，吉姆著手創造對他上司有用的籌碼，但是有些人卻因為不知道如何回收別人欠的人情債，反而喪失影響力。當「欠你」的這個人並不知道他欠你的時候，你會沮喪地放棄嗎？你是否害怕向別人「催債」會傷害彼此的關係？你是否曾經思考過，對方可能

基層員工以不凡的積極行動得到老闆的賞識

貝慈・巴尼斯（Betsy Barnes）開始在管理顧問公司擔任接待人員時只有十九歲。在她任職的第一個禮拜，有一天下午，她發現一批要向重要客戶做簡報的幻燈片沒有送到，她打電話給照相館，照相館說根本沒收到這批幻燈片。她堅持兩天前確實已經親手送到，照相館的負責人回說不可能，建議貝慈不妨在辦公室再找找看。

貝慈鑽入一堆沒有建檔的文件，找出照相館的收據，她回電給他們，堅持要他們更仔細地找。對方再度推託，但是她並不死心，堅持和經理談，並透過電話，指導他搜尋遺失的底片。當她終於找到底片時，貝慈繼續敦促照相館以急件處理，以便快遞可以在當天下午及時收到沖洗完成的幻燈片，好讓公司總裁能夠拿它們去做簡報。

這名總裁偶然間經過貝慈的桌子，當時她正有耐心但非常堅定地要求照相館盡更大的努力去找著底片。他很驚訝，這名新進的年輕雇員憑藉一己之力，如此認真盡職地設想到缺少幻燈片的麻煩，並確保幻燈片準備妥當。他不只立即給她獎賞，還向辦公室經理提及貝慈顯然有更多的潛力。兩個月之內，她升到一個更重要的職位，管理原物料的銷售。

貝慈並沒有刻意評估她老闆的需求，以及滿足這些需求來得到她想要的升遷，但事情就是這樣發展，有效的交易未必是一種刻意的行動。

並不了解你所做的一切？或是他知道、但重心並不放在這上面呢？或許，同事認為你只是在盡自己的職責，所以你必須讓他們知道你花了多少工夫幫忙他們。還有，仔細思考你對於同事到底具有多少價值，而且他擔心失去你的友好，就跟你擔心傷害彼此的關係是一樣的。至少，進行一些測試是合宜的。

你不必變成一名蒐集籌碼的小氣鬼，並在別人未能注意到你的努力時，不斷提醒人們他們欠你什麼，進而要求合理的權利。但是最起碼，你要開啟直接的對話，直接但有禮貌地詢問對方是否和你所想的一樣，忘了你為他們所做的努力。除非同事了解你真正的看法，否則你就是比賽還沒開始就把球丟了。提出問題並不能保證得到你想要的答案，但至少還能繼續比賽。

盡量將個人需求建構為對老闆有益的資源

吉姆與他的上司韋斯之間出現問題，後者習慣隱瞞消息。這意味著吉姆往往是從自己的屬下那邊聽到公司總部下達的新計畫，這嚴重損害吉姆對下屬的威信。

舉例來說，吉姆從他的一名屬下那邊得知，公司正計畫大舉出售一個部門。這名屬下對於吉姆的不知情，顯得既驚訝又尷尬。

吉姆之前幾番要求韋斯給他更完善的資訊，但都沒有用，吉姆開始害怕韋斯認為他是個要求多又沒有安全感的人。為了得到更多的資訊，吉姆必須拿出一些韋斯重視的東西。吉姆並未就其本身的需求提出自己的請求，他去找韋斯說道：「我們之前談過，讓別人覺得我們的部門消息靈通且能掌控問題的重要性。誠如你說過好幾次的，『消息靈通』讓我們取得威信。我同意那個觀念，也想要落實，但是有時候我做不到。因為當事情發生時，我無法從你那邊得知消息，讓這個部門看起來很無知。我們可否每週二早上安排十分鐘的會議，你可以在會議上，大致跟我說明有什麼狀況發生嗎？」

吉姆以韋斯（及組織）的最佳利益來說明他的請求——而非只是基於個人利益——最後成功了。吉姆提供韋斯籌碼——部門的名聲，韋斯對這項籌碼的重視促使他去召開例行會議。

不願意針對自己的需要提出請求

　　未能提醒人們其正當義務的另一種變化形式是：未能就你的主要目標提出清楚的請求。這發生在當你知道自己無法下命令，而且預期對方會產生抗拒，所以只有委婉說出自己想要什麼。如果你的計畫很重要，而且是真的基於工作所需在做這項計畫，不是為了個人的榮耀，就沒有必要退縮和委婉說話，或是試圖收回你的請求。如果你沒有幫助別人了解合作會讓他們得到想要的東西，光是堅持你的目標可能不夠，但是信心十足的請求是有幫助的。

知道合適的籌碼——卻不想使用它

　　多數人都有一些不想交易的籌碼。有些人可能對於讚美或感謝感到不自在，因為那感覺像是軟弱或不誠懇；有些人則可能對大膽、模糊的未來目標感到不安；還有些人因為害怕自己其他的籌碼，冒著被拒的高風險，所以轉向自己心安的籌碼。如果你有個總會讓你想方設法避開的死穴，想清楚要如何克服你的厭惡，否則你的影響力將遠低

不願意向別人討債

　　雪拉‧薛爾頓（Sheila Sheldon）是一間大型藝術博物館一個重要館藏的館長，她抱怨自己給許多其他部門的負責人方便，但是他們對於她的請求卻沒有善加回應。「我總是為別人盡心盡力，出借人員支援專案、研究問題或是讓出儲藏空間。但是當我想要某些東西的時候，我不想提醒他們，但是他們應該知道！如果他們是好同事，為什麼不能履行他們的義務呢？」

　　雪拉的影響與關係模式完全取決於她同事的認知：她做了什麼事情、這件事情對她同事的價值，以及他們的善意，他們可能完全不了解她給了他們多少方便嗎？他們認為她只是在盡她的職責嗎？她總是默默犧牲，是否使得他們完全忽略她的努力，以及她的互惠需求呢？還是他們相信她很樂意自我犧牲呢？因為她沒有提出這個問題，所以就不可能找到答案。

於你原本可能做到的。如果有必要，與一個值得信賴的同事或朋友進行練習。

知道合適的籌碼——但不想滿足對方

　　這個問題出現在當你仔細檢視對方會想要什麼，卻因為過去的經驗或是對他們有些反感，所以你無法忍受給予他們想要的東西。舉例來說，我們與一群科學家合作，這些科學家必須應付政府管理當局，他們認為管理當局干涉太多，和太在乎枝微末節。這些科學家猜想，事先提供更多資訊會讓管理當局更好做事，還可能會減少對他們的要求（「畢竟，對方的工作就是聽取報告」），但是他們厭惡這個想法。他們過去太習慣把監管人員視為敵人，所以要跟他們合作很難，即使這麼做非常符合自己的利益。

　　肯定一個渴望受人注意的人又是另一個情況，我們曾經看到人們踟躕不前：「我知道如果我給予更多的肯定，就會得到更多的合作，但一想到要幫助那個自大狂得到讚美，實在令人難以忍受。」誠如我們之前所言，那是你的選擇，但如果代價是失去影響力，就讓這個選擇成為一個清醒的決定，而且不要抱怨。搞清楚你的優先順序吧！

監測你的自我意識

　　為了讓你的能力發揮到極致，你必須了解自己以及你的潛在合作盟友。利用表5.3的檢查表監測你的自我意識。

　　如果你想要發揮最大的影響力，檢查表上的問題需要小心留意，你才有能力透過創造成功的交易來取得影響力。

　　接下來，在第六章，我們將更深入討論如何取得、建立和修補取得影響力所需要的關係。

表5.3　自我意識檢查表

☐ 你的工作或專案目標究竟是什麼？

☐ 哪些目標是最重要的？如果有必要，有哪些目標可以先擺在一邊呢？

☐ 你的個人與職業生涯目標為何？它們對於你成功完成任務是助力還是阻礙呢？

☐ 你已經使用了所有可用的資源了嗎？

☐ 你是否看到了你可以贏得及擁有的許多潛在交易籌碼？

☐ 你可以在必要時與人合作或對抗嗎？

☐ 你願意積極爭取要別人還債的合理權利嗎？

☐ 有些籌碼即使有用，但你不願意使用它們嗎？你知道阻礙你這麼做的原因是什麼嗎？

註釋

1. Rosabeth Kanter, *The Change Masters* (New York: Simon & Schuster, 1983).

第 **6** 章

建立有效關係：尋找與開發合作盟友的技巧

我門內的陌生人，

或忠且仁，

但他並未言我所言——

我無法感受他的心。

我看著這張臉和眼睛，以及嘴巴，

卻不見背後的靈魂。

我的血親，

或惡或善，

但是他們的謊言為我所慣聽，

他們也聽慣我的謊言；

我們無須翻譯，

進行買賣交換。

我的血親，

或做惡多端，

但至少，他們聽我所聽，

並觀我所見；

且不管我如何看待他們及其所好，

他們思考，同我一般。

——吉卜林（Rudyard Kipling），〈陌生人〉（*The Stranger*）

關係很重要

　　與那些你很熟悉且有類似目標、價值觀與品味的人建立關係並不難，他們看世界的觀點和方式是你所熟悉的。即使彼此意見分歧，他們的行為還是可預測的，而且你可能已經知道用什麼方法可以影響他們。但是組織充滿了「陌生人」，因為他們為不同的職務與主管效力，所以看這個世界的觀點自然不同；他們有不同的性別、年齡、種族、民族性、國別，或是擁有不同的訓練和經驗——這一切皆起因於組織必須引進各種不同的專業能力，才能承擔複雜的組織問題。比起吉卜林的年代，現在我們需要更廣泛的人才、背景與觀點。當年「大不列顛管理服務」（British Administrative Services）的成員被訓練成「用和女王一樣的想法去思考」，以便當訊息與指示遲遲無法抵達殖民地時，也會知道該採取哪些因應之道。而且，他們皆來自同一個狹隘的社會階層，目光也同樣短淺，無異已經建立了一個邁向團結和放心往來的良好基礎。今天則更需要努力地去和各種人建立有效的關係。

　　無論在何種情況下，良好、公開與信任的關係都具有下列優點：

- 溝通更為完整，所以你能更清楚地知道對方的需求與籌碼。
- 對方更能相信你的話，並敞開心胸接受你的影響。
- 你可以從選擇性更廣的籌碼中，用更少量的籌碼來償付。
- 有交情的個人籌碼變得更為重要，擴大你可以支付的籌碼種類。

　　雖然交易有時候明顯對雙方都有益，以致雙方的關係並不重要；但不良的關係常在許多方面降低傷害運用影響力的可能性。舉例來說，一個不好的關係會：

- 降低雙方合作的欲望。
- 扭曲對彼此籌碼與動機的正確認知。
- 增加負擔，另外花時間去驗證：

——對方的表現。

——對方能否實現承諾。

——對方所提出的交易籌碼的價值。

——預期對方償還的時間。

- 較無法容忍拿來交易的商品與服務籌碼,與生俱有的那種難以精確評估其價值的含糊特性。
- 減少參與的意願,並引發恨意:「我情願下地獄,也不願意幫助那個卑鄙小人!」

這些都是試圖達成影響力的主要障礙,如果所有的關係都從這些不利的情況出發,組織生活將陷入停頓。幸運的是,只有最不幸的人才缺乏可靠與信任的關係。多數組織成員都認識一或多個他們可以坦率以對的同事,並了解維持這種關係的好處;問題出在那些不是如此值得信任,或是不會輕易相信別人的同事。應付不認識的陌生人已經夠糟了,要去影響那些已耳聞你惡名昭彰,或是曾經與你有過節的人,更是難上加難。

如果你不是從一個良好的關係開始或是彼此缺少許多共同點,你要怎麼做呢?

配合對方喜歡的行事風格

建立關係最容易下手的領域之一是行事風格。每個人都有某種行事風格——一種解決問題、與別人打交道和完成工作的方式。有些人偏好在行動之前仔細分析;有的人喜歡先一舉擊破,稍後再補好所有的破洞。有些經理人只想要下屬拿出辦法;有的經理人則希望員工在問題尚未全面成形爆發的時候就來找他幫忙。在建立工作關係方面,有些人喜歡在處理工作之前先行認識同事;有的人則要等到有些成功的互動經驗後,才能把別人當成夥伴。

　　一個人偏好的作風來自訓練與經驗、工作的要求，以及個人的性格。文化也創造行事風格。在許多亞洲與拉丁美洲國家，沒有幾杯茶或咖啡下肚，寒暄一番，是無法開始工作的；然而，在美國一些地方，如果不先處理工作，將交際留待後頭，人們就會變得不耐煩。

　　客觀而言，人際互動並沒有一個昭示於天地和鐫刻於石的「正確方式」。然而，主觀來說，人們往往確實覺得存在著一種正確的行事風格——就是自己的方式，只是經常沒有意識到。但是，在與別人往來的時候，了解你自己以及你想要影響的人的行事作風是很重要的。

　　你是否見過這樣的場景，一名經理人希望下屬提出精確的書面請求，當他在走廊看到他的下屬，而對方是那種想到什麼就說什麼的人，結果把他氣得快要發瘋。我們曾經觀察一名經理人，他不斷要求下屬提出簡明的正式提案，但卻老是從冥頑不靈、不拘小節的下屬那裡，得到未經準備就提出的請求。這名下屬認為正式的提案是完全不必要的官僚作風。

　　一個對自己的行事作風缺乏充分了解的人，無法思考其他的可能性，也限制了自己建立關係的能力。

行動計畫

　　你可以利用常見的行事風格差異表（表6.1）來找出自己偏好的作風，並與你想要影響的人偏好的作風相比較。行事風格的差異是否造成你們雙方合作的一些困難呢？如果是這樣，你就有做出選擇的必要。其中一項選擇是接受對方偏好的作風；另一項選擇是，如果對方願意，你可以針對彼此不同的作風進行討論，進一步了解是否能有讓雙方都滿意的解決之道。

　　雖然不同的行事風格足以造成嚴重的問題，但有時候，衝突卻是源於實質的差異。舉例來說，非常聰明且態度強硬的人可能對於根本的策略方針抱持相反的觀點，因為他們非常有自信，認為問題都出在

表6.1　行事風格的差異

• 聚焦問題面（杯子半空的悲觀者、有什麼沒完成、有什麼失敗了）	• 聚焦成功面（有什麼已經完成）
• 發散性思維（divergent thinking；探索新的可能選擇；擴大目前的考慮面）	• 聚合性思維（convergent thinking；減少選擇；快速推向解決辦法）
• 想要井然有序（例如規定與慣常程序；可預測性，沒有意外）	• 安於模糊不明（幾乎沒有規定與規則）
• 分析，然後行動（在行動之前研究選擇性）	• 分析前就行動（快速行動；從結果蒐集資料）
• 看大不看小	• 看小不看大
• 講究邏輯／理性（想要論據／數據，不相信自己或別人的直覺）	• 講究直覺（大量依靠直覺、自己的「膽識」，比較不靠論據／數據）
• 勇於冒險（喜歡碰運氣，接受失敗，等於嘗試新方法）	• 避免冒險（傾向謹慎，偏好「證明可行」的方法）
• 尊重權威（支持既有的權威，可能順從而不會抗拒）	• 懷疑權威（不同意，抗拒權威）
• 關係優先（有時候願意犧牲工作品質以換取良好的關係）	• 工作優先（重視工作的成功勝過良好的關係）
• 尋求／重視／鼓勵衝突（與分歧）	• 避免／壓制衝突（與分歧）
• 競爭（喜歡競爭，將形勢轉變成個人的輸贏測試）	• 合作（比較喜歡合作；尋求雙贏結果）
• 先考量自己的需求（與關心事項）	• 先考慮到他人（的需求和關心事物）
• 喜歡掌控（發展方向的決定、活動的性質，想要所有的決策權）	• 喜歡由別人掌控（發展方向的決定、活動性質，並接受決策）
• 樂觀（對事情的發展結果樂觀以待；看到成功的可能性）	• 悲觀（對事情的發展結果；悲觀以待；看到失敗的可能性）
• 喜歡獨自進行（企畫）	• 偏好與他人共事

對方的頑固，而非出於合理的商業歧見，所以雙方不可能達成共識。我們不想小看這些實質分歧所造成的影響力爭執。然而，這些實質差異不應該與不了解行事作風差異所造成的溝通問題混為一談。解決實質的工作上分歧就夠重要的了，無須再加上行事風格差異所造成的額外負擔。

行事風格完全迥異的兩人與負面結果

如同一齣希臘悲劇，傑克‧瓦特斯（Jack Walters）和亞歷山大‧阿薩納斯（Alexander Athanas）上演了那種錯誤的結合導致不幸的結果。傑克最近被任命為行銷副總裁，這是從生產部門轉任的同級調職，目的有兩個：擴展他的經歷及在非常重要（但尚未開發）的行銷領域運用他不錯的能力。傑克擁有工程訓練與生產背景，向來習慣自己解決問題，而且只有在做不下去的時候，才會把問題交給他的上司。他喜歡一切都井然有序，並想要掌控所有的問題。

該公司的總裁亞歷山大是行銷出身，他的經驗（與個人的行事風格）使他習慣應付亂七八糟的問題，希望麻煩出現的第一時間就能知會他。他未必要自己解決每個問題；在與下屬討論各種解決辦法之後，他願意聽取下屬的意見：「我聽了你的話，當然會仔細考慮，但是我想要自己處理這個問題。」亞歷山大最需要的是保持自己消息管道，以及覺得別人聽進他的話。

傑克和亞歷山大截然不同的行事風格導致對立，然後是猜忌、不信任，甚至偏執。當亞歷山大不放心某事，他會問傑克是否有任何問題。亞歷山大認為傑克是在隱瞞消息，反而更進一步刺探；傑克覺得自己的能力受到質疑，變得更小心謹慎。

從傑克的觀點來看，問題出在亞歷山大。「該死，」他想道，「他付我高薪擔任行銷主管，為什麼不讓我來管理呢？我猜他真的很想要自己管理行銷部門。」傑克未能了解自己的行事風格在這個問題中所扮演的角色，讓這個問題越滾越大，一直到亞歷山大認為傑克不僅不忠，還鬼鬼祟祟不值得信任。有一天亞歷山大大步走進傑克的辦公室將他開除，這個問題終告結束。

每季增加你的互動戲碼

雖然大多數的人因為可提供的籌碼範圍太過狹隘，而限制了他們的影響力，但也可能因為過度限定於一種互動方式而失去影響力。

在與潛在合作盟友打交道時，採取公開合作的態度是很重要的。雖然通常這是比較理想的作法（尤其是與那些在未來互動中會需要他們的人），但是如同以下範例所提到的人力資源經理的發現，有時

候，有必要利用距離、甚至衝突和威脅（要很小心）為雙方的交易提供舞台。要成功做到這點僅憑強悍的作為是不夠的，因為背後沒有資源支撐的威脅毫無意義，也不利於自己。如117頁範例所示，你自己強而有力的專業表現成為衝突背後的支柱。你不想要陷入這樣的局面，厲聲威脅卻只聽到輕蔑的回嘴：「有兩毛五嗎？打電話給會鳥你的人吧！」

合作與衝突之間的選擇只是一套增加影響力本領的抉擇，另一套選擇涉及取得最後成果的時間壓力。克莉絲・漢蒙德（Chris Hammond）承受外部壓力，迫使她快速採取行動；而保羅・威爾格斯（Paul Wielgys）則因為願意保持耐心及了解如何使潛在敵人變成盟友而成功（參見119頁範例）。

不像克莉絲・漢蒙德的作法，保羅・威爾格斯以耐心，且不具威脅性的方式影響對方，同時也未放棄確定會對公司有利的行動。就連受到攻擊的時候，還是堅持自己的信念，訴諸於一名冷靜的預算刪減

偏好親民作風的經理為配合新老闆，採取比較疏離的方式

我們觀察一名在李維・斯特勞斯公司（Levi Strauss）任職、為人親切、善交際的人力資源經理，了解她如何努力與新上司——行銷部門總經理相處。本著讓公司成為一個人性化、有愛心的工作環境的共同願景，這名經理人與之前的老闆有著密切的工作關係。新主管與她的前老闆不同，他態度冷淡，是個注重數據與獲利導向的人，不輕易與人閒話家常，而且偏好與人保持距離。

相較之下，這名人力資源經理喜歡以一種非正式的、面對面的方式處理問題。她越是努力接近她的老闆，她的新老闆越是躲她，這把她惹惱了，不只是因為個人的因素，更因為她認為新老闆的作風對於這個部門的需求而言是錯誤的。在經歷了許多令人洩氣的小衝突之後，她終於了解送給他簡單俐落的便籤比較有用。她不喜歡這個方法，寧願採取比較親切、人性化的作風，但是她發現這麼做可以完成許多工作。她選擇效率勝過個人的喜好。

成功使用衝突形式來取得影響力

　　克莉絲・漢蒙德告訴我們，因為她的老闆不肯讓步，所以被迫採取強硬的行動*。注意她如何準備好資源並利用衝突的形式來達成雙贏目標：

　　當我還是一名實習銷售人員時，我知道如果我沒有得到「Computex 銷售獎」，我在 Computex 公司的職業生涯就完了。雖然他們不會開除我，但我將永遠只是一名業務代表，數著饅頭過日子。我必須創造銷售數據，所以這是我的作法。我的主管在本季結束之前有二十個項目必須達成預期目標，而且他努力確保我不會得到 Computex 銷售獎。實習銷售人員不應該得到銷售獎，而且如果我得獎，就表示他早就應該把我升為正式的業務代表。所以我問他的秘書，他必須達成的數據目標，我不是在要什麼不正當的手段，是真心努力想幫他。我希望他成功，因為那是我可以成功的唯一途徑。但是我必須運用權謀，因為他不會把我當一回事。

　　我讀了這些數據並跟自己說：「他不可能達成這六個項目的目標。」就這樣，我有一名客戶可以達成其中四個項目的數據目標，然後我從一份潛在客戶名單開始打電話，結果找到十五名客戶。

　　身為一名實習銷售人員，那不是公司付我薪水要我做的事情，公司付我薪水是要我學習，但是我厭倦當一名實習銷售人員，我決心要成為業務代表，還要拿到 Computex 銷售獎，而且是當年度唯一拿到這個獎的實習銷售人員。

　　除此之外，我的主管跟前有一名紅人，他是主管唯一親自雇用的業務代表，他想要讓這個人得到銷售獎。我的主管推想，如果我達成銷售獎金，並在七月一日離開到總公司工作，就應該把我簽下的業績的百分之五十給這名業務代表。我告訴我的主管，既然我已經做了許多工作，而且有兩筆銀行大單可以為證，我認為那是不公平的，除非他也願意將所有業務人員的百分之五十業績分給我。我被要求分業績給這名業務人員，好讓他可以得到銷售獎，而我則什麼好處都沒有得到。在我的對策裡有個關鍵招數，我知道揭發我的主管對他或是這名業務代表都沒有好處。

　　我去找地區經理，並詢問如果我談妥那些客戶，是否可以得到銷售業績。他說可以，我說：「可是我的主管不是這樣說的：我必須把百分之五十

---

*摘錄自亞倫・柯恩等人所著 *Effective Behavior in Organizations*（第五版；Homewood, IL: McGraw Hill-Irwin, 1992）的教學案例：「克莉絲・漢蒙德」。

的業績分給這名業務代表。」這名地區經理問我為什麼，聽我的回答後，他以完全不敢置信的表情看著我。我解釋，我不認為這名業務代表應該剝奪我的努力去得到這個獎，如果是這樣，公司不會得到任何我找到的生意。我今天就要離職，帶著我的休假薪資走人。這名地區經理說要回去和我的主管談，他們都不知道的是，我的抽屜裡已經有了這些訂單，可以履行與他們的任何交易，而且我知道他們必須拿出漂亮的數據給他們的老闆。

距離本季結束只剩下兩週，我的主管開始害怕了，因為他不可能達到預期的。我跟他說：「我真的想要回到總公司，而且我需要你的幫助。我必須贏得銷售獎，你知。我也知。這點我沒辦法以沒有贏得銷售獎的笨蛋身分回到總公司，我相信我已經提出要得獎必須做的銷售努力，也相信我應該回去擔任業務代表，而且我已經掙到了可以為你達成目標的數字，還可以帶進這兩名客戶。我只需要你保證，如果我做到了就能得到 Computex 銷售獎。否則，我明天就不來了。」

他看著我，終於說道：「如果你拿到那些訂單，就可以贏得銷售獎，而且如果你帶那筆生意，那麼你絕對有資格成為業務代表。」他從沒料到我可以拿到那些訂單，兩天後我帶著訂單走進他的辦公室。

促使我這樣做的主要動機，是我了解他們不把我當一回事，也沒有留意我努力談成多少客戶。我也想讓他們知道，我完全清楚他們打算利用我。那種作法是一種非常強硬的權力遊戲，也是高風險的策略，但是如果你成功，別人將會對你產生更高的敬意，也會更相信你的管理能力。

克莉絲採取在許多情況下可能會產生反效果的高風險策略。在某些公司裡，跳過主管去找地區經理可能會被視為是不當行為、挑戰權威，甚至可能被解雇。被她逼到絕境的這名銷售經理大可以透過拒絕推薦她升上業務代表，或是向她將來要打交道的組織散播負面謠言，進行報復。此外，她也可能製造出一個永遠的敵人，也就是原本主管答應要把功勞給他的業務代表。這些都是你在選擇這種策略前必須考慮的潛在代價。

不過，在面對一個她認為沒什麼損失且只有好處的情況時，克莉絲正確地找出她老闆最重視的籌碼（他的銷售配額），強調自己已經掌握或可能掌握的籌碼（與 Computex 尚未接觸過的客戶做生意，以及她的主管在地區經理面前的名聲），並完成一筆讓她得到想要的東西的交易，不僅幫了她主管一個忙，也對公司有利（她並非不了解組織文化，Computex 重視的主管正是要有那種積極作為，而且克莉絲之後在公司也有不錯的發展）。

專家可接受的籌碼談論自己的計畫，他將重心放在生產力提高、工作熱忱和能提出更好點子等效益上。以此方式，他建立一個良好的關係，並創造了一個新的籌碼（幫助其他部門達成更好的表現），那賦予他某種可以與同僚交易的籌碼。

改善不良關係的其他作法

如果試圖配合別人的行事風格還不夠，你還可以做些什麼呢？不論造成關係出現問題的原因為何——曾與對方發生衝突、部門之間的恩怨、不對盤的個人品味，或是一般對「陌生人」的不信任——你面

以極具耐心且合作的態度，將攻擊轉為支持

保羅‧威爾格斯是全球酒業鉅子聯合多美公司（Allied Domecq）特別成立的學習與訓練部門的主管。保羅的職責是想辦法將普遍存在於經理人中的僵化思維轉變為更大的創造力。儘管執行長下令推動大刀闊斧的改變，經過兩年的成功轉變之後，還是有許多懷疑論者並未看出保羅團隊所做的努力的價值。舉例來說，稽核部門資深主管大衛，為了他認為不必要的支出，把保羅叫進來嚴厲斥責。

保羅大可為自己辯護，但是他反而以友善的態度，針對大衛所關心的來推銷自己的計畫，他解釋訓練人員如何幫助受訓人員調整態度和價值觀，使其與公司的策略一致。「你簡直無法相信，大衛，」他熱切地說道，「他們走出研習會場之後，對於自己的工作充滿了熱忱。他們找到更多的意義與目標，變得更快樂，生產力也大幅提高。他們打電話來請病假的次數減少，早上提早來上班，也想出更好的點子。」他的一番話幫助大衛了解這個計畫的好處，這個計畫獲得採納並成為內部稽核部門積極轉型的一個關鍵，大衛也成了保羅的有力支持者[*]。

---

[*]《哈佛商業評論》（*HBR*）二〇〇二年十月第92-101頁 Debra Meyerson 所寫的 "Radical Change, The Quiet Way" 一文，此範例取自哈佛商學院二〇〇一年出版的 *Tempered Radicals: How People Use Differences to Inspire Change at Work* 一書。

臨的挑戰是如何將難搞的人變成工作盟友，你要如何打下重要的基礎，改善彼此的工作關係？這個目的並不是要建立親密的關係，將你最痛恨的敵人變成最好的朋友。記住，結盟的本質是雙方要接受儘管彼此的目標與行事作風可能大不相同，仍然可以找到一些共同基礎，並在這個基礎上進行有限的互惠交易。雖然有時候雙方會因為忘掉過去的舊傷口和有業務往來，友誼會伴隨而生，但是目的只是為了創造滿意的工作關係，完成任務，以促進組織的成長。

有三個部分需要特別留意：

1. 檢討自己的態度與行為，有無造成什麼問題？
2. 確定你已經評估過他人的行為動機。你了解他們的世界嗎？
3. 調整你改善關係或工作的策略。

你是問題的一部分嗎？

與不認同你的人打交道，可能讓人很生氣，而且將問題怪罪他人也很容易，但是你必須檢討自己的態度與行為。你是否過早認定對方毫無利用價值，導致找不到和對方打交道的方式？你必須抱持開放的態度來看待對方的價值。做出一個強硬的負面結論將會影響你的互動方式，而且往往給人負面的感受，使你所藐視的對象感到不悅。

問題的發生往往起因於彼此的不信任，或是認定對方的行為肇因其不良動機。當那種情況發生時，人們自然傾向避開不信任的人，盡可能減少彼此的接觸，即使這樣的接觸可能會為雙方的關係注入新的、更有利的因素。缺少有利因素，接著就會形成惡性循環，變成更多不信任與負面假設等等的溫床。不管怎樣，這個循環必須被打破。

有一個相關的問題在於，一旦你對某人做出評斷，就很容易只看到自己是對的證據，忽略其他的一切。人們只希望看到自己是對的「證據」，覺得自己是無辜的。你必須嚴密地監控自己，以確保不會一心為自己辯白，導致逃避改善關係的可能性。

除了封閉的認知問題之外，還要留意你有可能正在挑起對方出現你不喜歡的行為。

評估對方的世界，以了解產生攻擊行為的原因

密切觀察對方的組織環境，不僅有助於判斷對方可能想要的籌碼，也更能了解受到質疑的行為背後的成因。越了解行為背後的成因，你就可能越發有耐心與同理心，非但不會覺得憤慨，反而能夠因產生同理心或移情作用，進而建立正面的關係。了解行為的動機不是為不好的行為辯解，而且你當然有權不贊同不好的行為，但是通常無助於建立更好的關係。

選擇以工作或關係為主的改善策略

如果你已經檢討自己的行為與態度，並努力了解對方行為的動機，仍須盡力改善關係，下面列了三種方法：

1. 如果你做了一些事情（例如：沒有提供資訊、採用不合適的工作風格等），你可以修正自己的行為。
2. 你們可以直接討論雙方關係的性質。光是討論問題就可以消除疑慮了嗎？還是雙方的做事態度都必須修正（另一種交易形式）？
3. 你可能想要咬緊牙根、蠻幹，直接完成工作。這可能更需要全面運用你的能力或資源，所以我們必須探索贊成與反對第三種方法的論據。

淡化個人的感受並動手工作

修補欠佳的關係最常見的作法是忽略個人感受，全心致力於共同合作某些工作。只要有所成就可以改善雙方對彼此的信任感，並促進更好的關係。當雙方關係不好，而且誰都無法命令對方合作時，常見的結果是，雙方永遠合作不了。較為不滿的一方通常就會避開對方，

或是停止做該做的事情。即使是兩名競爭對手同意一起處理某些工作，也不能保證雙方關係會有所改善。

不幸的是，很可能正是那些造成最初困境的問題阻礙了工作上的合作。這有點像是設法協議財產分配的離婚夫婦，如果他們可以理性地與對方討論，就不難順利地分配財產，但如果他們可以順利展開理性的討論，或許就不會離婚了。

然而，環境有時候迫使人們一起工作，進而發現工作本身是如此誘人，以至於可以把彼此的差異擺在一旁，連帶也使得彼此的關係好轉。當那種情況發生的時候，雙方都有驚喜，並且可以從那裡開始建立關係，但是能產生這種快樂結局的機會並不多。

直接說出人際關係的問題

如果從本質而論，不良的關係取決於接觸越來越少，最好的解決辦法是增加接觸，直接設法修補不好的關係。如果能做到這點，雙方往來的方式可能會有很大的不同。

在組織裡我們經常觀察到人們不願意公開討論自己人際關係的好壞。某些因素決定你應該直接處理關係問題，而非繼續埋首於工作上。

先工作還是先建立關係？

表6.2列出一些情況，說明什麼時候該從工作入手，什麼時候應該先做一點人際關係的功課。

敵意的程度。當雙方之前的敵意過深時，就會阻礙他們在任何工作上進行合作，最輕微的刺激都會讓人出現敵意，搞砸實質的工作。任何的意見分歧都會使得決策陷入僵局，雙方都會想盡辦法證明對方有多差勁，以及自己有多善良。當雙方敵意不深時，一件困難的工作可能帶領雙方超越自己的感受，儘管對彼此的看法抱持保留的態度，還是能對工作「感興趣」，讓工作得以進行。

表6.2 從工作或關係著手改善關係

從工作著手	從修補關係著手
• 敵意不深。	• 敵意強烈。
• 即使有敵意，工作還是可以完成。	• 反感阻礙工作邁向成功。
• 工作成功可能增加好感。	• 即使工作成功，也不會增加好感。
• 企業文化約束直來直往。	• 企業文化支持直來直往。
• 合作盟友受不了直來直往。	• 合作盟友歡迎直來直往。
• 你的作風不適應直來直往。	• 你的作風適應直來直往。
• 工作失敗將會對雙方造成傷害。	• 工作失敗不會造成對方的傷害。

在關係不好的情況下，合作有多困難？成功對觀感的影響？當雙方一點都不喜歡彼此，但在了解需要彼此的情況下，有些工作還是可以完成的。他們不是埋頭處理工作，就是設法分配工作以避免太多接觸，但還是能夠完成工作，對於相互依賴度低或是很容易分配的工作而言，這個方法可能行得通。但是需要高度相互依賴以及自由交換資訊的工作，就必須克服共事的不快。如果因為感覺不好使得你不可能完成工作（達成交易），就必須先著手修補關係。

諷刺的是，如果完成一件有益的工作，可能會增進雙方對彼此的好感。儘管傳統的觀點認為是好感造就成功的團隊工作，但是反之往往也成立：勝利的團隊最後會喜歡上他們的隊友，輸掉的人則彼此看不順眼。這種情況不一定會發生，但是改善不良關係的一帖良方是共同做一件有益的工作。

企業文化允許有話直說的程度，受合作盟友歡迎的程度？越來越多企業文化提倡開放的作風，並鼓勵員工勇敢面對各種工作與人際關係的差異。公司希望員工能知道其他人的想法，未能坦率說出自己意見的人會被認為是懦弱和過度壓抑。當某人不滿同事或老闆的作為或談話時，他會採取直接的作法，面對面，將自己的不滿或不悅一吐為快。這樣的組織通常是暢所欲言且充滿活力，問題很快獲得解決，可以繼續處理接下來的問題。關於這類會議通常有一個特殊的名稱，例

如：「對質會議」（confrontation meetings）、「交心會議」（heart-to-hearts）、「非例行會議」（off-line meetings）、「行動會議」（green-light sessions）、「交火會議」（shoot-outs）、「檢討會議」（come-to-Jesus meetings），或「非正式會議」（shirt-sleeve seminars）。舉例來說：英特爾（Intel）、微軟（Microsoft）和奇異都有這種直來直往的企業文化。雖然有時候這種一針見血的討論可能變得很刺耳，並造成人們對批評過度敏感，但是它的出現頻率與隨性往往提供了自我修正的機會。

很不幸地，不鼓勵有話直說的企業文化比起開放直接的企業文化更常見。像是銀行、保險公司和服務業等許多傳統組織，鼓勵員工小心謹慎、壓抑歧見，避免尖銳的人際關係衝突。在這類的企業文化中，歧見是「被控管的」，直接與同事討論彼此的關係也被認為不妥。因此，即使那些本身傾向有話直說的人也漸漸被同化。他們可能學會送出隱誨微妙的訊息，以保護收訊者，並允許送出訊息的人可以否認。在這類企業文化裡，因為人際溝通如此困難，在缺乏直接的改正下，發生許多失真的情況。

調和彼此的行事作風。在前面，我們討論了調整你的工作風格與你同事的風格何以會提高效能，在決定是否直接處理關係問題時，你與潛在合作盟友彼此行事作風的互動方式，也是一個重要因素。有些人擅長提出關係方面的問題，有些人則是笨手笨腳地設法羞辱他們正在修補關係的人。有些合作盟友歡迎直接就關係問題進行討論，有些則太害羞或是不自在，以至於無法加入雙方差異的公開討論。更難的是，不是每個人都善於找出對方真正喜歡的東西；人們往往把渴望當作是不願意，或是將十足的保留態度認定是渴望。

在第五章所看到的創業家——企管碩士雷斯・查姆，採取非常直接的作法創造他想要的工作關係。很幸運地，因為跟他協商的部門主管是一名就事論事的交易締造者，所以雷斯的直率受到賞識。想像一下，如果雷斯用那種方式與一名小心翼翼又講究規矩的稽核人員展開

協商，很可能早就被請了出去。

你的目標應該是衡量合作盟友願意充分接受的東西，一旦它們符合你的意向就加以利用。如果你無法在事前好好解讀對方的意願，可以嘗試性地開始討論這個話題，藉以評估對方的反應。如果你發現自己遭遇強大的阻力，以這種態度提出討論，可以讓你在沒有造成進一步傷害的情況下找到退路。

害怕直接討論關係問題。除了害怕遭到拒絕之外，人們不願意直接與一名難纏的對象提起關係方面的問題，還有許多理由：擔心傷害對方、害怕遭到報復、擔心將來打交道時可能會尷尬、害怕率先行動的人會被認為是該受到責難的人，或單純只是不喜歡令人感到不快的摩擦──這些都是我們經常害怕的理由。你必須回答的問題是，嘗試告訴合作盟友你的疑慮所造成的痛苦，是否比因為不說而持續處於痛苦的現實狀況中還要來得糟。總而言之，我們認為實際的衝突很少會如預期般的糟糕，因此我們鼓勵直來直往，但前提是，除非你擁有本書所強調的這種能力！

將所有的東西攤在檯面上有風險，但是讓緊張關係、不信任與敵意持續累積也有風險。沒有解決的關係問題，有可能在最難堪的時刻爆發。雖然什麼都不做的風險不會立即顯現，但不代表這個風險不如你遭遇問題時所冒的風險那麼真切。此外，採取直接的因應之道容易找出更快且更完整的解決辦法。接下來，本章將告訴你在處理與上司和同事關係間的問題時，要如何控管風險，並將風險降到最低。

利用交換原則解決關係問題

我們無意暗示討論可以完全取代行動，討論必須有行為的支持，兩者都是創造友好關係（或更好的關係）、產生共識的一種方法，你不會希望別人認為你是個「空口說白話」的人。

直接處理關係以促成交易的過程，很像與工作有關的所有影響過

程。它涉及：

- 了解你自己的世界（你的目標與目的），並讓合作夥伴清楚了
  解你的世界。
- 了解合作盟友的世界，透過擺脫對其性格的負面假設，探究合
  作盟友重視的是什麼。
- 解決掉過去無法讓交易成功的難題，達成交易。

了解你自己

　　從仔細檢視你想要什麼樣的工作關係，開始這個了解你自己的目標與目的的過程。你是否在尋找一個聽起來不似責難的方式，去討論彼此的工作需求呢？你能更快（且更直接地）地被提出討論嗎？討論是否曠日廢時？是否花太長的時間履行決策？了解你究竟想要什麼，可以避免引發生氣與怨恨的不友善行為，並防止接近難搞、難懂或是討人厭的合作盟友。

說出你想要什麼

　　一旦你知道自己的目標與目的，就要直接向你的潛在合作盟友明確地說明。透過直言你的目的，試圖打破對方對你的負面看法。此舉有助於避免別人誤解你正在做的事情，並提高未來溝通被接收的可能性。你可以直接開宗明義說道，「我們似乎合作得不是很好，我想要

一個非常直接的請求

　　湯姆·吉特（Tom Jeeter）的老闆告訴他，同事馬克·史坦伯（Mark Stobb）說了一些有關他的事，而讓他心煩意亂。他打電話給馬克，說道：「你現在有空嗎？我剛才知道你對我有些意見，但我希望是直接從你那邊聽到這些話。馬克，我們好像應該談一下，可以嗎？」馬克馬上同意與湯姆碰面以消除誤會，他們也的確誤會冰釋。

前的作為完全合理呢？」有沒有可能，她這麼做是在演戲，因為她害怕被貼上好辯的標籤？還是，認為她自己不諳公開對立呢？她不說一聲就走出去可能與你一點關係都沒有，但如果你深信人們應該直接說出自己的想法，總是很優雅地離場，那麼她的行為可能讓你覺得像是被人打了一巴掌。除非你可以拋開她是自私的負面結論，否則很難找出答案。

詢問對方你不喜歡的行為的背後動機

將你的負面假設擺在一邊，讓你可以誠實探索合作夥伴的世界。你現在可以更客觀地開始仔細檢討造成這些阻撓的種種因素，並針對那個世界直接發問（但不要以審判的態度）。注意以下兩個針對雪莉發問句子間的差別，不要用：「妳難道不知道，當妳大步離開會議時，我覺得妳有多無禮嗎？」而要問：「我對我們的關係感到困惑，在會議結束的時候發生了什麼事？妳經常一言不發轉身快速離去，讓我覺得很困擾。你想要表達什麼呢？」

更好的作法是，增加你可能是讓問題發生的原因之一，「我是否做了什麼事情讓妳想要離席？」一般而言，如果你願意承認自己可能是問題的一部分，會降低對方否認問題存在心防，並得以真正有系統地探究問題。這種作法不是萬靈丹，有時候對方甚至不願承認有問題。這時雙方關係感覺起來可能很緊張，同僚可能深信你無可救藥，或是他可能非常抗拒討論負面的感覺，即使你公開承認可能的錯誤都無法解決問題。然而，直來直往仍是提高意願探究關係問題的最佳對策（關於直接對話的更多討論，請參見第九章「影響難搞的下屬」裡將回饋視為交易的部分）。

採取行動合力解決問題——但還是有些棘手的問題

你已經開啟與雪莉的對話，或許也比較清楚她行為背後的原因，如果那能讓問題自動朝合力解決的方向（最終目標）發展當然是件好

事，但是在那之前可能還是有些難題仍待解決。

「你是問題所在。」她說，「你拉高嗓門，而且語氣變得很挑釁，你只是想要掌控及獲得勝利。」現在情勢反轉，你極力讓自己不要對她的動機採取負面歸因，然而她已經先對你做出負面歸因，而且還把所有問題都歸咎在你身上。前面所提出的論點在這裡一體適用。你們是否可以壓抑對這些負面歸因所產生的自我防禦態度，並避免陷入互相責難的爭執中呢？

相反地，你可以允許別人看到你自己的世界嗎？什麼樣的影響因素與假設導致你會做出讓對方不滿的行為或是作風呢？你是否可以幫助她，以你看待她世界的相同方式，來了解你的世界呢？也就是說，如果不是採取包容的態度，也要抱持了解的心態。如果你能先展現自己了解對方的立場，這一點就非常容易辦到。

有一個危險是，你會被認為是在製造藉口，這不是你的目的，你的目的應該是清楚表達自己的狀況，以便對方能正確了解你的世界，進而找到方法克服彼此之間的差異，或是達成合作的共識。你的目標是提出可接受的理由，而不是逃避的藉口。這些理由將幫助對方了解，她對你的動機所做的負面歸因可能是不正確的。

「你先開始的。」即使你們雙方都有部分責任，也不要陷入算計：「誰先開始的」或「誰錯得比較多」。能夠在許多情況下（如果不是大多數情況），承認「人際」問題有其「人際」的原因，或許就夠了；雙方都有責任。在問題被攤在檯面上之後說：「不要再憂慮過去了，讓我們共同為打造未來而努力。」也可能是有用的。從互動關係來說明雙方可能得到的回報，有助於脫離交相指責的遊戲。

「我不想要討論這件事。」另一個陷阱是拒絕進一步討論。很少有什麼比承認意見不合更危險，這並未解決問題，而是將它地下化，問題只會慢慢發酵，並伺機在不對的時間再度爆發。

這反而是討論籌碼的時機。你們雙方為目前的情況付出什麼代價？成功解決問題的好處是什麼？雪莉是否一直抱怨拖延決策的情況

越來越嚴重呢？她是否曾經提過她有想要處理的問題，卻一直在遲疑是否要搬上檯面？這些都是為了讓你有更高的意願去處理你的關係難題。你正在描繪一種新類型的交易：解決問題的好處勝過堅持己見，和應付這些困難的人際問題所付出的代價。

達成共識

　　有時候，光是充分了解對方就夠了。如果你知道雪莉不是故意無禮，也不是不喜歡你，可能會讓你可以容忍她偶爾想要有喘息的時間。如果她知道你並不是想要掌權，拉高嗓門只是你想更投入工作的一個表現，她可能會留下來開會。

　　要不然，你們其中之一或是雙方都可能需要修正自己的行為。你是否可以調查你能做什麼來改變自己的行為，讓對方願意發展更多的工作關係？你有沒有需要從雪莉那裡得到東西？這些都是想讓你能成功解決你的人際關係，促進雙方都能本著工作目標，有效從事交易。

在尋找和開發合作盟友的自我陷阱

　　有幾個方法可能阻礙你自己創造或增進必要的關係。

　　在你費心建立關係之前就已經在等著問題發生。當你和對方之間存在著問題的時候，要建立良好關係會變得困難許多。有力的影響者會利用每個機會——包括：委員會、特殊任務小組的身分；蒐集資料的需求；偶然的接觸；甚至午餐時坐在陌生人身邊閒聊——在他們必須提出任何請求之前，先行建立交情。

　　事前就認定無計可施，所以壓抑太久。每個人都知道，有些類型的人他們不期待與人溝通，無論他們是粗魯又可怕的人、看似冷漠的同僚、非常自信又有野心的人，或是其他類型的人。人們很容易認定難搞的人是不可能改變的，所以避免採取任何對策。但是即使看似最難搞的人，內心總也潛伏著人性的情感與需求，而且逃避只會讓未來

的溝通更加困難。

累積挫折並爆發。太多時候，害怕向難搞的人說些負面的話會促使人壓抑自己，並開始累積怒氣，然後，小事引爆怒火，導致疏離的關係徹底瓦解。當你在氣頭上時，開口之前先數到十，或許是個不錯的方法。

發現令人困惑的行為時，又回到原來的負面假設。我們不厭其煩針對這點提出警告：如果你曾嘗試影響別人但毫無進展，一定要忍住認定對方有問題的念頭。如果你意識到自己以愚蠢、自私、對公司漠不關心，或有些缺陷為由，而不理會某人，就要立即停止這個想法，往後退一步，並問你自己（或對方！）：「是不是有什麼原因可以解釋這個行為？還有什麼我沒發現的籌碼，可以用來進行交易呢？」你可有發現什麼線索，找到對方重視的籌碼呢？儘管你最後可能仍必須做出對方的確有問題的結論。但是這個機率很低，而且一旦你做了這個結論，想要取得信任關係，或找出辦法完成令人滿意的交易，將會非常困難。

結論

本章的目的不是把所有人都變成好朋友，而是希望在出現人際關係問題時，還是能完成工作。不佳的人際關係會是有效完成工作的一個嚴重阻礙，花些工夫將棘手的關係轉變為至少是可接受的工作關係是很值得的。因此你可以盡量開發影響力策略，成功轉化人際關係。

我們透過檢視達成影響力的交易過程，完成影響力模式實質內容的探討。第七章將細究交易的方式，讓你在維持與加強關係的同時，也能取得影響力。

合夥人達成改善關係的交易

　　布萊恩‧伍茲和丹尼斯‧隆沃斯從高中就是朋友，長期以來，他們一直是一家旗下擁有十幾家子公司的國際金融服務控股公司的對等夥伴*，各自負責管理其中兩家最大的子公司，並以不同的參與程度共同分擔其他子公司的管理工作。雖然他們非常成功，但是最近有些事情引發布萊恩對彼此的關係心生不滿。

　　布萊恩已經有好一段時間覺得丹尼斯對這個夥伴關係漠不關心，甚至還可能在躲他。丹尼斯是位訓練有素的律師，在布萊恩需要專業意見或支持時，丹尼斯卻沒空幫他。布萊恩與丹尼斯經常要到不同的國家出差，為他們的國際客戶提供服務，兩人都非常忙碌。但是在他們合夥關係的最初幾年，在必要的時候，他們總是想辦法抽空協助對方。但是布萊恩越來越覺得丹尼斯過於專注在自己的工作上，當布萊恩需要幫忙的時候，都找不到丹尼斯。

　　布萊恩負責的那家主要分公司爆發危機，讓事情有了轉機。布萊恩需要丹尼斯幫忙處理一個非常棘手的問題，他留言給丹尼斯在丹麥落腳的飯店，請他趕回來參加一場非常重要的會議，但是丹尼斯並未出現，甚至連電話都沒打。布萊恩心裡很不舒服，所以考慮透過收購丹尼斯的股份，結束雙方長期的夥伴關係，但是布萊恩還是盡最後的努力想弄清楚他們的關係，安排在週末與丹尼斯開會，他們邀請了一位非常擅長斡旋的老友來協助他們。

　　對於布萊恩而言，要把不滿說出來是非常困難的，他們是很久的朋友兼夥伴。經過一些力勸，布萊恩透露自己覺得被丹尼斯遺棄，最後終於勉強說出當丹尼斯沒有現身或回電時，他有多失望又生氣。丹尼斯感到錯愕，回道：「我知道我不可能及時趕回來的時候，就想辦法打電話，因為聯絡不上你，我叫我的助理瑪莎傳口信，我以為她已經跟你說了。」

　　這讓布萊恩更是火冒三丈。瑪莎是丹尼斯的遠親，而且布萊恩一點都不信任她。當初丹尼斯雇用她時，布萊恩很不高興，有好一陣子，他抱怨她是個想要製造麻煩的陰謀份子，這正好是他需要的「事證」。一定有某種邪惡的理由，丹尼斯才會試圖利用布萊恩如此不信任的人幫忙傳達錯過重要會議的訊息。丹尼斯一如往常，態度既冷靜又超然，他試圖再一次解釋不同時區、國際電話和傳遞訊息的技術性問題。經過好幾回的討論，布萊恩並不滿

---

* 這個故事裡面的人名都是化名，但是這些事件與情緒的表現完全是依照為布萊恩與丹尼斯居中調解的朋友所描述的內容。

意，丹尼斯超然的態度讓布萊恩更加認定丹尼斯欠缺承諾，感覺更加不滿，使得丹尼斯更加退縮。

最後，在他們朋友的協助下，他們才能夠看見這個關係的潛在問題。布萊恩想要確認，在處理特別棘手的問題方面，他可以指望得到丹尼斯的支持，而且他認為在危急的時候願意親自出席，是夥伴展現支持的一種方式。對布萊恩而言，丹尼斯的法律專業不是最重要的，布萊恩尋求的是丹尼斯的出席以及情感上的支持。

丹尼斯不了解，在關鍵時刻展現自己的承諾對布萊恩有多重要。對丹尼斯來說，各佔一半股權的合夥關係（沒有絕對控制權），已經顯示自己有多重視與信任布萊恩。對他而言，這種沒有清楚界線且責任可以彈性調整的對等夥伴關係，就是他展現支持的積極證據。再者，丹尼斯認為布萊恩對丹尼斯的缺席和瑪莎的不信任的反應是不理性的。有鑑於他們共享龐大的財務利害關係，為什麼要為了一名助理兵戎相見呢？丹尼斯原本以為布萊恩了解他有多忙著管理主要分公司，而且如果丹尼斯分身乏術時，布萊恩也會學著自己處理某些問題。由於這些認知上的差異，關係緊張所付出的代價如此高，使得布萊恩開始盤算與丹尼斯拆夥，而後者一點都不想。

當他們檢討自己的認知與感受時，開始看到彼此配合的可能性。布萊恩說他願意對瑪莎敞開心胸，也接受這項事實：當丹尼斯在旅途中的時候，利用她作為溝通管道，比較方便。他也同意會清楚讓丹尼斯知道，什麼時候他必須有直接、親自的回應，以及什麼時候這麼做很好，但卻非緊急狀況。丹尼斯同意在重大問題上回電，即便是半夜打電話到布萊恩家裡，並在布萊恩認為他必須出席的時候，會盡最大的努力。這個事業夥伴關係和友誼得以倖存。

因為布萊恩對這個問題太過情緒化，以致無法發現一個很簡單的作法：先了解丹尼斯的世界，並努力接受它對丹尼斯的意義，再對丹尼斯的動機下論斷。他們的朋友花了許多力氣及協助，讓雙方對於彼此有足夠的了解，清楚他們可以達成什麼交易。當他們能夠直接與對方討論、看到彼此關係需要修補的地方，並互相讓步時，也就避開了原本可能發生的悲慘結局。

第 **7** 章

互惠交易

當人們感覺受到肯定，就會幫助你。你可以霸王硬上弓一次，但是再也得不到幫忙。利用蜂蜜，你定能捕捉到更多的蒼蠅。合作有時候更耗時間，但是如果我必須在這間公司討生活，很有可能會再度碰到他們，將來某個時候還是必須與他們一起過日子。

—— IBM 全球服務行銷副總裁瑪莉・葛瑞特（Mary Garrett）

我們已經檢視過通往交易過程的步驟，包括：了解盟友的世界、清楚知道自己的目標與資源、建立信任關係，並將你的資源與盟友想要的籌碼結合在一起。前面我們看到了一些交易過程的案例，本章將仔細探討在締造雙贏結果的過程中要遵循的實際策略。

因為「回報」的方式有許多種，交易也可能採取各種形式，並且變得複雜。回報可以是簡單地同意配合，不造成負擔，且在工作允許範圍內的請求；也可能涉及需要相當多時間與資源成本的請求。許多交易是一連串逐步發生，所以交易不只是一個請求換取一個報價。

在交易尚未宣告開始之前，交易就已經開始發生。事實上，交易在整個前置步驟中都一直在進行，只因為我們無法一口氣討論所有的細節，所以才將這個過程分成不同的章節。你與任何最後會變成盟友的人、所進行每個與影響力有關的接觸，都是交易結果的一部分。無

論是你初次被引見給對方時一個直率的笑容，或是誠懇詢問對方的興趣，想找到可以提供給對方的籌碼，以換取你想要的合作，每次的互動都提供了成功交易的可能性。

當你最後提出你的請求和提議時，不只是你的名聲以及與潛在合作盟友的關係會影響到交易，尋找重要籌碼的過程已經影響了你會得到的待遇。你如何詢問和詢問了什麼、你是否傾聽和如何傾聽、你表現出感興趣的方式，以及你在與對方談話中是否真心表達關心，都成了交易過程的一部分。你所做的初步診斷與發展關係的方式，都決定了交易的道路是變得平坦，還是崎嶇不平。

正如所有的協商一樣，最重要的部分是規畫。如果你已經嚴重錯估形勢，再高明的伎倆可能都無法扭轉敗局。就像無論洋基提出的交易如何誘人，考慮到波士頓紅襪隊與紐約洋基隊過去的恩怨與持續不斷的競爭關係，紅襪都不太可能與宿敵洋基打交道。因此，你必須謹慎規畫，但是也必須考量雙方過去的關係、如何促進交易，並建立將來改善關係的機會，來完成實際的交易討論。這可能是一個複雜的過程，即使實際交易的時間可能很短暫。

規畫你的交易策略

雖然前面幾章已經提過許多處理交易的策略，現在要重新檢視這些策略，以幫助你小心留意情勢，判斷應採取哪種方法。在挑選交易策略方面，有效的影響者需要具備多方面的能力。

達成交易的難易部分取決於雙方的利益有多契合。從向對方證明你的請求將帶給他多少好處著手，總是比較容易。我們先探討這個策略，接著會繼續討論在合作利益不是那麼明顯的時候，如何滿足對方的利益（策略一覽表及何時運用各項策略，參見表7.1）。

表7.1　交易策略與何時運用各項策略

策　略	運用策略的條件
• 直截了當的交易（自由市場交易）	一各自都有對方想要的某些東西 一約略等同的價值 一良好的既有關係
• 證明合作有助於達成盟友的目標	一你們的利益相契合
• 發掘隱藏的價值	一你可以發掘意想不到的利益
• 補償對方付出的代價	一你沒有對方想要的資源 一你知道代價，而且可以用某種籌碼支付

自由市場交易：明顯互有所得

　　如果雙方很容易看到交易所帶來的好處，並認為各自付出的時間、麻煩或資源大致相同，這筆交易就等同去商店以金錢換取一個想要且價格合理的商品。加上雙方如果已經建立良好的關係，更沒有任何理由懷疑對方的動機或是誠信問題，也沒有給對方特別的優惠，就可以等價物換取等價物。即便缺乏良好或長年累積的關係，自由市場交易仍舊可行，即使這些交易可能涉及種類差異很大的籌碼，只要它們被認為是等值的，依舊可行。

　　自由市場交易可能還是需要良好的診斷分析與仔細規畫，因為對另一方而言，你的請求有多符合他的需求，可能不是一眼就看得出來。因此，對於另一方的世界與需求進行深入的了解，永遠都是重要的。

證明合作有助於潛在盟友達成目標

　　如果你能證明配合你的請求有助潛在盟友達成其他目標（亦即給予對方有價值的籌碼），還是有可能找到共同的利益。舉例來說，一名地區經理想要從他的區域主管那邊得到更多最新資訊，卻不想讓人

覺得是在刺探或是批評這名區域主管「防禦心重」（close-to-the-vest）的行事作風。他決定本著發自內心的資訊需求來建構這項請求，幫助多疑的分公司經理捍衛區域決策。因為這項籌碼正是該區域主管今年的目標之一，他認為這個地區經理建議召開例行員工會議對達成目標是有幫助的，並不是浪費時間的麻煩事。這名地區經理事先對他老闆的籌碼有足夠的了解，才能夠利用受其區域主管肯定的方式建構自己的請求。

發掘隱藏的價值

　　共同的利益有時候並非顯而易見，而且需要花點工夫去發掘。有名主管想要取得總經理的同意，導入自動生產技術。他知道以節省勞動成本為基礎的標準投資回收分析不是完全令人信服，所以他以避免流失訂單為基礎，分析了縮短作業週期的影響因素，利用這個創新的資本支出方法，成功說服總經理自動化符合生產部門的利益。

　　這樣的方法變得越來越普遍，發掘隱藏價值的衡量標準包括：

- 員工異動的成本。
- 過多庫存的附帶成本。
- 員工滿意度與提高銷售額之間的關聯性。
- 顧客忠誠度的價值。
- 阻滯或服務延遲的成本。

補償對方付出的代價

　　另一項策略則是需要確認潛在盟友會付出的代價，並想出一個補償計畫。雖然找出公平的報償難度很高，但是在無法向對方證明你提出之請求帶來的好處時，這個方法可能是達成交易的唯一方法。舉例來說，某人要求分析小組提供一份特別的報告時，可以提議利用現有但尚未經過分析的數據，再提供一些方法與格式，來減少分析師的工

作量。

在任何情況下，你都有必要研判潛在盟友為配合你請求所要付出的代價，以研判你是否可以幫忙支付這些損失。舉例來說，有個秘書希望她的老闆同意她的上班時間能更有彈性，但是老闆卻希望在他上班的時候，秘書就已經等在那裡。但是這名秘書知道，對她的老闆而言，更重要的是有緊急工作要完成時，她願意加班，所以她同意必要時晚點下班以換取上班的彈性時間。因為她早上需要額外的十至十五分鐘安排托兒事宜，願意以緊急狀況的加班時間來補償老闆的損失。雙方以相同的籌碼（工作時間）進行交易，各取所需。

如何讓對方看見背後的代價

在決定什麼是公平的交易前，你必須先知道自己的請求會讓對方付出什麼代價，對方也必須知道你的請求有多重要——他的不合作會對你和組織造成什麼損失。潛在盟友看到的只是他的不便之處，看不到你這邊的損失。當你想要從老闆那邊得到一些東西時，這一點尤其困難，因為你不想讓自己看起來像是在發牢騷，或是以直指後果的方式威脅對方。對方需要知道有關損失的詳情，因為他們並沒有進行你事先做好的調查分析工作，往往不了解你的世界與你的需求，甚至從你的角度所看到的顯而易見的觀點。

如果過去你一直有求必應，別人可能不會察覺你的難處（以及你所投入的額外時間）。在這些情況下，如果你無法得到自己想要的回應，就必須想辦法讓對方清楚知道你一直都在付出，以及他會付出的代價。舉例來說，你可以準備一項為了達成這點所要採取的計畫嗎？你可以用很輕鬆的方式提及，你花了幾個深夜或週末執行對方的請求嗎？你可以開玩笑說，你如何只是靠揮一揮魔杖做事情嗎？當對方察覺你的不便時，不是每個人都會有反應，但是當你與對方有一個適當的關係時，這類訊息可以有助於創造更多的回應。

當別人啟動交易向你提出請求時，這種要讓對方看見背後代價的

想法尤其重要。雖然欣然同意通常是不錯的態度，但千萬小心不要讓這個態度扭曲你所付出的代價，因為你可能不覺得真的「不麻煩」。在沒有長篇大論這個請求有多麻煩的情況下，重要的是雙方都了解這些請求必須花費的時間和精力，例如：你可以把有關滿足這項請求的必要步驟、必須應付或是放棄的事情提出來，亦即「將你心中所想的說出來」，然後再同意幫忙。否則，你得到的報償可能比你認為的還要少，這可能就會損害你們的關係。

利用籌碼的時間價值策略

在一個良好的工作關係當中，關於何時給予回報，以及最後會採取的報償形式，都有相當大的轉圜空間。若雙方關係不良，過去互動不佳導致彼此缺乏互信，會使得每筆交易都受到嚴格的檢視。外面的人看來可能會覺得納悶，為什麼某人要求幫忙得到的是微笑與衷心的幫忙，而另一個人的要求則是遭到拒絕。雙方個人或組織之間過去的互動，都很可能大幅改變請求與報償的價值與成本。事實上，交易的複雜經濟往往是如此難以釐清，導致渴望某些重要資源的人認定交易無法達成而放棄。

時間可以採取以下三種方式進入交易的過程：

1. **在立即的當下。** 對於你所要求的，不管是從你的請求直接獲得的好處或是用令人滿意的籌碼補償，你現在就可以償付。
2. **從過去。** 你之前所做的事情建立了信用，因此你從過去收取回報；或是你因為過去的事情而信用破產，所以必須戰勝過去。
3. **承諾未來。** 你同意在未來的某個時間清還一筆欠債（無論有無具體說明）。同樣地，過去的行為影響對方願意相信你未來會以滿意的價格償付的可能性。

因此，一套重要的策略思維牽涉到利用過去或未來的人情債來達

成想要的目標，有策略的運用時間擴大了雙方在結盟合作事宜上會出現的可能性。

累積信用：未雨綢繆

銀行業有一個老笑話：銀行只有在你可以證明你不需要錢的時候，才想要借錢給你。這個笑話裡面的真正意思是，至少在將來的某天，你必須能夠償還借貸。為了這個原因，投資當前的資源往往是明智之舉，以便將來有需要的時候，就能夠借貸或是提取儲存的信用。同樣的理由也適用於組織內部的交易：**遠在你想要求任何回報之前，盡可能積攢別人欠你的人情債。在你進行實質的交易之前，先在恩典銀行存款是有用的——以未來的考量進行投資。**

當你的工作賦予你權力掌控別人想要的重要資源時，這真是最容易達成的，你可以很自然地給許多人工作上的方便，以累積人情。像是決定資訊系統的優先順序、掌控生產進度，或是提供線上經理人有用的服務，藉此不斷累積信用，尤其是在他們調整優先順序或提供額外服務去幫助其他人解決困難的時候。累積信用的最佳方式是透過做有用的工作換取將來的回報，幫助你把工作做得更好。記得要把重心放在實質的工作上，而非只為影響而影響。

雖然不是所有的職務都處於這種有利地位，但你通常可以找到其他方法來幫助別人。因為不同的人重視不同類型的籌碼，在需要別人的幫助之前，你有許多機會可以做額外的努力，成為有用、體貼和思慮周密的人。如果你擁有幹勁、能夠判斷哪些資源對別人有用，以及締造多重結盟的意願，就可以藉此成為有用的人，在日常生活中找出機會，為自己贏得信用。

舉例來說，一名中階經理會剪報，並分送「可供參考」的相關文章給許多他認識、且可能感興趣的組織成員，無意間建立起良好的信譽。他天生就對人和想法有興趣，也願意花時間與他人交談，並記住他們當下的工作內容或對什麼感興趣。廣閱報章雜誌的他，能夠將天

生的興趣轉變成自己真心喜歡，也讓別人感激的行動。雖然他不工於心計，只是為了建立別人對他的支持而送出這些剪報，結果他的體貼確實讓他贏得別人的信賴，也讓其為自己部門與計畫所提出的請求，總能優先獲得信任。

思索任何你所擁有的天生優勢──額外的知識、不錯的幽默感、好記性、與生俱來的同理心，或是任何其他可能對別人有價值的東西──並請及早和經常散播這些資源。

廉價人情的危險

有時候你想要影響的人並不重視任何與工作有關的籌碼，或是無法取得對方確實想要的任何東西。那意味著如果你想要建立信用，將被迫尋找更為私人的籌碼，存進你的銀行帳戶。許多個人的天賦，例如：親切的態度、不錯的幽默感，或是帶點心給大家，都是良好的社交潤滑劑，而且可以創造善意。

然而，創造和工作無關的人情債是有危險的，即使有時候是必要的。員工了解在互惠銀行儲存信用的力量，不幸地，他們常會以自我推銷的方式來施恩，為討人情而做人情。即使這麼做可行，但對名聲還是有相當大的傷害，不容忽視。

你可能很容易誇大別人沒有要求的恩惠，尤其是當接受你恩惠的人懷疑這些恩惠只是你為了創造人情債而做，或如果這些恩惠對於接受者而言並無價值。舉例來說，許多年以前，戴爾‧卡內基（Dale Carnegie）*的許多建言當中，有一個是奉勸人們要透過迅速記住對方的名字，並在早期的對話中頻繁使用這個名字，來交到朋友並影響他們，因為每個人都喜歡聽到自己的名字。「沒錯，西摩荷。今天天氣一定很棒，西摩荷。西摩荷，你有興趣聽我說你是多好的教友嗎？西

---

* 知名的溝通與人際關係大師，著有《卡內基溝通與人際關係》（*How to Win Friends and Influence People*）等書。

摩荷。」凡曾經用這樣的談話疲勞轟炸改變信仰的新教友的人，都知道這個籌碼可能貶值，因為不誠懇可能抵銷掉原本建立交易信用的有效方式。

這就產生一種關於「積存信用以備將來之需」的有趣矛盾。一方面，有「人情債存款」總是有用的，可供將來有需要時提取；但另一方面，公然存人情債可能讓人對你的動機產生不信任與懷疑。如果別人擔心你什麼時候會「下格殺令」要回人情，他們將會對你所提供的籌碼非常小心。

擺脫這個矛盾的方法是什麼？以下兩項準則可能有用：

1. **要明確**。有時候，說：「我現在想要幫助你，因為我有一些空閒的時間，而且我知道第二季快結束的時候，我也必須請你幫忙。」這個說法可能解除疑慮，因為你公開表明意圖，同時也示意交易的性質，所以這種暗示的人情債雖未明說，但已讓人了然於胸。
2. **將組織放在第一位**。如同我們之前所堅持的，如果在別人眼中，你幫助別人主要是為了達成組織目標，那麼對方就更能接受你和你部門後續由此得到的好處。

討回過去的人情債

如果你想要影響的人剛好是你先前幫過他，而且這筆人情債適用於你所提出的請求，交易應該相對容易進行，但前提是假設對方認可先前發生的這筆債務，並相信它與你所提出請求的成本至少是等值的。如果關係良好，你甚至可能拿回價值超過之前別人欠你的回報，因為在充滿信任的同僚之間，這些帳目可能視環境而從盈餘變赤字，然後又回到盈餘。

雖然本書裡的概念對於任何欲發揮影響力的企圖都很重要，但是許多組織的交易行為通常是工作裡自然產出的。只有當你需要某些不

弄巧成拙，以令人質疑的方式運用資源

玩弄手段者：設備維修主管

一家以服務為主的公司的機械設備主管（這個職位通常沒有什麼權力）自願安排每年的聖誕節派對。在慶祝活動裡，他總是安排攝影師出席幫主管們和他們的家人照相。幾週之後，掌控資源的主管或是其他重要人士會收到一張放大的照片及這名設備主管的「致意」。

他的許多同僚因為質疑這項舉動是出於善意，還是欠他人情的計謀，所以對這名經理的態度很小心，他的好心對於搬運辦公設備或是做好維修工作而言是有用的，但沒有人會為了這種小把戲跟他當面起衝突，只是對於和他打交道感到很感冒。

雖然他隨後為其部門請命時，並未明顯提到這些照片，但是他的目的仍是建立友好關係，可供他將來之用。當他在這一年裡需要某些資源的時候，很少被拒絕，雖然人們因為覺得被設計而有微詞。結果，他得到他想要的，但是在組織內部卻永遠得不到充分的信任，也永遠升不了官。

精通手段者：羅伯特・摩西

據聞羅伯特・摩西（Robert Moses）利用他擔任紐約公園局長一職的資源，在記者、政府部門首長和政客之間巧施恩惠。當他想要推動一項計畫的時候，接受過他招待的人發現很難拒絕他。摩西利用豪華轎車、美食和聚會來討好支持者或是讓批評者閉嘴，之後再向他們敲竹槓。因此，他以前所未有的規模建造了道路與公園，同時也踐踏窮人，讓地方陷入紛擾，並花費大筆公帑來促成他個人的紐約願景。

摩西利用許多影響力技巧，包括隱誨、間接的手段，例如在複雜的法規裡面暗藏條款，這些條款後來賦予他幾近無上的權力，但他也知道將良好的關係存入恩典銀行，以待危急時可以提取有多重要。他顯然也是夠迷人──並懂得應付可以完全受他誘惑的盟友──足以克服別人對他的意圖是否真誠的疑慮*。在如此複雜的公共情勢下，擁有這麼多不同的組成因素與利益糾葛，唯有經驗老到的弄權者才可能有所作為；但是這個過程招來巨大的批評聲浪與公共成本，也讓這個積極的作為受到質疑，因為任何工具都可能被濫用。

---

* 關於羅伯特・摩西完整又精采的工作事蹟，請參見羅伯特・卡羅（Robert A. Caro）的《弄權者》（*The Power Broker*）（New York: Knopf, 1974）一書。另外卡羅也在有關詹森總統（Lyndon Johnson）的著作裡，披露這名弄權／影響力大師。

尋常的東西時，精心策畫的交易討論才會發生。因此，及早向你的潛在盟友暗示手邊的交易是不尋常的，並要求特別的關照是很有用的。它不單純是你工作的一個例行部分，而且重要到足以花時間在上面。

當別人不承認虧欠你時，該怎麼辦？

然而，一旦別人不理會你的暗示，有趣的問題來了。當你向欠你人情的人提出請求，這個人卻不認帳，會發生什麼狀況呢？在行事斯文有禮或高忠誠度的組織中，可能引發騷動，這些組織對於任何明確的交易都有強力的規範。過去提供幫助的人可能認為創造了一筆人情債，但是受人恩惠者可能只視之為前者工作的一部分，認定自己沒有欠下任何人情。當你跟他人討過去的人情，而被告知：「了不起喔，你只是在做你份內的事情」，肯定非常洩氣。當這句話出自於不知道你花了多少心血達成任務的老闆口中時，尤其令人沮喪。

在某些組織中，像是「你欠我一個人情」這樣毫不隱晦的話，可能被人視為無禮，所以要求暗示要溫和。在某些組織裡，不鞭策你的同事負起你認為他們應盡的責任，會被認為是太天真，因為所有的人都認為這就是現實，這個世界是在利己與一報還一報的基礎上運轉，必須確保你的用語符合企業文化。如果你在這個文化裡面還是新人，要留意人們的措辭，它提供線索讓你知道有話直說的分寸。

如果你的組織不容許討論這樣的問題，在缺乏詳盡討論的情況下，你可能會發現要解決這些差異非常困難。人們採取間接的方式試圖影響他人，不但不能夠說：「因為我不想要加重你的負擔，所以我甚至在你不知情的情況下，還是盡最大的努力幫你。給點回報，如何？」反而得採取這樣的表達方式：「唔，嚴格來說，它不屬於我的工作範圍，而且我們的確還負責許多其他的事情。」這樣隱晦的暗示不太容易有效果（除非對方善於聽出言外之意），而且往往造成想要影響力的人過於沮喪，而提早放棄。

確保期待回報的問題通常在給好處*之前*處理最好，不要在事後。

每個組織都有其傳達期待回報的語言。一家消費商品公司的成員透露說：「這是一個罷工的問題。」，來傳達一個問題的重要性，即使沒有工會牽涉其中；在另一個組織，人們說：「我將為這個問題奮戰到底。」；「這是件大代誌。」，是某家公司員工表示他們不打算提出例行的請求方式，你必須利用組織的簡略表達方式或是行話，表明你所給的東西的重要性。不過，不要一再「狼來了」，確定你是說真的，而且你付出的代價就跟你所說的一樣多。

萬一對方認為付出的籌碼沒有價值呢？（我知道你說你愛我，但是你從未送花給我）

即使組織支持直接的討論，但是對於交易籌碼的看法還是可能有很大的差異，交易的兌換率也不夠精確，即使當你說：「你欠我一個人情」，而且對方也認同，但是你們雙方對此事的認知還是有可能出現差異。有時候，對方並未看見你為了滿足一項請求所做的努力，所以獲得幫助的一方並未回以相同程度的感激。我們曾經看過一些情況，有人對於不是特別緊急的請求的回應彷彿組織的未來就全靠它了。如果這項請求對於提出的人而言不是那麼重要，那麼這個不遺餘力給別人方便的人可能得不到充分的感激。在這種情況下，企圖收回自己認定的人情債，可能被回以：「嘿，冷靜下來，我只是提出建議，並不指望你掏心掏肺，所以別想讓我有罪惡感。」

相反地，我們看到一些組織成員替別人盡心盡力，卻輕描淡寫地以「這不算什麼」來回應別人的感謝。如果接受恩惠的人夠敏感，這位盡心盡力的人就會得到適切的感激；但不是每個接受恩惠的人都會感受到那些微妙的暗示。結果，給予恩惠者覺得自己被佔了便宜，而接受恩惠者則輕鬆帶過，不了解對方正氣得牙癢癢地。

如果你曾經為潛在盟友出過力，在聽起來不會太沒禮貌的情況下指出這點，需要一定程度的雅量，但是深藏不露可能是浪費，訣竅是要在沒有抱怨的情況下，讓潛在盟友看到你的一些努力，以便你的努

力可以被看見，但又不會太張揚。

不管怎樣，你不希望別人認為你過度斤斤計較，能夠不動聲色將每筆最新的人情債存入恩典銀行，是少見卻不可或缺的能力，所以你應該培養這種能力。我們曾經看過的一些頗具有影響能力的工作者，固定從他的「協助」角色為他人施展奇蹟，但是他從未表現得好像很了不起。因為他的同僚知道要推動官僚體系有多困難，所以他們感謝他必然做過的努力，而他則累積了許多的尊敬與人情債。當他有機會出任一個新部門的主管時，有許多人支持他，儘管他的正式學經歷較其他候選人遜色。

賒貸：延期付款／擔保品

如果沒有機會事先累積人情債，而且你無法立即掌握潛在盟友想要的籌碼，或是沒有時間去動員籌碼，可以請求先欠著。如果你有相當良好的聲譽，可以提議將來再以特定的商品或是非特定的籌碼予以償還。若過去存在不信任的關係，就不太可能利用這個方法，至少不是在缺乏重要抵押品的情況下；如果現有的關係至少不是負面的，那麼在承諾日後償還的基礎上取得合作是有可能的。

同樣地，蘿莎貝絲‧坎特[1] 研究組織內部的成功改革者，發現許多經理人曾經承諾，以將來的回報來換取當下的支持、資源的使用或預算的轉移，之後他們會提供更好的支援服務，計畫成功的時候給予肯定，或是給予其他方式的回報。有時候他們要求的只是資源或是支持的保證，只有對方達成他們的要求才給予回報。然後他們會將最初的保證承諾連本帶利變成進一步的承諾，因為他們可以證明廣泛的支持，並且最後可以報答最初的「投資者」。提供初期的借貸或是保證的支持者，不只得到他們想要的特定商品或服務，也因為能夠洞燭機先並給予支持，而贏得好名聲。

如果你推動的計畫受到質疑，或是對方並非完全信任你時，你可能必須在設法提出請求時，研究是否可能建立一種「保付單」

以承諾未來作為回報

　　瑪莎‧艾倫（Marcia Allen）是一間消費商品公司的產品經理，她急需要一個特殊規格的包裝訂單，以便按照預計的廣告促銷計畫及時將產品送到商店販售。她希望採購經理能夠配合，這個要求可能為採購經理帶來一些難題。當瑪莎來找採購經理時，他很明白地告訴她：趕做她的訂單將會影響到其他重要事項的進度。瑪莎急著做好這個重要的促銷活動，就以將來的回報作為交換提出請求：她提議將採購經理納入將來的規畫會議中，以便日後意外緊急訂單能夠減少。採購經理將會得到有關計畫的初期警訊，這將讓他可以在計畫定案之前，先提出時間安排與替代材料的建議。艾倫得到她的包裝材料，而隨後採購經理被納入規畫會議，後者在特殊促銷計畫的決策方面做出了重大貢獻。

（security bond）的方式。例如，在支持只是一種信任的表現而非為了報答合作的理解之下，你可以在潛在盟友必須履行你的要求之前，先行公開提議支持他。這點可能非常難以啟齒，但比起直接被拒絕，或是動彈不得還是比較可取。「我認為你對我不是很有信心，我想要改變那個想法，我可以怎麼做來展現我的誠意呢？如果我做……是否有用呢？」像這樣的話對於一個不好的關係而言可能是非常好的解脫。即使當關係並不是太令人滿意的時候，開門見山地承認問題，可能成為開啟難以啟齒的討論的對象楔子，或是讓交易成功的一種方式。

其他的策略性考量：對象和權力地位

　　此外，還有若干因素可能左右你的影響力交易。

決定要找誰交易

　　許多交易試圖影響的對象只涉及一個人，但是在複雜的情況中，通常會有好幾個利害關係人，每個人都有自己的籌碼。在這種情況

下，你必須仔細選擇哪些人要直接打交道、哪些人只要與之有基本的接觸即可、哪些人要極為小心地應付，以及哪些人要完全避開。平常要施展影響力就已經夠困難了，遑論要針對世人。但是，涉及大規模改革的計畫如果不與多個對象進行明智的交易，是不可能完成的。

決定如何直接與潛在盟友交易的考量包括：

盟友的地位

- 對方有多大的權力？權力有著超越階級地位的意義：他控制著哪些必要的資源？他掌控那些資源的獨佔性有多高？你有多依賴他來幫你達成目標？他的意見對其他人有多大的影響力？如果他生你的氣，會危及你的計畫嗎？

所需的努力／信用

- 你與對方是否已經建立了關係，還是要從頭開始呢？有沒有什麼方式可以快速建立工作關係，還是這個過程會很緩慢？
- 對方是否可能堅持用你沒有或無法取得的籌碼進行交易呢？對你而言，給予對方想要的籌碼，代價有多昂貴呢？
- 只要你表示尊重並保持聯繫，對方是否就會滿意，而不會直接要求任何東西呢？

可用的其他選擇

- 你知道誰的支持將有助於取得潛在盟友的支持嗎？換句話說，如果你無法直接影響對方，誰可以呢？
- 如果你無法影響這個人走往正確的方向，可以想辦法使他保持中立嗎？你可以改變你的計畫，將對方的反對意見納入考量或避開對方最擔心的事情嗎？

一般說來，你的實際權力相對於各個潛在盟友的程度，以及你對每個人的依賴程度，也是個重要的面向。這可以用2×2的表所衍生的四個對策（如圖7.1）來呈現。

圖7.1　適合你與盟友的相對權力地位的各種策略

		對夥伴的依賴程度	
		高	低
你的權力地位較夥伴	高	互惠交易	使之孤立
	低	懇求，得到幫助	不必理會 （保持和善）

當你比潛在盟友擁有相對較大的權力時，就應該計畫進行我們在這整本書裡所討論的互惠交易。

但如果你是處於相對較低的地位，卻仍需依賴盟友的合作，就必須遵照服從的策略，或是尋找其他會幫助你，以及可以影響對方的人。服從策略基本上就是必須看對方臉色的策略，你可能可以採取虛張聲勢的策略，但是在你自己的組織內部進行交易時，虛張聲勢並非長遠之計，而且以後別人也不會再如此好心的傾聽你說話。

當你的權力地位相對較高，而且不是特別依賴盟友的合作時，孤立他並維持相對較少的互動。最後，當你地位較低但依賴度也低的時候，就可以不必理會這名潛在盟友，然而更好的作法是，依舊保持和善的態度並將資訊傳達給對方，但是可以相對不用那麼費勁去影響對方。如同我們之前所強調，絕對不能因為對方現在不重要就無端不禮貌或態度惡劣，但你的目的是要分配好你有限的精力。

去你那兒還是來我這兒？選擇地點

另一項策略性因素是進行實際交易的討論地點。與相熟的好夥伴，地點的選擇不是那麼重要，交易可以飛快完成，無損成果。有些人習慣在走廊上很快把話說完，並偏好簡短扼要的初步接觸。還有些

人想要先看一些書面的東西，如果你所要求的東西相對容易給予，地點可能也不是太重要。但是當你不認識對方或彼此過去有些不快，地點的選擇可能就很重要。

一般而言，人們在自己的地盤、照自己的步調行事最放鬆。有時候對方的辦公室干擾不斷，讓雙方都無法專心。在如此情況下，試著安排在中性的會議室碰面、午餐時間離開辦公室，或是如果公司允許，下班後去喝一杯，都會比要求潛在盟友到你的辦公室來得好。預約會面時間（明確說明你認為討論會花多少時間）是另一個在令人感到自在且相對平等的基礎上維繫關係的方法。

利用低劣的談判技巧，例如：設法讓對方覺得矮你一截，坐在你辦公室裡不舒服的椅子上，任憑陽光刺眼，這對於要影響同僚而言，從來都不是適當的作法。記住，將來或許你必須與這個人再度共事。

五個在交易期間必須處理的問題

在交易期間，你可能必須處理下列五個會讓你陷入兩難的問題：

1. 升高壓力或放棄自己的立場？
2. 完全誠實或部分誠實？
3. 嚴守計畫或隨機應變？
4. 採行正面交易或負面交易？
5. 專心應付工作或是先處理關係？

升高壓力或是放棄自己的立場？

為了設法向沒有適度回應你請求的人討回過去的人情債，你要逐步提高壓力。除非潛在盟友存心要佔你便宜，否則你應該盡可能利用最小的必要壓力去誘使對方合作。如果你認定潛在盟友純然是出於自私的動機，而不願意禮尚往來，你可以提高賭注，即使被視為惡棍，

或是冒著讓別人記恨你一輩子的風險。

升高壓力的第一步，是明白表達你所認定的人情債，並堅持對方必須予以回應。下一步是拉高你的嗓門或是發脾氣，企圖讓對方感到難受，只好屈從。如此一來，你改變了交易籌碼，控制你的脾氣成為新的交易籌碼：你願意因為對方（合理）屈從你的請求控制脾氣。

這種情緒勒索只有潛在盟友不喜歡情緒性的衝突時才有用，不過萬一運用不當並造成阻力升高，很容易造成反效果，所以你必須確定自己是否可以承擔整個關係破裂的風險。但如果你想影響的人以頑強抵抗作為籌碼來進行交易，你就應該決定永遠都不會使用這種升高壓力的作法，以免讓自己處於不利地位。這些訴諸於激烈情緒的人，往往指望對手可能會因為太怯儒而不敢大作文章；如果你放棄自己的立場，就會落入對方的圈套。透過公開提出請求來提高一點壓力，一開始先和善以對，如果還是不行，才改採激將法。在同僚面前以一個微笑的指控，示意頑強的潛在盟友沒有學會禮尚往來，或只想接受卻不肯付出，能使對手難以繼續拒絕。但這樣做絕對不可能讓任何人喜歡你，所以這是一個只有當你完全確認對方蓄意要折磨你時，才能使用的方法。

外交官三原則

1. 絕不説謊。

2. 絕不説出所有的真相。

3. 不確定時，去上廁所。

——來源不明

完全誠實或部分誠實？

最好的交易是指你與夥伴都以最低的代價得到雙方想要的一切。只要雙方都非常想要彼此擁有的籌碼，且都樂於交易，雙方就都能從這個交易得到相當大的好處，也都能心滿意足地離去。

　　然而，你的內心有一股欲誇大自己代價的渴望。如果你可以讓交易對象認為你付出的代價高於實際情況，對方會認為這是一筆更好的交易，並覺得自己欠你更多。因此，為了以最低的代價得到你想要的東西，你總是會想要誇大自己所付出的代價（並貶低對方付出的代價）。

　　此外，假使你可以給的資源比交易對象所了解的還要多呢？如果你可以用更少的代價得到你要的，可以讓你留下更多籌碼花在其他交易上，為何要透露你願意做的每件事呢？尤其是那些會讓你付出高代價的。但如果你暗中積聚籌碼，而且只有在被強迫或是被抓到誇大代價時才分一點點出來，可能會降低所有有利的交易機會。

　　隱瞞或是竄改資訊可能產生兩種負面效應：㈠潛在盟友可能會因為對於你所重視的東西了解不夠，所以無法發揮創意，找到其他替代方法幫助你；更糟的是，㈡他可能覺得你不夠誠實並拒絕與你交易，或是覺得受到刺激，所以更努力討價還價，以確保你的金庫裡沒有私藏更多的東西。雖然精明有潛在的好處，但是誇大或隱瞞的行徑可能引發潛在交易盟友做出你無福消受的行為。

　　某些經理人是很棒的演員，而且可以對別人隱瞞自己真正的感受，但是更多經理人則高估了自己的演戲天分——因為幾乎所有的經理人都確信自己能夠看出別人的偽善。的確，在我們觀察的所有組織當中，那些習慣說謊又不喜歡幫助別人的人，終究會被貼上不值得信任的標籤，並逐漸被排拒在重要的交易之外。雖然這個卑劣的人獲得升遷或是讓老闆聽信於他，可能令人難以置信，但是日久見人心，這些人很少能夠在組織裡長久生存。**好人未必總是先馳得點，但卑劣的人很少能夠成功，至少不是在缺乏別人難以成事的合作的情況下成功。沒有人想當笨蛋，總有一天極度自我保護的作法可能會自食惡果。**

　　然而，在任何特定的交易中，雙方都會為誇大本身所付出的代價所誘，一旦其中一方開始這麼做，另一方也可能覺得有必要如此做，

因此雙方的不信任逐漸擴大。但如果一方這麼做，另一方沒有，誇大代價的一方就可能贏得優勢，所以這個誘惑還是在。

嚴守計畫或隨機應變？

第三個難題起因於雙重需求：準備好與盟友進行討論，以便你的計畫可以符合對方的利益與行事風格；同時，如果討論期間出現新的資訊變數，你要做好改弦易轍的準備。在商談交易期間，如果你太專注於實現自己的計畫，就會發生錯失對方重要資訊的危險。

欲取得影響力的人未能做好必要的功課，就會犯下嚴重的疏失。忽略潛在盟友重視的籌碼或個人偏好的互動方式，往往導致交易失敗。但另一個陷阱是，太小心翼翼固守業已決定的行動策略，以至於錯失與對方重視籌碼有關的明顯訊息。

無視於潛在盟友所送出的訊息的後果可能很嚴重，這位抗拒合作的盟友可能用十種不同的方法表達，你必須先完成什麼才能獲得他的支持，但你這個企圖影響別人的頑固份子卻仍堅持用錯誤的方法，因為你的目標是如此的重要，且行動策略說：「嚴守高吊球策略」。

打算捨棄你原先的計畫

這個挑戰是要徹底地準備好，隨時可以快速捨棄自己原先的計畫，並傾聽夥伴在討論期間提出的興趣、目標與疑慮等暗示。這意味著視反對的理由為線索而非挑釁，且無論它們於何時出現的反對聲，都是值得探究的有用線索。打算在鄉間徒步旅行，卻拒絕繞行巨大的圓石，只因它們不在地圖上，是破壞旅行的好方法。如果你將意外的障礙視為步道標示物，還是可以抵達目的地。

採行正面交易或負面交易？

第四項難題涉及是否堅持正面的主張以取得合作，或是利用負面的論點，並知道什麼時候要切換。絕不使用負面交易可能很容易讓你

被拒絕合作的頑固份子所傷,但經常使用負面交易可能會為自己創造不必要的敵人,或帶來可能不利未來交易的壞名聲。在輕信與不信任之間做出正確的決定是很困難的。

你的相對權力與依賴度,應該有助你決定是否願意提出不合作的不利後果。如果你的相對權力地位較低,勿做出威脅之舉。此外,對方的正直與熱誠將有助於你決定是否必須有效地將重心放在負面的代價,例如:拒絕在未來與對方合作。雖然某些人有必要提醒他們,你們都是為同一個組織工作,但也有人會因為你提到這點而感到受辱。

專心應付工作或是先處理關係?

第五個難題發生在你與潛在交易盟友的關係,並不是很好的時候。你應該全心全意完成想要達成交易的工作,還是應該停下工作直接處理彼此的關係,好讓工作可以順利進行呢?這可能是一項困難的抉擇,也需要經過好幾輪反覆的過程。

如果你可以在沒有直接提及對方關係的情況下獲得需要的合作,就可以省下許多時間,但是這樣的關係往往充滿著不信任,以致無法省略這些前置作業。這種情況需要小心處理;花太多時間建立關係可能讓忙碌的同僚不得安寧,同時也留給人工作不認真的印象。一般而言,我們建議只有在關係問題阻礙到有用籌碼的直接討論時,才著手處理,只要彼此的關係改善到可以進行交易,便致力於工作。為了成功完成一筆複雜的交易,有必要在投入工作與改善關係之間來回。

就這一點而言,我們應該注意大環境造成的文化及個人差異。在許多國家,如果你沒有先花時間交際及認識彼此,人們會認為你沒有禮貌,北美洲人有時候會漏掉這個步驟,逕自進行工作的討論,使對方感到非常不舒服,同時也傷害自己的名聲。還有些情況是,不說重點而把時間都花在私事的討論上,可能會讓人覺得你是在逃避,進而傷害了彼此的關係。因此,請留意你所處的工作環境。

開始以及停止交易的過程

知道什麼時候堅持達成交易和什麼時候退出，是一門藝術，不是一門科學。你必須考量雙方的相對權力地位、這個問題對每個人的重要性、未來彼此依賴的程度，以及你對於自己不會受騙陷入競爭衝突的能力評估。

與某個權力地位比你高很多，且將來他的友好態度會對你產生重大影響的人陷入熱戰，可能不是明智的作法。當你想要的東西引發強烈的負面情緒時，應該思考對方的合作究竟有多重要，並檢驗其他的可能性。如果發現有另一個合理的選擇，那就放慢腳步、盡更大的努力去了解對方為什麼會產生這樣強烈的情緒，並抱持尊重的態度，聆聽對方的疑慮——或者試探是否是因為他對你的感受而非特定的議題造成的——這些都是合宜的對策。

在參與交易的時候，留意會引發強烈情緒反應的事物也很有用。經驗老到的談判人士建議：除非是為了促成交易刻意發脾氣，否則永遠不要這麼做，雖然此一建議通常針對的是只交手一回合的對手而非潛在的盟友，但是並未完全偏離我們問題的目標。如果激怒你很容易，頑強的對手會出於本能地到處拿敏感的問題刺激你。

因此，知道什麼事情會讓你生氣或變得態度惡劣（就某種程度而言，事後會讓你後悔），並且學會知道自己什麼時候會惹上麻煩，對你有利。然後你可以考慮是否要讓自己花些時間在這項議題上與人激戰，讓問題升溫，或是冷靜下來，以便不會莽撞行事。

雖然有時候達成交易有必要採取非常強硬的立場（關於採取強硬手段的實際應用，參見第十六章），但無視於對方在一個問題上面的**立場**，反而採取惡劣的態度或是攻擊對方，幾乎從來都不是明智之舉。只要你覺得自己想要蓄意傷害潛在盟友，趕快走開並數到十——有必要就數到一萬。你可以兼具強硬的立場與正直，又不會造成傷害。誠實交易所引發的痛苦反應，不同於蓄意報復所造成的傷痛。

交易之後：冷卻過程

> 我一直能夠發揚我父親所開創的精神……他總是告訴
> 我，在任何談判中，要讓對方覺得他贏了。不要從桌上取走
> 最後的五分錢。
>
> ── Comcast董事長兼執行長布萊恩・羅伯斯（Brian Roberts）
> 二〇〇四年八月八日《紐約時報》週日商業版

　　沒有人喜歡輸的感覺，即使是自找的。因此，當你完成一筆高難度的交易談判時，想辦法留給對方一些尊嚴。私下聚聚聊聊是個方法，但還有別的方法，例如：讓對方教你一些東西，或是讓他在另一項議題上展現優越的知識。誠如我們已經討論過的其他方法，完全不需要用挖苦的方式。事實上，除非你是一名專業演員或騙子，否則你是騙不了人的，但是在一個複雜交易結束前留下一點仁慈，這樣的收尾絕對恰當。

　　即使對方並未「輸」，但是一項議題總是會產生密集的交易行為，花費在重建關係的時間，創造一個彼此滿意與信任的感覺，一點都不嫌浪費，至少當你投入下次交易時，將省下寶貴的時間。

　　（關於經理人華倫・彼得斯如何通過危機四伏的一連串交易危機的詳細內容，請參見我們網站上的範例：http://influencewithoutauthority.com/warrenpeters.html。）

完成滿意的交易，並避開自設的陷阱

　　當雙方彼此信任，彼此了解，要達成交易可能易如反掌。你幾乎自然而然地就會調整自己的請求配合你的潛在盟友，而且彼此都會很樂意給對方相當大的自由。

　　如果沒有這種事前的信任，或是這項請求對交易對象而言代價高

昂，就有必要使用其他交易策略。

賽局理論專家已經發現，配合對手回應的談判策略是最成功的長期策略：信任別人直到別人侵犯你，並很快予以報復，但是如果對手回以值得信任的作為，就回歸信任的關係。利用類似的方式與夥伴達成交易或許是恰當的。

但是，在與試圖讓你一敗塗地的人打交道的時候，你必須採取強硬的立場。逐漸提高你的聲音、訴諸公眾，或迫使對方攤牌，是你所需的一些工具，但如非必要，盡可能不要使用這些工具。

最後，你的作法應該視你對交易對象（而且是只有那個對象）的依賴程度而定，以便在無法取代的情況下，靠著對方的持續善意，確實得到你所要求的東西。你的冒險意願也是決定交易策略的重要因素，你願意承受的長短期後果權衡結果，則左右你的冒險意願。

因為預先存在的正面關係，大幅提高了在合理條件上完成滿意交易的可能性，所以盡快建立好自己的關係人脈網絡，你是不是現在就可以跟誰聚一聚呢？

交易時要避開下列自設的陷阱：

- 未能針對對方可能關心的事情做好功課。
- 面對當下出現的新事證，無法捨棄之前的調查分析。
- 權力地位較低，卻虛張聲勢。
- 非常害怕產生負面反應，以至於無法使用所有可能的交易工具。
- 忘了你可能會再度與對方打交道，而犧牲良好關係不計一切代價求勝。

註釋

1. Rosabeth Kanter, *The Change Masters* (New York: Simon & Schuster, 1983).
2. 參見Erving Goffman的經典文章："On Cooling the Mark Out: Some Aspects of Adapting to Failure," *Psychiatry* (1952)。

第3部

影響力的實際運用

　　本書的這個部分，是設計用來幫助你迅速找出你正努力解決的影響力問題類型，並針對如何解決問題，給予具體、實際的建議。我們採用第二章至第七章詳述的概念，並直接將其運用在組織內最常見的影響力問題上。就組織而言，越往後面的幾個章節，問題越複雜，而且我們會不斷相互參照那些有助於提供實際解決方案的其他章節，以及收錄在我們網站上面的詳細範例。願你能突破影響力的路障，發揮更大的工作效益。

影響直屬上司

　　你能更有效地與你老闆打交道，以便得到更大空間、更多支持，或是更具挑戰性的任務嗎？還是你對於上司的管理風格，有想要影響的地方，例如他能否更有效地應付上級？這項挑戰在於取得你對老闆的影響力，以建立有利於你而非威脅你的關係。有太多的經理人與領導者不是很好的上司，而那些出色的上司則可以更好。

　　我們相信你的老闆的效率是你工作的一部分，而你老闆的效率就從你開始，或許會讓你感到訝異，但在某種程度上，你有責任幫助你的老闆成為更有效率的經理人，以及更好的上司。無論你或你的老闆是否這麼認為，你都是讓你的部門或團隊順利運作的工作夥伴之一。

- 你的上司只知一半。如果每個老闆不用你開口，就能滿足你的需求，就實在太好了，但那是不太可能發生的。你的上司不懂讀心術，只有你才是最了解自己如何被管理才能發揮潛力的人。

- 這個世界變得如此複雜，就算主管們想要，也不可能處理所有的事情。他們已經負荷過重，而且下屬的行事風格差異很大。此外，如果要有卓越的表現，下屬們通常必須擁有可做出貢獻的知識與特殊才幹。

- 你很清楚自己的主管管理得好不好。他或許想要提供清楚的指

導，但只有你才知道他指導對你而言夠不夠清楚。換句話說，
你的老闆需要你。

我們建議將主管與員工關係的本質，從過去的上級下屬式
（superior-subordinate）的互動（帶有全知主宰與無知服從的一切意涵）
加以改變。相反地，我們比較支持的是一種夥伴（partnership）關
係[1]。雖然層級差別還在，但是下層與上級仍然能夠構成一種夥伴關
係。

下級夥伴要怎麼做呢？夥伴不會讓他們的夥伴：

• 犯下重大的錯誤。
• 在不知情的狀況下丟臉。
• 該讓夥伴知道的事情，卻不告知他們。

夥伴會做什麼：

• 忠於夥伴關係的目標。
• 將組織利益放在自身利益之上。
• 重視並利用不同的能力與觀點。
• 容忍彼此的小缺點。
• 不會認定不好的行為是來自不好的動機，反而是來自錯誤的消
　息或被誤導的觀點（他們認定上級夥伴為公司盡心盡力，基本
　上是聰明且有能力的，否則就不會容許夥伴關係的存在）。

當其他的夥伴（無論層級多高）即將犯下代價高昂的重大錯誤、
忽略重要的機會，或是錯過可能影響成功的重大資訊時，有責任感的
夥伴不會默默地袖手旁觀，即便可能有些個人的不便或尷尬，也會盡
可能負起責任。

這種責任對你確實有壓力，但是你難道不希望下屬也抱持相同的
心態嗎？接受與你老闆的關係所需擔負的責任；對於你是否能夠更富

生產力，與你們雙方都有切身的關係，這也可以是影響你上司的著力點之一。

　　承擔責任能使你獲得許多人想要的一些好處：工作上擁有更大的發揮空間、獲得更好的管理與指導、更為緊密或更為開放的工作關係，或是一個更能幹的直屬上司（並非所有的經理人一開始都會歡迎這樣的夥伴關係，我們稍後將會針對這點進行討論）。

作法

　　為了取得那種日後你會從上司得到回報的影響力，你必須做到下列四個主要事項：

1. 將老闆視為潛在盟友（合作夥伴）。
2. 確信你真正了解你老闆的世界。
3. 清楚了解你已經擁有或是可以獲得的資源（籌碼）。
4. 注意你的老闆想要建立什麼樣的關係。

柯恩－布雷福德的無職權影響模式概要

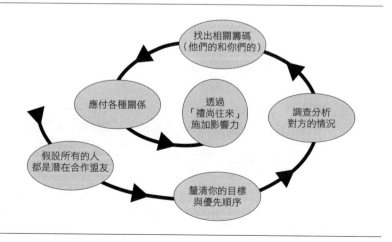

　　你的老闆是否像唐納・川普（Donald Trump）*那樣嚴苛？你是否曾經碰過非常喜歡挑毛病的老闆，犯點小錯就責罵你？你寧可你的老闆告訴你可以如何進步，來展開與你的互動，而非只是批評每件事？在認定你上司是個讓人完全無法忍受的無用傢伙之前，先假設他可能是一個潛在盟友，一個非常在乎成功並深怕失敗的夥伴（而不是一下子就跳到他是個野心家的結論）。如果那是你的態度，或許你不會只是對他的批評感到畏縮，而會去找尋你可以從他們身上學到什麼。

　　你想要影響像川普那樣的人嗎？如果你把那樣的人看成是潛在盟友與夥伴，難道你不想設法了解他的世界嗎？那是紐約的不動產業，一個競爭激烈的城市裡一門相當殘酷的行業，伴隨著龐大財富的產生與失去，經理人必須知道他可是在與最頂尖的人共事（不是在經營方面，而是在交易方面手段高超又機靈的人）。面對那些壓力，川普或許不會對下屬非常有耐心。一個房地產大亨的可能「籌碼」包括：熟悉城市環境的生存之道、精明的財務概念、他可以依賴的人、不屈不撓、找出成功機會的能力，以及極為認真仔細的做事態度。

　　好好想想你可以帶給川普什麼。讓我們假設你有基本的財務知識，以及你願意多麼賣命工作、多麼認真仔細地分析機會，以及多麼不屈不撓和意志堅定都在你的掌控之中。你會是一個川普喜歡的冒險犯難的人，好讓他對你的大膽意見充滿信心嗎？你能積極尋找生意並與業界的所有人討論，以磨練你發現商機的能力嗎？

　　接著，思考你從他與客戶和生意夥伴（尤其是與那些身分地位較低的人）的互動中所得到的觀察。他通常是粗魯又直接嗎？他是如何應付那些不願順服他的頑強人士呢？（看似獨裁的人往往會尊敬那些敢於捍衛自己的人。）

　　了解你手中的「籌碼」，感受這種老闆喜歡哪種互動方式，你能

---

*川普是美國房地產大亨與真人實境節目《誰是接班人》（The Apprentice）的共同製作人，他在節目中經常對爭取為他工作的員工提出嚴苛的要求與批評。

採取下面幾種解決問題的方式嗎（或許調整你對老闆說話的方式和語氣）？

先生，我跟你一樣渴望找出很棒的房地產生意，並保護你的投資。我工作的時間很長，如果有必要，我隨時都願意花更多的時間工作。在紐約你有著多年辛苦得來的經驗，當你看到我做錯事的時候，如果不只給我應得的重罰，同時還告訴我如何能做得更好，你在我身上的投資將會獲得更多回報。我想要學習，也很能接受各種意見，不管你對我有多嚴苛，但是我想要確保我會從你這兒獲得這些對我們雙方皆有利的教誨。

影響力策略

我們不能保證這種說話方式絕對會對你的老闆發生作用，但是它有機會發揮作用，因為它遵守三項重要原則：

1. 你是在向你老闆證明，為何改變他的作法可以符合他的利益。注意以下說法的差別——你想要你老闆幫助你成長，因為你會很高興；以及你想要成長，因為這有助於老闆非常關心的投資報酬率。
2. 你是在向你老闆證明，你的成功與成就感將符合他的利益，因為你將全力以赴。你承認你想得到利益，但卻是將你的利益直接與你老闆（幾乎確定）想要的東西連結在一起。
3. 你是以能與你老闆偏好的行事風格相容的方式，來表達你偏愛的作法。你已經利用堅定、直截了當的口吻，直言你會接受他給予的任何東西，如果你老闆願意費心考慮讓你學習的話，你將會更有收穫。

這個觀念在於永遠站在你老闆那邊，而不是做一個只會批評的反對者。你總是設法幫助老闆達成他的目標，除非你真的不能忍受那些

目標，那就真的無計可施了（如果你真的非常反對，那就盡快走人吧）。

與老闆之間的典型問題

這部分我們採取一連串關於下屬想從他們老闆那邊得到什麼的實際陳述，並以這些陳述作為基礎，提出關於如何影響直屬上司的提問與解答[2]。

問題1：我的老闆反對我提出改善部門的建議。「我對於怎樣可以把這裡的工作做得更好，經常有新點子。但是當我把這些想法告訴我的主管時，他總是反對，還列出光有想法沒用，或是它們不值得勞人費神的種種理由。我發現這令人非常洩氣，尤其是我老闆總是說他希望我們採取主動。」

解答：這裡面可能有幾個問題：

- 你的計畫有多周延？
- 你是怎麼表達這些想法的？它們是否切中你主管所關心的事物？
- 他的反應是否更能反映他的行事作風，無關你的點子好不好？他是真的否定你的計畫嗎？或者那只是他檢驗你建議的方式呢？

你的主管是否喜歡成熟的計畫（而不是想要在初期階段給予意見）？如果是這樣，或許你有必要將自己的想法做些整理，先試看看同事的反應，確保你的計畫確實可行。因為你從經驗得知，你的上司很可能拒絕新點子，所以不要提出任何你沒有想清楚或不確信能否帶來好處的計畫。

現在，且讓我們假設你已經做到了上述要求，卻還是得到他慣有的回應。為什麼你的主管會這麼反對呢？

- 你的主管真的相信你是站在他那一邊嗎？你是否以只對你自己有利的方式提出計畫，還是這些想法也切中你主管所關心的事物呢？

- 你是否已經了解你上司的世界，以及可能會影響他持反對意見的外力因素呢？你的上司是否像時下許多經理人一樣，感受過大的壓力且無法控制？（那或許正好說明為什麼你的上司要求你採取主動，卻不作積極的回應。）如果你的構想對你的上司而言意味著更多的工作，即使只是一段時間，他可能會針對那點作出反應，並非針對構想本身。

- 你的上司正承受哪些壓力呢？他最近是否曾經因為（他人）出了差錯的點子而受傷呢？還是你的上司也和你一樣面臨來自他上司的質疑呢？

如果你的老闆負擔過重，你能怎樣幫助他呢？你能做哪些事來減輕他的負擔呢？你在做計畫的時候可以做更多的功課嗎？你可以因此證明你已經充分釐清自己提出的這些構想，也準備好承擔更多的責任，讓你的構想更容易實現。你可以做些分析、遊說或是召集一些支持者，讓你的點子更具吸引力，進而獲得老闆的認同嗎？

減輕老闆負擔的另一個方法，是找出他目前工作中你能夠幫忙的地方，譬如因為你的技術或是你有意學習的某個部分、所以某些工作由你來做會比他來做更簡單，這些都增加了你能夠提供的「籌碼」。如果你是以一個有影響力的夥伴，而非一個卑微的下屬在作思考，你會想要找出方法幫助自己的老闆。

或許問題出在你提出這些構想的方式上。你是否對老闆過去的回應非常不爽又沮喪，所以有點生氣，心想如果老闆再次拒絕你，將證明他有多虛偽？這種態度不太可能被認為是正面暗示。

事前的調查分析固然重要，但那只是在猜測你的老闆可能在煩惱什麼，以及他可能想要從你那兒得到什麼，我們自始至終都主張你要

去尋找可靠的消息來源。你可以用一種不帶指責的誠懇態度，詢問他為什麼會有那樣的反應嗎？

這樣直接的作法可能起不了作用。儘管你是真心想要知道，而非對他的能力暗藏攻擊，但他可能會認為你的問題過於冒昧，或是強迫他自我揭露讓他感到不自在，所以可能還是必須仰賴你的初步調查分析。

如果問不出什麼結果，你還是可以直接跟他談及這個問題，但這次是就你工作上的進展來設想：「我真的想回應你要我們所有人更加主動積極的要求，但是我試了好幾次，你似乎不太支持我的計畫。你能協助我了解如何改進這些計畫，好讓它們能被你接受嗎？」這樣說既不會引發敵意，還給了你的老闆若干選擇：告訴你一些能夠改善你計畫的事情（例如：事先計算可能得到的回收結果；或是，確認所有必須買你的帳的利害關係人）；再次向你保證你可以繼續嘗試，以及擴大或縮小這些計畫，或是任何將有助於它們被接受的建議；告訴你更多有關他一直不是很支持你計畫的理由（這有助你知道要使用什麼籌碼來減緩那些理由的抗拒力）；要不或許重新思考他的反應方式，並開始讓對方更樂於接受你。

問題2：我的老闆並沒有做好他的工作，但是他不願意接受幫助。「我的老闆不做團隊發展及計畫管理這些她分內的工作，而且她不喜歡我採取直接作為影響她的作法。我向她提出了這個問題，並試著利用你們所說的一切關於不從負面角度看待她的方法，而且我已經和她談過，她的拒絕合作不僅會讓她付出代價，也會傷害這個部門，但是她仍然不願意改變。事實上，當我試圖直接討論這些人際關係的問題時，她非常不高興。」

解答：這裡有兩個問題：一是，你的老闆有弱點，但似乎不想要別人的幫忙；二是，她不想談論這個問題。

讓我們先處理後者。我們在本書提出的建議，大都是關於能夠直接討論這些問題帶來的助益。當問題能被直接提出時，比較可能獲得

成功的解決辦法，因為情況是雙方往往擁有不同但卻相關的資訊。因此，只有當所有的事實和感覺都可以被攤在桌上時，才可能發現好的解決辦法。

然而，下列情況很難有公開討論的機會：

- 你的老闆認為你是一個好批評的人，甚至將你當成敵人，而非下級夥伴。
- 你的老闆覺得你完全不理解她的情況，因而並未訴諸她所關心的事物。
- 你的過去或行事作風讓人不太敢接受你的幫助。
- 你的老闆的「超人式」領導作風，使她必須知道所有的答案以避免示弱。
- 你接觸你老闆的方式反映著你的行事作風，但卻讓她覺得不自在。

這些都是可能阻礙直接溝通和合作解決問題的因素。但即使沒有這些因素，有些人還是不能（或不願意）直接討論工作的關係。儘管如此，還是有一線生機，或許有一種方法能夠讓你施展影響力，切中你老闆的興趣。以下是一個真實的案例，說明下級夥伴找到方法應付這類挑戰：

在沒有直接協助下幫助我的老闆

我的職業生涯中經歷過幾位主管，而且我的運氣不錯，可以跟隨一些主管學習與成長。在我轉入 Six Sigma 公司任職的兩年中，我換過四位主管。就提供指導或學習而言，前面兩位幾乎是零，第三位則是我遇到過最好的主管之一。他提供我機會，挑戰我自己，並允許我成長，最重要的是，他鼓勵我去挑戰他的想法與意見，我和他曾經有過一些非常棒又積極的討論。當一個北美主管職位出缺時，我和一名同事同時申請了這個職位。經過幾番面試與討論之後，公司捨棄我選

了她擔任這個職務。我們之前共事過幾個月，這段期間我們經常談及對公司的體制、流程和領導力感到無奈，以及如果是我們，會有什麼樣不同的作為。我是一個有話直說的人，在我開始變成她下屬的頭幾個月中，我們之間很少說話，氣氛也很不好。當我詢問她有關我們過去曾經討論過需要改革的一些事情時，她避談這個問題。在她升官之後公司組織重整，我的職權範圍和部屬人數都擴大一倍，還包含之前她的一些直屬下屬。他們對於我的團隊所展現的同僚情誼與生產力感到很訝異。在和他們談過之後，我了解團隊發展與溝通是她的弱點。這個弱點在她為許多直屬下屬（我的新同儕團隊）安排進度所引發的衝突上表露無遺。

我並沒有事事挑戰她的權威，而是決定設法了解她面臨什麼樣的壓力與挑戰。有關她領導風格的一個例子是，週三發送一大份電子資料表，並告知所有人在週五的六小時電話會議上討論這份資料表。在讀了〈管理你的老闆〉（Managing Your Boss）[3] 和《沒權力也能有影響力》（初版）中與老闆有關的章節之後，我致電給她討論她的要求。我可以感受到她已經做好面對衝突的準備，但是我卻問她必須從那個試算表中得到什麼樣的最終結果。我自告奮勇利用一些樞紐分析表（pivot tables）* 組織這個試算表，並發送一份小表格給每個人。他們再將表格回傳給我，我會將所有的表格彙總，然後我們可以在週五花一個鐘頭總結這些資料。她非常高興，得到了她想要的結果，而我的同事和我則節省力氣，也少了挫折感。實在太好了！

了解你的上司面臨什麼可見與不可見的壓力與目標，將有助於你在自己的角色扮演中獲取成功所需要的自由和資訊。我發現我的上司有來自她的主管「對外發布」的目標之外的壓力。自從我開始以更積極的方式與她合作，她變得更願意提供協助，也肯敞開心房，分享一些決策背後的理由。

---

* 微軟Excel軟體中的一項功能。

　　在上述的例子中，這名經理人終於理解他的老闆可能難以招架他的積極作風，尤其他又是個可能難以管理的老同儕。這名主管或許覺得她必須抗拒他的積極意見，否則會被他和他期待的事情擊垮。當他從她的角度看待問題，並看清了她所承受的一些壓力時，就能夠提供他由衷的服務，使她感受到正面的支持，也讓她的老闆和下屬對她產生好感。因此她會給予正面的回應，雙方就能發展出良好的工作關係。

　　這種方法是在無法與對方確認你的假設的情況下，做出準確的診斷。在你的狀況中，你老闆的老闆是否壓迫她要表現得更為強勢？你的哪些觀察可以幫助你診斷這個阻力呢？儘管你努力避免負面解讀，但是你接近她的方式是否出現哪些行為暗示著：因為她的缺陷，所以你不尊重她？在你心裡面，是否將她貼上有缺點的標籤，流露出不屑的樣子？缺乏正確的調查分析，再三求助的結果可能與過去並無二致。所以你必須知道她重視（或害怕）什麼，以給予適當的「籌碼」。

　　問題3：我的上司態度冷淡又不友善。「我的老闆很難接近，而且總是抱持反對的態度；我想她是感受到我的威脅。當我在組織外面受到肯定時（因為我過去在民間任務小組所獲得的成就），她因為我沒有事先知會她我的人脈關係而對我大吼大叫，並試圖打壓我。當我發送電子郵件通知她時，她從來都不做回應。她是最近透過政治任命這個職位，她擁有很棒的履歷，卻沒有管理的經驗。她是如此令人難以忍受，我打算放棄，什麼都不做，等她自己走人。」

　　解答：然而這是不愉快也不適當的行為，在你開始將她「變成惡魔」之前（因為惡魔不是人，也不會改變），花點時間去了解她的情況，她的行為或許並非如表面上看起來那樣簡單。

　　首先，她在缺乏管理經驗的情況下，被安插在一個高能見度的工作上，所以可能在做出成績上承受著很大的壓力。她也可能抱持著超人的心態：「我應該知道並擁有答案」。加上她現在碰到且必須管理一名資深員工，這名員工有著許多她沒有的技能，還有她所欠缺的外

部重要人脈。由於她是靠人脈關係獲得這個職位，可能會擔心那背後的意涵。她不知道你是否會忠心，還是會試圖中傷她，並和外面的重要人士談論她管理方面的弱點。不幸的是，你的老闆似乎沒有信心開誠布公地去討論這個情況，這是多數經理人都不會顯露的弱點——即使坦誠以對可能正是吸引你支持她的原因。此外，她可能工作負荷過重、覺得孤單，而且正努力自己完成所有的工作。這些壓力都可能導致一個人出現不體貼、喜歡支配人及冷漠的行為舉止。

但這並不代表你無計可施。事實上，你擁有許多你上司可能需要的「籌碼」，包括：

- 支持、了解並接受（光是因為她缺乏你所擁有的知識，並不代表她就不稱職）。
- 忠誠的行為，以及你站在她那邊的事實。
- 事前掌握情報，可以對即將發生的事情隨機應變。
- 將她引見給你所認識的重要人士。
- 你對政治的了解與敏感度。
- 提醒她外面世界所發生的重要事情，幫助她為公眾的接觸做好準備，並針對組織外面的地雷給予忠告。
- 讓她的上司對她產生好印象。

因此，你要怎麼幫助她呢？我們通常建議單刀直入，因為這會更快找出問題，並把誤解降到最低。你能否甘冒風險跑去她的辦公室，說你想要幫忙，因為你猜想她目前處境艱難？她可能會回問：「你指的是什麼？」你是否可以表現出誠意，說明你猜想她所承受的壓力情況？當然，這麼做需要勇氣，但最糟糕的情況是什麼——她沒有反應？

另一項選擇就是盡力給她一些前面所列的籌碼，希望時間久了，她會明白你不是在搞破壞，而是在幫助她，並開始接納你，更信任你。在某些方面，這是比較困難的方式，因為它確實需要花更長的時

間，你也可能在過程中失去耐心。

　　事實上，這個情況裡真正的挑戰很可能就是你自己。聽起來，你似乎對自己遭受的待遇感到很氣憤，或許你最不想要做的事情，就是幫助對你大吼大叫又打壓你的人。但如果那是阻礙你無法採取這些解決辦法的原因，你現在應該很清楚是什麼事情讓這種情況無法改善了。

利用夥伴關係為自己的職務贏得更多責任與更大的施展空間

　　下面兩個問題針對贏得責任與更大的工作施展空間提出問題與解答。

　　問題 4：在改善工作職務的施展空間、挑戰性或是自主性方面，我要如何從老闆那兒獲得我想要的東西？「如果他願意放手讓我做的話，我可以做更多的事情，而且也會有趣多了。」

　　解答：夥伴關係在改變工作職務施展空間的意涵是，你想要分享部門成功的責任，並承擔新的任務讓部門更成功，所以就需要具挑戰性和有意義的任務；更重要的是，它建議你在決定任務分配時讓自己成為夥伴。因為你清楚自己的能力與興趣，知道什麼對你是合理的工作極限，什麼會將你撕裂，因此參與決策過程對你而言是再合理不過了。要求參與決策並非要取代你的老闆，而是將你這個擁有重要資源的人納入決策過程的手段，讓公司在得到更充分的資訊下做出決策。

　　然而，你老闆可能並不認同你對自己的能力與準備功夫的評估，尤其是他認為你曾經搞砸過前一個任務。那你該怎麼做呢？如何說服你的老闆讓你負責更多的任務呢？你必須對你老闆所關心的事物有足夠的了解，以決定哪些交易會滿足他的關心所在。

　　為什麼你的老闆不給你挑戰性的任務呢？很少有經理人會不想要充分利用他員工的能力，所以你對自己表現能力的看法與你老闆的看法之間是有落差的。

　　因此你必須與老闆展開討論，你要非常仔細聆聽他對你的顧慮。這會是很困難的過程，因為你會很想要反駁。重要的是你要牢記，對

話的目的是找出你老闆的顧慮。這些顧慮是不是關於你曾做過（或未做過）的某件事情？關於你如何與他人共事？還是這些疑慮與你無關，只是如果你失敗了，將會影響這項計畫的能見度以及他自己的曝光率？你可能不認同他的理由，但你必須從他的顧慮著手，因為對他而言，這是很實際的問題，即使對你而言並非如此。要聽到這個理由並不容易，但是這種作法有雙重的好處：你知道了老闆的顧慮以及你必須給予的籌碼，並解除了你老闆對於你是否可以承擔責任的疑慮，如果他告訴你他一直在阻止的那些負面事情。

有了那種理解，你現在有立場去建議一些雙贏的交易。如果你老闆對你能否承擔更多的責任有所顧慮，你可以詢問他要如何改進你的表現呢？如果他擔心你會偏離原來的路線，你可以跟他約好定期檢查的時間，以換取這項任務嗎？你給予他最在乎的籌碼，換得你想要的挑戰性任務。

問題5：如何改變我老闆的管理能力，並得到我想要的成長與指導呢？ 這個問題有三項變數：㈠「如果我的老闆願意給我一些指導，我會更有效率，但是他似乎秉持著『成敗全靠自己』的管理哲學。若是我請他給我建議，我擔心他會視之為軟弱的象徵。」㈡「我不怕我的老闆；事實上，我很喜歡她。但是我幾乎得不到她的青睞，更別提得到她的幫助了。她實在太忙碌又太專注工作，所以我被放牛吃草。當她確實注意到我的時候，也只是匆匆給個批評。我原本可以利用更多的教誨和指導讓自己成長。」㈢「我的老闆實在太愛給我建議了。事實上，那就是問題所在；他從『幫忙』變成『幫倒忙』。我喜歡他給我一些大方向，但是他拘泥於細微末節，而且就是不肯放手。」

解答： 儘管這三種狀況有別，但是它們都有個共同點：要求你找到一個方法與你的老闆直接對話。其次，在你尋求指導以便改進的同時，指出為何這是符合組織（甚至是你的主管）的最佳利益，這招總是很有效。

就第一種情形——**成敗全靠自己**的問題而言，許多人之所以不敢

請求幫助的原因，是害怕他們的老闆會認為他們軟弱、無能、頭腦不清楚或欠缺領導能力。或許你的上司已經公然表示，沒有人應該承認自己有任何事情需要學習，又或許你只是從你的老闆的行為推斷，卻奉為圭臬。許多主管有時候喜歡自己看起來很強悍，許多下屬就自行推斷，他們的老闆非常喜歡超人的行為模式，所以下屬只要表現出凡人的樣子就死定了。

　　第一個問題是：你真的知道那是你老闆喜歡的嗎？你說你老闆看似奉行「成敗全靠自己」的管理哲學，這是基於最可靠的證據，還是從一兩句隨意的談話中得出的結論呢？即使你確信那是你老闆的態度，還是可以與他討論這個問題，但是在做之前，可以先進行一些有用的調查分析，了解可能影響他態度的原因：

- 他是否已經管得太多而負荷過重，如果他開始指導某人，可能擔心會被紛至杳來的請求給淹沒？
- 當他接管這個業務的時候，多數員工是不是很被動，所以他可能害怕太多的指導會產生相同的依賴性？
- 「成敗全靠自己」是不是他的上司對他的態度？
- 他過去的公司從來沒有把開發才能當成主管的積極作為之一，所以他認為如果他能「成敗全靠自己」，別人一定也可以？

　　為了討論方便，我們假設你預感是第一種原因影響你老闆的態度。那麼你可以對你的老闆這樣說：

　　里卡爾多，我的感覺是這個組織確實重視那些採取主動態度追求自我成長的人。這對我來說是好事，我已經在這些、這些領域這樣做了……而且我還會繼續這樣做，但除此之外，我想知道我是否可以得到你的一些建議。我們大膽的改革計畫正面臨許多負面的反應。我在應付那些找麻煩的人時覺得力不從心。你似乎很懂得應付那種情況，我想向你學習。我知道你有很多工作要忙，包括要管理我們這些人，

贏取老闆的信心，即便遭逢阻力

在我們的網站http://www.influencewithoutauthority.com/monicaashley.html
上所記載的莫妮卡‧阿胥利的故事，詳細說明試圖領導一個革命性產品開發
專案的複雜性。在這個過程期間，莫妮卡‧阿胥利和她的長期主管丹‧史特
拉（Dan Stella）之間出現問題。由於她在動員支持（包括史特拉在內）以
及應付有力反對者方面遭受許多阻力，丹‧史特拉拔除她專案開發經理的職
務，並指派給她比較不重要的任務。

莫妮卡‧阿胥利可以做什麼來贏回丹‧史特拉的信心呢？除了繼續把手
上的工作做得出色之外，她可以要求他更詳盡地說明：他不斷告訴她要慢下
來，是什麼意思；他是如何看待放慢腳步以避免引發公開反對，和可能錯失
市場商機之間的妥協；為什麼他斷定公開抗爭絕對不會有效果；她傳達了什
麼樣的訊息讓他認為她處於崩潰邊緣等等。因為他們有長達十年的良好關
係，她甚至可以問他：當保守派做出不合理、不理性的指責時，他是如何發
洩自己的憤怒與不耐煩；或是隨著一路升遷，他已經有了些改變；以及他如
何使自己成為更有效率的經理人。

由衷地去傾聽對方的想法，她將會證明：她不是情緒化到無法傾聽別人
說話的人；她有興趣去了解，要如何去做他暗示她應該做的事情；她認真看
待前進過程中所需要的不斷學習；而且她了解當爬到接近層峰的職位時，遊
戲規則就會改變。

再者，如果莫妮卡‧阿胥利能向丹‧史特拉坦承：誠如她所了解的，這
個案子的壓力讓她感到很困擾，此舉本身代表她越來越成熟，進而消除他心
中的疑慮。實際上，最後的發展就像上面所描述的那樣，她成功擺脫了冷板
凳，再度被要求去承擔主流且重要的專案。她繼續朝一個非常成功的職業生
涯邁進──對一個曾經在職場生涯中跌得如此深的人來說，這是次不錯的捲
土重來。你可以在網站上找到這個引人入勝的傳奇故事。

但你是否願意和我談談我與奧瑞齊的衝突？我無法依我想要的去捍衛
我們的部門。我們可以花十五分鐘的時間討論嗎？

最壞的可能情況是什麼？里卡爾多可能說：「你自己想辦法解

決。」你則會微笑說道：「我會的。」但他也有可能會同意，只要你沒有過分誇張，或許可以趁一些特殊情況再次提出。此外，如果你的老闆很重視你的成長，或許那有助於你在後來的討論中，將話題導入到更深入地探討他願意指導的領域，以及他認為你應當去發展的領域。

即使是鐵石心腸的老闆，你還是有可能憑藉請求本身的有力因素要求幫助。你可以要求他讓你了解如何才能有傑出的表現，「我必須知道才能實現你的期望」並非懦弱的託辭。這種方法甚至能夠運用在重視男子氣概的老闆身上，並一改他認為你很軟弱的觀感，轉而認為你是條硬漢。

在第二種老闆太忙的情況中，你要分析是否有哪些佔用她時間的活動並沒有那麼重要，或是你認為你可以幫她做哪些事情。那麼你是否可以去跟她說：

艾倫，妳手頭上同時要處理的事情似乎太多了。如果我能得到妳的一些指導，我會更有效率，但是我也了解這些活動讓妳根本沒有多餘的時間。如果我幫妳承擔一些工作，比如 X 和 Y 的話，妳是否能撥得出時間可以給我一些建議，告訴我可以如何改進嗎？這不需要花妳很多時間。舉例來說：我們昨天的成本會計會議結束後，我可以只花妳十分鐘的時間，告訴我可以怎樣把這些看似微不足道的請求處理得更好。

如果她規避這個問題，你不必放棄，可以詢問她這個話題是否讓她感到不快，是否有更好的方法可以取得她的見解。你可以強調，如果你在關鍵技能上學會更有效率的話，你就能夠為部門做出更好的貢獻。你可以先預約時間，等她比較方便的時間再進行討論。一次的拒絕不必斷然終結一切的可能性。

如果是第三種老闆幫過頭的情況，出現的問題剛好相反。你的老闆就是太想要幫忙且干涉太多，讓原本具有價值的資源（既然每個當

主管的人都可能知道個一、兩件事情）變成很大的負擔。你如何能在不必被迫接受老闆給你的所有建議與「指導」的情況下，從他那兒得到最好的資源呢？

同樣地，關鍵在於要向自己的老闆證明，太多的「幫助」有損他自己的利益。超過你所需要的建議讓你無法招架，會降低你工作的挑戰性，進而減少你對問題的掌握度和解決問題的責任感。如果你的老闆並非只是單純地給你指示、支持，和輕輕地推你一把，而是替你騎腳踏車，那麼很快地，每次你想去任何地方，都必須叫他來幫忙。

更糟的是，如果這種經驗讓你感到窒息，下一次當你需要幫忙時，可能為了保有自由空間而不去尋求協助。你可以如此詢問老闆：

你是要迫使我盡量不去找你幫忙嗎？如果不是，那麼你必須給我呼吸的空間，讓我自己判斷什麼時候讓你參與解決困難的問題。我想要成為負責任的夥伴，但當你試圖把我的工作攬過去做時，我開始卻步。我不想要採取被動的方式，讓你做完所有的事情，我也無法相信那是你想要的。你並不想要讓人很想把你排除在外，對吧？

至少，這些問題應該能夠促成雙方好好討論，你的老闆究竟想要什麼？以及如何讓你發揮最大的效用？

簡而言之，如果你認為自己是一名夥伴，就能主動承認你需要幫忙、要求某個具體的合理期限，並回以熱誠而非防備。這些都能幫助你順利得到你想要老闆給你的幫助。

所有這些步驟構成了試圖重新定義傳統的上司下屬關係的本質。過去的交易關係向來是「如果你照顧我，我會按照你的吩咐去做」，現在則變成「我想要有好的表現，那會對你很有助益，但為了做到這點，我們雙方都必須負起責任幫助我學習。我願意盡我的本分，你願意加入嗎？」

現今，大多數的經理人都了解到，不斷的學習已經成為組織內的一種生活方式；那些首先察覺到這點、並尋求成長協助的下屬，最有

可能受到肯定，並獲得最大的成長。你的老闆或許是個例外，但是未能試圖改善關係的風險，至少不下於不斷試圖揣摩上意以免招禍的風險。

改善上司下屬的工作關係

傳統上，任何上司與下屬的關係問題都被看成是下屬的問題，下屬必須適應上司，過去的情況就是如此。然而，在知識型勞動力的年代，沒有任何單一個體可以獨佔技能與知識，好的下級夥伴關係不可能只是當老闆的應聲蟲。老闆不可能提供足夠的分身，他們必須創造、重視，並與擁有他們所欠缺的知識的優秀個人一起工作，雙方也都必須學習融合彼此的觀點，而不是總想要鬥贏對方或因為妥協而損耗力量。

因此，有一些強大的理由促使所有居於管理職的人，去向部屬尋求類似夥伴的回應，例如：身為上司的人必須能夠說：「我善於看大的格局，但不善於留意關鍵的細節；多謝老天爺讓我的小老弟們盡心盡力注意那些重要的細節。」而不是看到這樣的差異就大聲嚷著：「我才不屑那個見樹不見林、小鼻子小眼睛的人。」

然而，並非所有的上司都有興趣擁有這種包含開放、充分信任、徹底表達感受或合力解決問題的工作關係。如果你的上司尚未準備採取你想要的這種夥伴關係，你該怎麼做呢？

問題6：我的上司不想要夥伴關係。「我一直設法採用你的建議，成為我上司的下級夥伴，但是他似乎不領情。事實上，他似乎非常不高興，還擺出防備的態度，好像認為我在批評他。有一次他甚至說：『我請你來是為了做好你分內的工作，我可以把自己的活兒做得很好，謝啦！』我應該就此放棄嗎？」

解答：聽起來你的上司對領導力有一種「超人」的概念，認為不知道如何去做某件事是很糟糕的缺陷。下屬的工作應該是守本分，並讓上司去發號司令是非常老舊的觀念，那是在工作很簡單、下屬沒有

受過高等教育，必須被告知做什麼的時代產物。可能這名上司冥頑不化，你只能忍耐，要不就是離職。但是在你驟下結論之前，應該先仔細研究另外兩種選擇：

選擇1：你有沒有可能讓你上司相信他的管理模式已經過時，還會錯失下屬的協助，和提升部門整體表現的機會？
選擇2：在你的職責範圍內（或職責範圍的合理延伸），你有沒有機會提供協助，讓你在上司眼中變得更有價值？

讓我們依次來看這兩個選擇：

1. **你的上司如何定義領導力**。許多領導者展現超人般的行為模式，是因為他們沒有其他的做事模式，他們也相信這種作風是贏得下屬尊重的唯一方式。你可以告訴你的上司，這點對你並不適用；或者，你的上司可能比較能夠接受書上寫的話。我們非常喜歡一本探討當代領導力的書——《活力領導》（*Power Up: Transforming Organizations through Shared Leadership*[4]，參閱第二章），討論了超人式領導力的替代模式。

　　另一種可能性是擬出一連串可以從你和其他同儕那邊得到的好點子、特殊的知識和技能，並向上司證明，因為他堅持每個人要忠於本分，會錯失什麼。

　　無論在哪種情況下，都要留意自己老闆感到最自在的方式。主管對於各個角色的結構化概念往往來自於軍方。果真如此，就採用更正式和尊重的方式提出這些問題，強調上司有權決定聽什麼，而且你不想挑戰那點，你只是希望增加上司的資源，而且你非常尊重上司的角色。你可能想要委婉地點出，今日軍方正徵求更多下級的意見，舉例來說：美國陸軍已經設立「事後檢討」（After-Action Reviews, AAR）機制，由參與者實地分析每次的軍事行動，並歡迎所有參與者給予意見。《高速

企業》（*Fast Company*）雜誌在網路上有幾篇關於高行動力的軍事指揮官徵詢軍隊意見的文章，可供參考（http://www.fastcompany.com/guides/bizwar.html）。但是我們要再三強調，所有這些都無意傷害上級的權威以及根本的控制權。

2. **新的機會。**如果你覺得直接討論不會有效果，那麼就在上司設想的角色內，找出你可以做出貢獻的其他作法。有沒有上司不喜歡或規避的事情，是你可以做的呢（例如：寫備忘錄、發言、安排會議、記錄後續行動、檢查案子的進度）？你能夠預估需求並把資料或報告準備好嗎？你能否取得上司想知道的消息呢？不論你工作職掌的內容為何，仍然有許多沒有明訂的工作，是身為忠誠下屬的你可以去做，並得到賞識的，最後還可能得到更接近夥伴關係的發揮空間。

記住，在某些方面，你不需要上司的允許去表現得像一個下級夥伴。你或許不能直接影響上司的行事作風，或是討論你們關係的本質，但是「夥伴關係」可以不只如此。夥伴關係是看到更大的格局，並主動去做超出自己工作的最低要求。如此一來，你不僅能擁有你想要的影響力，還能建立信用。

採用實事求是的成本效益分析

有些上司因為不喜歡，所以始終無法直接與下屬討論他們的關係，但還是有辦法以不著痕跡的方式，展開一個更可能成功的討論。其操作原則是採用一種更實事求是（而非講究關係）的說話方式，而非從個人立場出發來表達自己的觀點。

成本效益分析是一套講究實效的概念，這套工具通常被用來評估投資或其他重大的決策，但是它同樣可以運用在你與上司的關係。你可以像下列所述進行你的分析：

老闆，是否可以檢討一下你我的溝通與決策方式對我們的表現的

影響？我們目前的作法是有許多效益。你只告知我必須知道的事，節省了時間成本，也讓你維持人的自信。當你覺得我能有所貢獻時，就會詢問我的意見；這種作法的效率很高，可以讓你控制與下屬的溝通，當你不認同我說的話時，可以置之不理，幫你省卻許多麻煩，也讓我花更多時間在自己的工作上。

但是，我們也應當檢視這些成本。事情的發展如此快速，你不一定知道我必須知道的事情，所以有時候我會發現自己因為沒有正確的資訊而走錯方向。有些時候，因為我的訓練與任務給了我不同的資訊，所以我知道一些對你有幫助的事情，但如果你沒有先和我討論過，將會輕率地駛入地雷水域。結果是，我難以全面參與部門的決策，我原本可以幫助部門躲過不必要的地雷引爆，但我從來得不到這樣的機會。

以那些成本交換這些效益值得嗎？如果你我可以找到一個更好的方式來交換資訊，會更具成本效益嗎？

注意，這個方法省略了那些關係導向的用語，例如：「情感上的溝通」、「信任」和「開放的態度」。相反地，這種說話方式對於資訊交換的本質是實事求是、冷靜實際的，那至少是信任和開放意涵的一部分。這種方法不保證會成功，但至少不會激怒頑固的上司，或是不喜歡討論關係問題的主管。

在不犯上的情況下持不同意見

你說要做到這點沒有那麼容易，沒錯。有些經理人非常排斥下屬的不同意見。儘管這對於他們來說代價很高，因為這切斷了他們必須獲悉的消息，但是有些頑固份子仍舊覺得自己是「君權神授」，而且當他們表明立場時，總帶著絕對的權威。多少會有一些絕對不接受影響的經理人，但如果你使用我們所提議的這種方法，或許會比你認為的更能影響這樣的「暴君」。

與想掌權的上司意見不同

　　我們曾經與一間大型科學組織的經理人馬肯・米勒（Malcolm Miller）合作過，他面對一個難搞且顯然無法親近的新上司，正在擔心該如何應付他。這名上司在加入該機構之前，曾經是一名高階軍官。在初步的幾次接觸中，馬肯曾經出於自己對組織的了解，試圖針對某個觀點提出爭辯，但是「這位將軍」卻突然打斷他，厲聲說：「等一下，讓我們直話直說；我是上司，而你是下屬，我不想再聽到任何有關這點的事情。」

　　馬肯非常沮喪，認為自己毫無能力應付這種階級態度。我們建議他使用那位上司會重視的「籌碼」，並配合他的行事作風來說話。這個退敵的作法必須用這樣的態度來進行：建立對上司職位的尊敬，並配合這名將軍的經驗來說話，同時證明意見不同還是可以抱持敬意。馬肯的作法如下：

　　是這樣的，將軍，我絕對無意質疑你身為上司的權威，而且我充分尊重你的職位。我是一個非常忠心的人，而且很想確保你做出正確的決策。身為你的下屬，我的部分工作是保護你免於受到偷襲，在這件事情上，我覺得你快要踏入一個陷阱。這就是我堅持在這件事上退兵的原因……當然，如果你命令我停止這麼做，我會的，因為你是指揮官，但是我真心想確保你在這個問題上不會遭遇伏兵。

　　果真如此，馬肯後來聽說，他的一位同儕拒絕向這名將軍讓步。這名同事堅持把這件事交給將軍的上司，他的冒險成功了，他在這個問題上面取得勝利，同時也與將軍建立起一個比較像是同事的關係。所以這隻看似刀槍不入的「獅子」在自己的巢穴裡遭受公然的挑戰，而挑戰者則存活了下來。馬肯過度高估他上司的刀槍不入。

　　在這個世界上有許多馬肯存在。許多人把他們認為不可能影響的上司想像成最糟糕的人，而且從未發現他們想像不到的事情是有可能發生的。他們認定上司是不可理喻的人，而且在最需要保持接觸的時候，反而減少互動。畢竟，保持接觸不僅讓你更容易蒐集關於上司真正重視的籌碼，還讓你能夠證明自己是站在上司這邊，是一名真正的夥伴，你會盡所能，不讓上司犯下有違他自身目標的錯誤。

傳達這種訊息絕非易事，可一旦你做到了，就能交到一生的朋友。不容許任何人有不同意見的強勢上司，他們本身就是自己最大的敵人；他們設法掌控所有的人，但是當他們成功地做到這一點時，也會因為自絕於他們所需的資訊而吃到苦頭。挽救上司不為其自身的強勢所害是一件冒險的事，但卻潛藏著豐厚的回報；當其他人都很害怕與這名上司打交道而不敢嘗試這些可能性時，成功時的報酬也越高。

問題7：我要如何幫助我的上司成長？「我的上司確實想要成為一名傑出的領導者，但有些事情他做得不太好。比如主導會議，他很少記得事先設定議程，當他有意鼓勵不同的意見時卻反而扼殺了不同的意見，而且他並沒有充分發揮自己的實力。我希望他成功，但是該怎麼做呢？」

解答：在成功影響經理人的過程中，最吸引人的地方之一在於，他們有能力把自己的工作做得更好，進而讓你可以把自己的工作做得更好。許多與上司關係良好的人，滿意他們被賦予的挑戰與自主性，並得到了他們想要的管理職務，但是他們發現，如果能夠影響上司在工作上的行事作風，就可以提升自己的工作表現。眼看著上司把你可以幫忙的事情搞砸，但又不知道如何用不惹他生氣的方式去協助他，沒有什麼比這更令人感到洩氣的。

真正的勇氣：做一個有價值的夥伴

身為你上司的夥伴，當你有他需要的資訊時，當然有義務熱心提供協助。在許多問題上，你必然擁有有用的資訊，舉例來說，你知道上司對你和你的同事們具有怎樣的影響力。你或許也知道，在組織裡、在其他部門，或許在你上司的一些同儕和上級眼中，你的上司是個什麼樣的人。除此之外，你可能擁有一些你上司所沒有的技能，如同前面章節提過的，是比上司更擅長撰寫備忘錄的組織成員。

人們之所以無法像凱薩琳那樣做的部分原因，在於他們自己對於權威的態度。過度信賴導致他們相信，主管不需要下屬的幫忙就能無

幫助上司變得更有成效

　　凱薩琳‧魏勒（Catherine Weiler）是一家高科技公司製造部門的人事主管，她知道她的上司——部門總經理——對其下屬欠缺主動感到失望。然而，他卻看不到自己導致這種被動行為方面所扮演的角色。在他主持的會議上，他經常在放任的開放態度，和他變得沮喪時不耐煩地強力掌控之間擺盪，這樣的行事作風使得下屬相信，無論他多常徵求他們的意見，最後還是免不了會照自己的意思去做。凱薩琳相信，如果她能讓他看到自己的行為如何傳達了錯誤的訊息，他就會更有效地開發團隊的可觀能力。

　　凱薩琳剛開始有點畏縮，因為她擔心上司過於驕傲，不知道他是否可以接受下屬對他的領導風格提出建議。但是最後她下定決心，身為上司的忠實支持者，應當設法提供幫助。凱薩琳知道她的上司是一個沒有耐心的人，因此她決定從他重視的籌碼：「時間」下手。

　　她問他是否滿意會議進行的方式，他證實並不滿意。接著她說，她知道一種加速決策的方式，而且她很樂意幫忙。這引起他的興趣，她的主管開始與她討論這個問題，這也讓她比較容易說出她認為他無意中使得問題變得更糟糕。

　　雖然他始終不是一名傑出的會議主持人，但是他確實努力打破自己弄巧成拙的模式，並透過向下屬提出附上期限的清楚要求，鼓勵同仁採取主動的精神，然後耐心等待他們上軌道。對凱薩琳而言，更為重要的是，她的上司非常感激她，變得願意與她一起規畫，並在事後檢討會議的結果。當其他團隊成員看到總經理的努力時，他們也投入更多心力，讓這個團隊變得更具戰鬥力。

所不知，也不願因為擅自提議提供協助而去冒犯主管。無可避免的，當主管證明自己並不完美時，可能出現失望之情。

　　不信賴上司的下屬也不會提供幫助，要不然就是採取任何主管都難以接受的嘲諷或懲罰性作法。獨立的下屬則覺得，這是老闆的問題，不需要你去操煩。唯有完全認同夥伴關係及由衷接受相互依賴觀念的下屬，才會願意尋求支援性的方法協助經理人更有效率。

　　通常，只有具備極大的勇氣，才可以告訴上司他可以更有效率地

做事，或是提議幫忙。如果你的動機是由衷想要幫忙而不是要懲罰對方、你真的關心上司的效率，而且你秉持夥伴關係的精神提供協助，那麼許多上司的內心將更充滿感激，而非怨恨。「高處不勝寒」的部分原因，在於很少有下屬了解上司也需要學習與成長。好的上司會感謝願意提供協助的人。交換有關工作表現的資訊（或是關於如何提高表現的建議）以換取上司的賞識（幸運的話，把你的工作做得更好的能力），是一個很少人能做得到的有益「交易」。表8.1條列你可能限制自己影響上司的一些行為。

表8.1 你可能限制自己影響上司的作為

- 不把上司當作需要幫助的夥伴，而是把他當成笨蛋。
- 害怕上司的反應，或是因為那不是你的工作，而不肯給予必要的資訊。
- 一心只想著你想要的東西，所以忘了老闆的需求。
- 太害怕惹上司生氣，所以不敢說出你知道他必須知道的東西。
- 試圖暴露上司的真面目，而不是幫他化妝。
- 過於順從，即使犧牲工作表現也在所不惜。

註釋

1. 欲進一步了解新的領導關係，請參見大衛・布雷福德和亞倫・柯恩的《活力領導》(*Power Up: Transforming Organizations through Shared Leadership*), New York: John Wiley & Sons, 1998。
2. 這些是我們的訓練課程中客戶或經理人所做的陳述。
3. John J. Gabarro & John Kotter, "Managing Your Boss," *Harvard Business Review*, vol. 58, no.1 (1980), pp. 92-100.
4. 參見註1。

影響難搞的下屬

　　真有必要用一整個章節來討論如何影響下屬嗎？今日每個管理者都知道，並非所有的問題都可以透過下達命令或直接運用職權來解決，對於知識型員工（已有逐漸擴及所有員工的趨勢）命令與控制（command and control）的效果尤其有限。你清楚下屬做的所有事情嗎？你很容易觀察他們的工作表現？你能輕易判斷出他們是否全力以赴？如果他們決定抗拒你的領導，能否暗中傷害你呢？最後，你能考慮到每個問題的種種可能性，以便可以事先給予清楚、明確和適當的指導嗎？很少有領導者擁有如此廣泛的知識與控制力。

　　再者，下屬的能力與創造力越好，就越可能具備激怒或分裂組織中其他成員的特質。他們或許不想：按時上下班、穿得跟別人一樣、參加會議、停止進行已經被終止的案子、做例行公事，或是完成文書工作等等。他們通常強烈渴望能按照自己的方式做事。如果他們非常有能力，而且很有價值，這就形成一個難題。你不想失去他們，卻希望影響他們的行為。

重要的影響力概念

　　柯恩－布雷福德影響模式仍然適用於應付那些你能對他們施展一些管理權力，但卻不能完全掌控的下屬。影響力的基礎是互惠行為：

給予對方有用的籌碼來換取影響力。「光明磊落做一天工,光明磊落拿一天的工錢」,經常被用來形容上司與下屬的關係,但是就說明主管可以用多種方式影響員工方面,這個說法過於簡化。為了使你達成必要的影響力,不妨考慮下列兩個概念,它們對於應付難搞但有能力的下屬特別有用。

第一個概念是,將這些下屬視為有潛力的出色執行者的必要性。當別人的行為惹惱我們的時候,我們很容易產生成見,甚至將他們「妖魔化」。你必須防止自己過早做出下面這些判斷:喬的穿著風格和行為顯然源自於自我本位的天性;珍請求協助顯然源自於她根本沒有把握;喬許只是必須證明他有多聰明;珍妮佛對事事佔上風有根本的需求,所以她在每一次的爭論中都想要贏;吉姆是個天生的懶惰鬼。

第二個概念是必須了解你要影響的人的世界。如果身為上司的你抱持著負面歸因的想法,你很難真正了解影響下屬的外力因素,也就是他們的世界。組織裡面發生了什麼事情可能導致出現這個問題行為呢?(更多影響行為的組織因素,參見第四章與圖4.1。)

其中一個難題是,因為上司身分與生俱來的權力差異,所以以下屬不肯完全打開心房,他們很難相信你不會記仇,不會加以報復,這未必是因為你過去做了什麼事,而是基於他們之前與上司打交道的經驗。如果那還不夠,許多組織還有等同於都市神話(urban myths,即一般市井小民的傳說,有的真,有的純屬虛構)的想法出現,它們「證明」了沒有一個上司能完全讓人信任,因為一旦有人公開發表意見就會被炒魷魚。這一切都可能限制資訊向上流通。

如果你以負面和指責的態度看待個性和性格的缺陷(很少有上司可以完全隱藏這點),甚至會讓下屬更難以對自己的錯誤和疑慮採取完全開放的態度。同樣地,它也會干擾你看清楚事情的能力。認定下屬的缺點左右了你的觀察,也讓你看不到不合乎你認定標準的行為。

經常發生的一種情況是,因為你覺得下屬某個有問題的行為實在令人討厭,進而讓你難以開誠布公地與下屬進行討論。舉例來說,你

可能輕易就相信，如果你試圖和那個才華橫溢又好辯的下屬進行討論，可能會發生激烈爭辯。同理，你很難不去想，那個你認為對自己能力沒有把握而需要幫助的下屬會不斷地用她的自憐自艾來回應你的意見。

但如果你不知道下屬重視什麼，又如何能夠影響他們呢？你需要找到一個方式了解他們在乎與擔心的事情。

我們能將下屬看成潛在盟友嗎？

將行為歸因於個性或性格的缺陷是一種自然反應，這是我們用以解釋令人困惑的行為的方法。然而，它可能對雙方關係造成負面的影響，減弱你的潛在影響力。

這個概念和名為「畢馬龍效應」（the Pygmalion effect）的許多研究有關，那些被寄以厚望會有傑出表現的人通常不負所望[1]；同樣地，不被看好的人往往表現也不佳，這種情況比你認為的更為常見。你的行為作風或許正是造成你不喜歡在下屬身上看到的一些負面行為的罪魁禍首，舉例來說：如果你覺得一名能幹的下屬難以控制，而且常常跑去做他想要做的事情，你或許會在交付任務時特別嚴格，不斷就細節耳提面命，以確保他了解該任務是何等重要，並不時進行檢查。對於一個重視獨立性和挑戰、以自己的貢獻能力為榮的下屬來說，你的行為可能會讓他覺得有點受辱，而偏要去做自己喜歡的事。結果，你變得習慣要去控制這名下屬，甚至做出更多會刺激對方反抗的監控行為。

你可以詢問自己，這名受到質疑的下屬對你的行為是否有相同的解讀，來進行測試。他會說自己不受控制，且不會盡責做好重要的任務嗎？不太可能，我們很少會對自己有負面的自我形象與自我定義，所以你要繼續往下找答案。

你的第一項任務是自我檢視——你的假設與作為。你是否有做任何會造成下屬產生負面行為的事情？你能改變目前的行為來打破你的

老模式嗎？（或許有其他的外力成因，所以你的行為可能只是需要被檢視的一部分。）這個艱巨的任務是建立一個關係，在此你能真誠地以開放的心態去探詢下屬重視什麼（開放關係可能也是有用的，你的直屬下屬因而可以指出，你可能正在做製造問題的事情，或能幫助你找出你的盲點）。不要害怕向下屬學習。

了解下屬的世界與籌碼

為了增進你了解下屬究竟在乎什麼，請注意下列事項：

你想要知道什麼？儘管資訊是越多越好，因為那會給你更多的選擇和層面去設法讓對方滿意，其中有幾個非常重要。你可以從每個人的生涯抱負開始，下屬想要朝哪個方向發展，以及他們最後想爬到什麼職位？這種深入的了解使你能夠仔細思索哪種經驗能幫助哪個人朝哪個方向發展，並將你的需求與達成下屬個人目標的必要條件相結合。「我很高興知道，你有興趣在我們的技術生涯規畫階梯上成為資深的科學家。為此，你必須展現你了解企業必須完成的重要事情和優先順序，所以讓我們來討論一下你所忽視的那些任務。」或是：「你的貢獻很大，但是太好辯了，所以大家都對你敬而遠之。如果你想要成為高階經理人，你需要學習用更能讓人接受的方式去表達你的立場。」這種方法將一場本來可能是非輸即贏的爭論，轉變成為締造雙贏的指導，使得你能夠更容易也更有效地去解決脫軌的行為。

> 僕人了解主人，勝於主人了解僕人。

了解下屬打交道的偏好也很有用。他們喜歡：你一開始先肯定他們的優點，還是希望你直接切入正題呢？沒有太多細節的概括性指示，還是提供許多具體細節的指示呢？將個人和家庭生活當作談資，還是嚴守工作話題？調整你的作風去配合對方的喜好，將能獲得更好

的回應。

下屬願意分享多少的個人問題（相對於對工作的期許），上司和下屬相差甚多。荷蘭保險公司全球保險集團（Aegon）旗下子公司Spaarbeleg銀行的領導人約翰・范沃夫（Johan Ven Der Werf），完全融入團隊成員的生活中[2]，甚至會在他們的家中進行初步的工作面試，任由小孩和狗整天跑進跑出。他想要真正認識每一個人，以了解他可以仰賴他們什麼，和建立開放與信任的關係，並且能夠給予他們需要的東西。他做得很成功，並大幅提升了Spaarbeleg的業績，最後升任全球保險集團更權高位重的職務。然而，有許多經理人害怕打開那扇個人的心門，因為他們不想陷入個人問題的泥淖中，那可能會使得他們難以充分下達命令。他們不想知道誰的孩子生病了、誰的母親快死了，和其他他們無能為力的個人問題，你必須自行決定要讓多少私人事務攤在桌面上。

藍恩・札菲羅波勒斯（Renn Zaphiropolous）在經營他所創辦的Versatec（全錄〔Xerox〕旗下的子公司）期間，他會做全天候的績效評估，以確保每件事都是公開進行且經過討論的。他覺得必須充分了解他的下屬，以成為有效能的領導人，和從下屬身上得到最大的效益。在這點上，他的成果也很豐碩。

你怎麼知道下屬重視什麼？如同約翰和藍恩的例子，最好的方法是花足夠多的時間與下屬在一起，如此一來，你可以自由地討論他們看重的事物。直接詢問下屬重視什麼、擔心什麼、有什麼抱負等問題，是得到資訊最直接的途徑。但如果關係尚未成熟，你可能必須利用比較間接的方法，特別是觀察法。

當事人在會議上喜歡談論哪些事情？他如何處理引發歧見的問題？有沒有一個慣常遵循的主題，例如：他是不是從較高的報酬為出發點來看待所有的解決辦法呢？還是像地位與尊敬或其他東西較可能被提出來呢？他喜歡採用哪種表達方式？是科學性的或生物性的隱喻？是像軍人式的粗野口氣，還是比較文雅的用語？是憑感覺還是事

實？仔細聆聽可以幫助你辨別這位下屬重視什麼。

　　你如何創造條件來獲取下屬究竟關心什麼的正確資訊？我們沒有一套確切的步驟（這不是一本食譜），因為它取決於你的行事作風、下屬的行事作風和局勢，但是我們可以提出一些普遍性的準則：

- 你能讓下屬心理上產生安全感嗎？你能確保不會馬上否決下屬提出的想法，不會用輕蔑的語氣回應這些想法，或經常打斷他說的話嗎？在某些情況下，你可能必須承認是你造成不利雙方的緊張關係。

- 學習真正去探究問題，那意味著你確實想要透過詢問許多探索性的問題去了解下屬，不僅僅只是試圖改變他的立場並接受你的觀點。注意，不要問那些實際上只是提出聲明的問題（「你不認為做好行銷很重要嗎？」），或是具有檢察官口吻的問題（「你到底為什麼遲交了威廉斯的報告？」）。詢問的出發點是你確實不知情、且真心想要了解他們，而非證實你的成見。

- 最重要的是，你的目標是幫助下屬，要求他們做最符合他們利益的事，而不是向你自己證明你擁有更大的權力。領導力的一大挑戰在於如何把個人的目標與組織的任務和需求結合在一起，而不是讓下屬屈服於你的意志。

　　這些準則需要非常了解下屬關心什麼，清楚你具體想要改變什麼，以達成組織目標，並為此提供有價值的東西。下屬在乎許多不同的「籌碼」，包括第三章表3.1上面所列的那些。你可以利用這張清單作為起點，找出那些你想要改變其行為的下屬所重視的事物。

　　但是每個人在乎的東西可能差異很大。舉例來說，許多甚至是大多數的下屬討厭在與人隔絕的地方工作，看不到其他人，遑論聊天。但是亞倫‧柯恩曾經遇過一個非常能幹的下屬，他有一次開玩笑說，校園入口處一間不用的警衛室應該分給他作為獎賞。他心目中的工作天堂是一個沒有人干擾的地方，當他位於一個需要經常與同事互動的

職務上時，就覺得無比痛苦，就像亞倫如果被孤立時一樣痛苦。想想你認識的那些對工作有特殊偏好的人，如果他們之中有人是你心目中難纏的下屬，了解他的需求，遲早會派上用場。如果你不清楚，就必須做一些功課。

影響力策略

一旦你知道下屬興趣所在，就能夠將你的要求和幫助他們實現願望兩相結合起來。不管你想要影響誰，這都是一條好原則，但是就影響下屬而言，如果你知道他們的渴望——不論是成為執行長、行銷主管，或只是工作時不被打擾——就能將你的要求與這些渴望結合。你不能保證特定的升遷，但能夠告訴他們，他們需要什麼樣的技能才會被考慮，並幫助他們發展那些技能。

記住，你正設法給予有價值的籌碼來換取某些新的行為或表現水準。按照個人需求給予改善的指導具有雙重的成效，它能讓你得到你想要的，也給予下屬學習與發展的機會。

所有影響力對話都可以採取數種形式，較為常見的兩種是：

1. **新的、吸引人的職位需要哪些條件？**若下屬在那個新職位上所需要的技能、行為與態度，很接近你現在想要的東西，你就可以跟他說：「如果你打算成為成功的銷售經理，必須學習如何與其他領域行事作風不同的人建立關係。你和生產部門的漢克處得不好，當你需要知道如何與他人相處的指導時，請一定要告訴我。」

2. **投桃報李。**幫助一個人成長要花掉你的時間（和信用）。一個促進成長的交易讓你可以說：「我很高興幫助你成長，但我需要從你身上得到回報。」（關於這種投桃報李的有力範例，參見第五章的保德信和波士頓第一國家銀行雷斯‧查姆的故事。他的上司給了他學習與彈性工作時間的自由，以換取他留任夠

長的時間完成這位上司的重大計畫。）這種方法讓你較容易與難搞的下屬展開直接的討論。

把建議當成交易

經理人極具影響力的工具之一，是針對下屬未來的發展給予你的回饋建議（feedback）。然而，許多人對於使用回饋建議有所顧忌，害怕此舉會讓對方築起防禦心，並損害關係。儘管那絕對有可能發生，但是造成給予回饋建議經常失敗的原因，是因為給予回饋建議的人並未將其視為一種交易形式。這種交易有多種形式。首先，人們的大多數行為代表他們的交易嘗試；其次，你針對對方行為給予回饋建議的過程是一種交易：你提供對方所需的資訊，以換取更好的表現。

這種把回饋建議當成交易的觀念，是基於下面這個重要假設：

人類是一種目的性動物。除非完全憑衝動行事（一個相對罕見的情況），否則他們是基於一個理由而行動：取得某種結果。也就是，他們參與一項交易，心中有一個目標，也預期他們的行為將達成該目標。

這個關鍵的假設產生了一連串重要的結果：

- 每個人的行為從自己的角度來看都是合理的。對觀察者來說，該行為可能是不合理的——事實上，該行為看似可能弄巧成拙——但是從行為者的角度來看，他是有理由的。
- 如果人們是基於取得某種結果而做事情，身為該行為接受者的你自會有你的獨到專家判斷，你會知道這個有意圖的交易的結果。換句話說，你知道對方的目的能否成功。
- 一個人的行為往往始料未及的後果。這些後果可能是正面的、出乎意料的好處，也可能是負面的。同樣地，你往往比行動者

更清楚了解這些始料未及的結果。

- 你所*知道*的是在你身上可觀察的行為和結果。你推測的是對方的行為*原因*——意圖、動機和性格，所有都是猜測而來，或許是經驗得來的推測，儘管如此，它仍是猜測。

舉例來說，你的下屬山姆在問題出現時沒有馬上通知你。事實上，當你問他有無碰到困難時，他的回應是：「所有事情都在掌控之中。」你已經說過，你希望及早知道壞消息，但是山姆反駁說，如果他覺得有麻煩，會讓你知道。你逐漸感到沮喪和懷疑，但你能做什麼呢？你想要指責他騙人，甚至撒謊，而且卑鄙，但是你知道那只會造成傷害。反之，你發現自己開始提出許多尖銳的、可疑的、細微的問題。

你現在陷入困境，開始就他的動機和個性建立各種負面歸因——幾乎不把他看成是一名潛在盟友。當對方是如此令人討厭時，人們很容易將其視為不完美或是沒有價值，很不想幫助這樣的人。此外，你覺得自己好像沒什麼影響力，所以很可能轉而依賴你正式的職權。最好的情況是，這種感覺可能造成你用不重要的工作去孤立這個討厭的人，最壞的情況就是讓他另謀高就（你可能失去一個富有潛質的能幹下屬）。

但如果你打算把回饋建議看成是交易，情況就不一定了：

- 首先，你不知道影響他的原因是什麼，造成他以這種（令你）討厭的方式行事，也不知道他的意圖是什麼（例如：他想要建立的交易）。其次，你在他身上貼的標籤不大可能是他會給自己貼上的。你真的認為他早上起床時會對自己說：「我認為我是個騙子、撒謊的卑鄙小人嗎？」不，從他的角度來看，他的行為可能是合理的。
- 但是你如何找出他這樣做的*原因*呢？山姆會對你誠實嗎？如果你大發雷霆，並指責他口是心非，他或許會據實以告。但是考

慮到職權的不同，比較可能的情況是，他會保持沉默、讓不滿情緒累積，並更進一步堅持自己的立場。

- 你忘記的是你的影響力基礎，而那是相當大的。你知道他行為的後果，你知道他付出的代價。假使你堅持自己的專業，告知他目前正參與一筆昂貴交易，事情又會如何發展呢？

- 但是你必須轉換你的心態，讓你的語氣聽起來發乎真心，而非出於責難。至少你能否暫時停止將山姆看成是不老實的混蛋，改採這種態度：「我想知道為什麼這個人有能力、出發點也很好，卻以代價如此高昂的方式在做事情？」你的實際措辭必須是你自己的話，但必須能支持你不知道答案且想要找出真相的心態（而不是自以為你真的知道，並像檢察官般試圖使對方承認你預設的答案是正確的）。

- 山姆現在有可能會告訴你，是什麼促使他這樣做。而他這麼做是不是因為：

　　——以前的上司告訴他要自行解決所有的問題，山姆也認為那是一個負責任下屬應該做的事情？

　　——山姆想要向你證明他的能力，這就是他證明能力的作法？

　　——他想要自主權，擔心把問題交給你，你會替他解決問題？

　　——你很喜歡幫他解決問題，但很容易從「幫忙」變成「幫倒忙」？

　　——或是其他許多理由？

- 現在你知道他的目標，你有立場完成他的交易。你的專業在於了解：㈠山姆在實現他的目標方面是否成功（「事實上，山姆，我認為負責任的下屬帶來重要的問題，以便我們可以合力解決」）；或是㈡他正在付出不必要的代價（「山姆，你會得到自主權，但是代價很高。我們能否想辦法在不用付出這些代價的情況下，讓你在決策上擁有最終的發言權？」）。

- 注意，在這個方法當中，你不只把對方當成潛在盟友，還訴諸

對方的最佳利益——亦即這個行為正在傷害他的事實。此外，你不只完成他們的交易，你的回饋建議也是一種交易（「我將提供你關鍵的資訊，以便你能更有效地換取更好的表現」）。這樣的雙贏結果大幅提升你的影響力。

我們以三個重點為這部分做總結。首先，「波哥」（Pogo）*是對的：「我們已經碰到敵人，這些敵人就是我們自己。」我們從山姆是問題所在開始，但是情況真是如此嗎？你是否已經失去影響力，不是因為他是一個固執、拒絕合作的怪傢伙，而是因為：

- 你將他視為敵人，而非潛在盟友嗎？
- 你沒有運用你的專業知識（對你的影響），卻轉向你的無知領域，並表現得彷彿你真的知道他的動機和意圖？
- 你以興師問罪的方式提出問題，而非發自真心探究問題？
- 當他指出你的行為（你的干擾）正是問題所在時，你變得有戒心？
- 你拒絕修正你的行為，才造成這種惡性循環？

其次，我們已經把回饋建議當成交易運用在下屬山姆的例子上，但同樣的方法也適用於你的同儕薛爾頓和上司蘇珊身上。不管你和對方的職位關係如何，將他們視為潛在盟友、直接詢問以找出事情的真相、訴諸他們的最佳利益等都是有用的。給同儕和上司一個提示：他們往往會「在無意間洩露」他們的目標。當蘇珊說：「我不知道為什麼行銷部門會以懷疑的態度對待我們？」你可能知道蘇珊的行為中有什麼導致該項問題，這也使你可以訴諸她的最佳利益。

第三，儘管這種使用交易思維給予回饋建議的方法可能很有效，但要記住，一席談話不太可能改變多年的習性。這只是一個開啟（並

---

*「波哥」是美國漫畫家瓦特・凱利（Walt Kelly）經典連環漫畫《Pog》的主人翁，畫家透過一些生活在佛羅里達沼澤的小動物談論自己的政治觀點。

持續）對話的方式（如欲更深入了解將回饋建議當成交易，參見《活力領導》一書中的〈權力對話：支持性對抗的實用指南〉〔Power Talk: A Hands-On Guide to Supportive Confrontation〕[3]。有關給予回饋建議的更多訣竅，參見表9.1）。

表9.1　給予回饋建議的訣竅

- 固守你的專業：這個行為是什麼，它如何影響你。
- 謹防推斷（或猜測）別人的動機和意圖。
- 他人的行為是否不符合他們的目標呢？（你可以仔細聆聽他們所陳述的目標，並將他們的行為與目標相對照嗎？）
- 倘若他們的行為與目標不符，是否會付出不必要的代價呢？
- 你是否做了什麼事情造成別人不正常的行為呢？
- 羅馬不是一天造成的。當人們的行為不符合他們的最佳利益時，要不斷對其指出這些問題。
- 比起懲罰，獎勵對行為具有更大、更長遠的影響。如果你看到別人試圖做出改變，可以肯定他們的努力嗎？

可能的問題

以下是一系列管理下屬的典型問題，以及處理這些問題的點子。

問題1：能幹卻難搞的下屬。「我有一名很能幹但也讓人很頭痛的下屬。他似乎想要按照自己的方式和時間表去做事。當我向他提及這點時，他不是找藉口，就是答應改善，但是所有改善都只持續幾個禮拜而已。他非常聰明，事實上，我懷疑他的目的是為了炫耀自己有多聰明。因為他經常提出一些非常有創意的解決方案，我不想要失去他，但是他自負的態度讓他的同事們覺得很生氣。我該怎麼做呢？」

解答：這是一個經常發生的兩難問題。身為一名領導者，你不想被重要且特殊的成員「脅持」，但也不想因要求過於嚴格而趕走他。當這個人確實是一個「明星」，而且不只是一個想要明星待遇的優秀

人才時，容忍挑釁的行為比較容易一些。擁有真正的超級明星——你們公司的「麥可‧喬登」（Michael Jordan）——就可能必須大力保護他不受攻擊，提醒其他人你們全指望這名超級巨星的才幹，並告訴他們：當他們能夠做出相同的貢獻時，也能擁有特殊待遇。但是真正的「麥可‧喬登」非常罕見（即使是他，周圍也需要有一群相襯的好球員來贏得比賽），所以你還是必須直接應付難搞的下屬。

記住我們之前有關「歸因」的討論。第一個問題是，你是否把他的動機歸為「想要炫耀他的聰明才智」。那就是你對他提出長篇大論的解答、主導會議（當他有興趣時），或是使用冷僻語彙等行為的解讀嗎？你可以觀察行為，但要小心將不盡合你意的動機歸咎於這些行為。那些令人生氣的行為可能有其他的解釋，舉例來說，冷僻語彙可能是訓練的問題，而長篇大論和主導會議可能反映出他是一個清楚看到問題複雜性的深度思考者；或許這個團隊的規定是只看重大問題的表面，而他正針對這個問題做出反應；或許他太專注於問題本身，以至於並未注意其他人的反應，也沒意識到自己在會議上的行為惹惱了別人。

這個概念不是憑空想出替代性的解釋，就馬上挑其中一個當成答案，而是可能必須要花一些工夫來判斷對方是怎麼回事。這可能牽涉到一些像是直截了當地詢問他，為什麼這樣做這類事情（但要小心，必須是真心想要了解問題，而不是指控）。隨著一步步釐清真相，你會發現最初的假設是否誤導了你。幸運的話，你甚至可能發現，當事人完全沒有察覺到自己行為的後果，而你的詢問足以讓他去探索其他替代的行為模式。

於是你的目標就是創造條件，讓你能夠討論他的行為、目標、理想和擔憂的事情，從而讓雙方對彼此有更好的了解。因此，你要用什麼方式消除他的疑慮，相信你不是要為難他，而是真心想找出方法給他真正在乎的東西？你要怎樣才能讓他安心和你討論這些問題呢？

這不是要花招，而是關於你的根本作法，以及在你設法了解對方

的同時，對於暫緩判斷其動機與性格的意願。你需要借助詢問來了解對方，在這個過程中，你對於發現的事物應抱持開放的態度，而不是決意去「證明」自己初步的診斷是正確的。

千萬不要忘記，你也可以透過檢驗對方的狀況，亦即他的世界──了解到許多東西，例如：他的工作要求是什麼？對他而言工作是否夠具挑戰性？他能善用自己的訓練與解決問題的技巧嗎？同僚尊重他的看法嗎？還是不信任他所說的話，置若罔聞呢？他是否有賴其他人員和部門取得他需要的資訊，以及他是否知道如何獲得這些資訊？就設備、噪音水準與干擾而言，外在環境是否影響他的工作風格？他的工作風格相較於同僚偏好的風格是如何呢？他的同僚期許某些解決問題的方式，他會覺得自己的行動受到限制嗎？

你所學會的可以幫助你：

• 讓他清楚自己目前行為所需付出的代價（他目前參與的負面交易），以及

• 逐步提高這些代價，給他更多的理由想要改變。

在這個過程中，你可以：

• 與他討論未來他所渴望的發展可能性，這樣他就可以想出不同的方法實現他的目標。

用前面所敘述的方法竭盡全力可能讓你覺得忿恨難平，因為你必須投注如此多的精力在難搞的下屬身上。如果你開始覺得忿恨難平，就很有可能會表現出來，而抵銷了你所付出的一切努力。在今日這個工作超載的時代，你必須摒棄傑出的員工是不需要主管花心力的觀念。如果真是那樣，經理人的酬勞就不會拿得比下屬還多。

問題2：混日子等退休的問題。「納撒尼爾過去對這個部門曾經非常重要，但隨著新技術的引入，他已經變得沒那麼重要了。幾年前，他似乎就已經停止工作，只是在做個樣子。他現在五十八歲了，

再過四年就可以拿全額退休俸。我實在不能解雇他，然而我們的預算如此吃緊，又不能白白浪費四年的薪水在他身上。加上其他員工都認為他在混日子等退休，士氣也連帶受到影響，想不通憑什麼他們要做他的工作。」

解答：問題的核心在於納撒尼爾是否真的甘心成為部門其他同事的拖累，或只是無法找到貢獻的途徑。通常大家都認為行將退休的員工不在乎影響力，但是榮譽感是一種強而有力的籌碼，很可能受到待在同一機構很久的人所重視。誰會希望自己退休時讓別人覺得：「謝天謝地，那個沒用的傢伙終於走了。」多數人都會希望自己的同事說：「我們將懷念他的貢獻。」對過去貢獻的肯定是另一項重要的籌碼。因此，看起來似乎在混日子等退休的人，可能更受不了影響力的誘惑。

首先，納撒尼爾是否知道別人如何看待他？他是否真的不在乎？你會想知道他是否覺得有些受傷？是否不喜歡自己的處境？如果可以，他是否想要扭轉局面？

看起來似乎是因為新技術的引進而導致他開始走下坡，或許可以此為起點。他對於自己沒有部門內年輕同仁懂得多的情況下，還要保全面子，是否有些顧忌？老狗可以學習新把戲，但是可能需要多花點時間。新技術的引進是否過於迅速，以至於他覺得與其不斷展露自己的無知，倒不如放棄還比較安全呢？如果有機會學習掌握這些新技術，特別是採取某種不會令他覺得尷尬的方式（例如：參加在職進修課程磨練技能），對他是否有吸引力呢？在這個新技術領域中，他能否扮演訓練班長的角色，幫助那些同樣也有學習問題的同事？

其次，他有多年的經驗，並非所有的經驗都是落伍的，某些知識是否還是很有用呢？此外，他是否可以擔任新進員工的輔導員？他是否有一些應該保留的經驗智慧呢？最後，是否有一些他非常熱中、甚至是他日常工作範圍之外，但對組織仍然重要的事情呢？

這個問題的挑戰是要與納撒尼爾進行開誠布公的對話，告訴他你

多麼希望他在公司的最後幾年能幫助他發揮所長、有多麼關心他逐漸被同事視為拖累的處境，還有你有多難過在退休前的歲月，他只是接收所有人剩下的工作，而不是抬頭挺胸做他能夠做的事情。你們能否努力達成一個皆大歡喜的共識呢？

雖然表面上你保持著積極正面的態度，但也發出了負面交易警告的暗示，對他無所謂的工作表現施加壓力，而且不會出手挽救他的名聲。你當然不想利用施壓和嘲弄等負面籌碼，但是負面籌碼是身為經理人最後訴諸的合法手段。

在一個類似的案例中，主管與一名老員工展開一場困難的對話。他用心聆聽該員工所擔心的問題，最後他直截了當地說：「聽著，你可以夾著尾巴逃走，也可以讓大家說：『哇，很高興看到他最後這幾年的貢獻；我猜他成功讓自己保持活力，並做出了不起的貢獻。』」這名下屬說他要想一想，幾天後他帶著全新的幹勁回來。他們共同創造一項能夠借重他長才的任務，此後他的表現令所有人都刮目相看。

這裡主要的難處在於：害怕直接談論彼此都知道的問題，會令這名下屬感到難堪。如果你害怕傷他的心，將無法展開這種建立於實質基礎上面的有效討論。願意討論「大家都知道卻不敢談論的問題」，幾乎總是可以開啟更為坦誠完整的對話，只要你堅持下去，不因下屬表現出不安而退縮。身為上司的確有其優勢，你可以堅持討論，即使你無法讓他坦誠以對。但如果你的重點在於想辦法用敬重、尊嚴或是肯定——甚至是最後學習與成長的機會——等有價值的籌碼來回報下屬，就可以戰勝這種不安的感覺。

問題3：下屬想要的籌碼你認為不適當。「這個下屬在工作表現上相當有潛力，但她總是有種種私人問題干擾她的工作。她比多數人容易生病，已經用完全部的病假。而且還有一個親人要照顧，她要求公司允許她請更多的假。我同情她的處境，但是我們有工作要做，我不能讓她為所欲為。」

解答：主管總是有要略微變通以及法外施恩的時候。當員工感覺

你把他們當成人在關心時，通常會在危機過後加倍努力（也就是說，他們願意回饋這筆交易）。但是遷就總有限度，而且情況可能已經到達忍耐的極限。如果員工的要求也無助於組織或是你，情況通常會變得更加困難。你當然也不必為了想擁有影響力，而對員工有求必應。有時候可能真的找不出解決辦法，你仍必須堅持你要的（這名下屬可能只有選擇離開公司，這又造成另一個難題；但是你可能願意承擔那個風險，只要這是你經過全盤了解與深思熟慮之後做的決定）。

但是不要在第一輪的請求上，就封殺所有的可能性。雙方可以一起找到能夠滿足彼此需求的休假時間，附帶的好處是，證明你願意努力找出妥協之道，當你必須拒絕的時候，就不會因為沒有彈性與鐵石心腸招來後續的怨恨。

你可能想要檢驗的事是：這個請求是否發自於個人的需求？還是在替過於困難的任務、認為自己在公司裡面沒有機會，甚至是你的管理風格等其他問題找藉口。單刀直入地詢問可能不管用，你必須努力聆聽其他不滿的蛛絲馬跡。等到了某個階段，你可以隨意詢問是否還有其他事情是你需要注意的，包括你的管理方式，來進行檢查。同樣地，你必須努力傾聽，以分辨這些請求是合理的還是捏造的藉口。但是如果存在其他的問題，你可以鼓勵進行討論，展現你廣納建言的雅量。

不過，讓我們假設她確實有非工作上的私人壓力，導致她提出請求。你可以從進一步了解她打算何時休假及休多久開始，你和你的部門是否可以接受讓她在這段時間請假，等回來時再補足額外的工時呢？是否有辦法讓她不一定要待在辦公室工作？是否可以讓她在家裡工作？她是否有電腦和電子信箱可以和她保持聯繫？如果沒有，你能否借她一台，以解決工作上的問題？

或者，她是否可以與同事做個交易？她是否知道哪些同事可以做她的職務代理人，將來再還他們的人情？她與同事的關係是否好到讓別人樂於代班？她的工作是不是非她不可，還是有其他人可以幫忙？

最後，她是否願意無薪休假，或是暫時將工作換成兼職？

這些嘗試可能可以找出滿意的解決辦法，你不需要犧牲工作產出，卻能滿足她的要求。但你也可能找不到辦法，也可能必須拒絕，並冒著失去她的風險（如同我們曾經見過的），但是你會給她與其他人留下好印象，了解你願意竭盡所能為下屬爭取權益，在考量時能夠同時兼顧他們的長期利益和短期需求。

最後的建議

最好的權力運用是，你不必耗掉你的權力。你不想要在會引起人們暗地反彈的時候下達命令，即使你可能可以得到你想要的東西。你要將職權虛位以待，而且在絕大多數的情況下，要表現得權力好像不存在一樣。你要表現得好像你只是在提出請求，不管怎樣，你的下屬都會記得你是老闆。

你透過授予他人權力以及讓他們影響你，來提高你的權力與影響力。他們可以完成更多的工作，幫助你實現目標，而且如果他們可以影響你，就會更願意被你影響。

不要低估利用願景作為帶領知識員工（和許多其他人）的關鍵籌碼。如果你能讓他們了解，他們的工作可以對顧客或其他人帶來何種積極的幫助，會更樂意認真工作。當下屬心甘情願全心投入的時候，就能創造更多的價值（使用願景是祭出一種有用的籌碼）。

你還有其他幾種有用的籌碼：開放的態度、同理心、力保好點子的意願、為獲得資源而努力、准予相當程度的自主性、授予富有挑戰性的任務，以及啟發輔導。這些方法對於能幹的下屬而言很有用，你也可以要求他們以你需要的東西來回報你。

身為一名上司，了解你的下屬總是會為你帶來好處。如果你能了解他們的抱負，就可以把你的要求和達成他們的夢想所需的機會相結合，了解他們偏好的工作方式也同樣很有幫助。你無法有求必應，但

可以努力嘗試，員工也會感激你。

　　如果你建立了這種信任與開放的態度，允許感受、恐懼、抱負和喜好在不必擔心會被報復的情況下直接進行討論，你將更具戰鬥力。要這麼做可能會很困難，因為許多下屬很自然地會對位高權重者抱持懷疑和謹慎的態度，但這的確值得你大力投入。如果你感受到對方抗拒公開的討論，說出來並詢問原因，不要害怕去問你是否做了什麼事情讓他們如此戒慎恐懼。同時準備好接受他們的答案，即使聽起來令人很不好受。你對於指責的反應將是下屬能否對你坦誠的確據。

　　正如我們前面的討論，當你是下屬的時候，有義務表現的像是一名（下級）夥伴，儘管告訴你的下屬，你希望他們履行這樣的義務。

　　徹底改變一個能幹卻難搞的下屬，可以抵得上你試圖從每個人身上取得最大產能所耗費的大量時間，忍耐一下吧！

註釋

1. 原出處為Robert Rosenthal與Leonore Jacobson所著的*Pygmalion in the Classroom: Teacher Expectation and Pupils' Intellectual Development* (New York: Rinechart and Winston, 1968)。

2. 取自J. B. M. Kassarjian, "Shaping Spaarbeleg: Real and Unreal" [case] IMD, #GM537。

3. 大衛‧布雷福德與亞倫‧柯恩，《活力領導》（New York: John Wiley & Sons, 1998）。

第10章

跨職能合作：領導與影響團隊、任務小組或委員會

讓跨職能成員全心投入工作的挑戰

受限的權力讓許多人在管理任務小組與跨職能團隊上覺得很無力，但是跨職能團隊的數目卻持續在增加，這是由於需要更多不同的專業與專家，加上受到全球競爭加劇造成組織地點的擴散，也需要更多複雜的組織。即使你帶領的工作團隊全由直屬下屬組成，也不必然能夠得到下屬全面的合作。身為上司，如果下屬沒有全心投入，你當然可以努力督促他們，但要贏得下屬全心的投入仍然可能充滿挑戰。當團隊成員不是你的下屬時，這個挑戰加倍困難。

如何取得團隊對核心目標的全心投入是非常重要的問題，當成員並非你的直屬下屬時，尤其重要。在這種情況下，成員的忠誠度可能會在他們目前工作的「根據地」（他們的職位、正式考績和長期保障的來源）和新的臨時小組（委員會、跨領域團隊、任務小組或專案小組；參見表10.1）之間陷入兩難。

表10.1　原團隊與新團隊的任務投入百分比

原團隊：新團隊（%）		
70：30	50：50	30：70
委員會	矩陣團隊	任務小組、跨領域團隊

在委員會裡面，成員通常是以代表母團隊的身分而來。他們可能會設法達成共識，但是一切的努力是為了確保能充分代表自己的部門，公平分享成果（這可能是委員會非常讓人頭痛的原因之一，而且達成協議的結果往往不是有力的解決辦法，而是軟弱的妥協）。

當成員對母團隊和專案小組的投入程度相等時，矩陣式組織的運作效果最好。然而，如果要任務小組和跨領域團隊發揮最好的表現，大部分成員必須對這個組合團隊的目標，抱持堅定不移的信念。但要維持堅定信念是非常困難的，因為成員的薪水與升遷仍取決於母團隊。

在本章中，我們將探討如何讓跨職能團隊或任務小組的成員，投入新團隊所需的百分之七十心力。我們將把討論的重心放在這些新的組合團隊上，因為它們的難度更高，我們所提出的論點同樣也適用於矩陣式團隊與委員會（甚至於母團隊）。

當你團隊成員的忠誠、管理、考績主要掌握在原單位，拿的也是母團隊的薪水時，你要怎麼做？如何吸引成員投入你的團隊目標呢？他們可以從中得到什麼好處呢？記住，影響的重點是以有價值的利益換取你想要的東西。

領導專業團隊會碰到的問題

- 你有一或更多個優秀的成員（例如：科學家），他們只對自己專業的工作有興趣，對團隊的目標不感興趣。你要如何將個人的興趣與整體目標結合在一起呢？
- 你需要所有成員全力投入挑戰不斷且複雜的工作，但無法透過下達命令而來，你要怎麼做呢？

挑選成員

為了讓成員投入委員會或任務小組的工作，你可以從成員名單開

始著手。如果你沒有挑選成員的權力（經常如此），就直接去了解他們想要什麼。但如果團隊正在組成階段，你可以思考什麼是最佳組合，以及你個人的挑選標準為何，尤其是基本信念，接著設法影響來自其他專業領域、負責挑選成員的人。你想要召集一群證明他們不是只考量自己專業領域的利益，也會思考整個組織的利益，他們是具有創新思考能力者和經驗豐富的人士。至少，他們之中有些人應該具有知名度，並受人敬重，所以你在提出你們的發現時，他們不僅有助於事前的推銷，也會讓你們的發現或建議受到重視。

如果你已經建立許多人脈關係（這點對於取得任何影響力都很重要），不管是為了選擇標準，或是為了某特定人選，就可以利用你的人脈來表達你的觀點。得到你想要的特定人選可能要花很大的工夫，因為他們的時間可能已經完全被佔滿，原單位也非常倚重他們，但是你要利用你的詢問技巧找出這些阻礙，並思考你是否可以減輕這些疑慮。對方的上司需要從你那邊得到什麼，才願意放人？你可以接受非全職的參與嗎？當這個人與你共事的時候，你可以在他無法做的工作上提供援助嗎？你可以將從任務小組得來的早期資訊或早期管道，提供給新產品或新流程嗎？

如果你被分配到過多的成員，以至於無法有效運作，不妨考慮建立一個七到八人的核心小組，再將其他人員組成顧問小組，或給予他們個別的任務，並只有在當日議程需要他們的特殊專業能力時，才邀請他們參與核心小組的會議。

了解成員重視什麼

如果你有挑選團隊成員的權力，這個過程將有助於你發現他們真正在乎和重視的東西——他們想要的籌碼（請參見第三章有關籌碼的完整討論）。每名成員都有特別喜歡的籌碼，包括他們希望團隊應該如何運作。你必須知道他們看重的籌碼，才能知道如何進行適當的交

易。

多數這類資訊可能來自於了解他們的世界、所處的工作環境，和承受的工作壓力。確認每個人在其專業領域的目標與關心的事物，有助於了解他們個人或是上司可能重視的事情。通常你可以透過間接途徑確定許多資訊，只要看一下與他們專業領域有關的公開資訊（參見圖4.1，有關工作世界各層面的再現圖）即可，包括他們每天的任務、評量與獎勵他們表現的標準、職業地位、教育背景等等，就能得到許多有關他們可能在乎事情的線索。

接著，你可以初步評估每個人可能想要的籌碼。你或許會想要有一對一的討論，藉此認識每個人，並確認他們在乎什麼，大部分的人都喜歡有機會說說自己的故事（談論工作與抱負），因此你會在蒐集資訊的同時，建立你的關係。

你也必須找出團隊成員對於這計畫的興趣與擔心的事情。他們一開始是興奮還是害怕？這是個一生不可多得的機會，終於有機會可以去做他們堅信是對的事，還是這是個浪費時間的計畫呢？他們過去是否嘗試過類似的計畫但失敗了？初步的計畫章程是否可能與其母團隊的目標相衝突？他們是否看到了職場政治的地雷區呢？他們是否想像過自己有機會可以在重要領域上學習？在這個過程中，你也會對他們的某些性格產生認識，這點也會派得上用場。

這種對話也可能有助於杜絕刻板印象，不是所有的工程師都想要把每件事執行到小數點後面第三位，也不是所有的行銷人員都是富有創意的概念形成者。你對於每個人可能在乎什麼的初步想法必須是試探性的，才不會錯失任何人的獨特才能，也可以幫助你確立尊重團隊成員的差異。如果你不了解不同觀點所激發出的創意碰撞具有創造卓越表現的潛能，就不會把組織內擁有不同專長的不同領域人才集合在一起，也不會想要因為一些成員覺得不受重視，或是沒人肯聽他們的不同觀點，而去失去那樣的潛能。

提高計畫的吸引力

讓成員投入計畫的挑戰之一，是想辦法使這個計畫看起來更具吸引力，有幾種可能的方法：

處理計畫章程

了解成員興趣的部分好處，是它可以引出與團隊章程有關的問題。它是否明瞭易懂？你了解目標範圍嗎？如果目標得到擴展或修正，現有的目標範圍是否過於狹隘，以至於無法引起興趣？還是它太普通且雜亂無章，因此無論你提出什麼，都無法滿足某些人的期望？你清楚自己的團隊有多少權力可以去解決、建議或提出替代方案嗎？永遠不要把這些層面視為理所當然，如果上述問題有任何答案是否定的，那麼你就有得忙了。或許，你只要去找當初提出任務小組構想的經理人便可得到答案，但如果是由執行委員會所下的決策，你可能必須做些一對一的影響，以得到更合理或更能激勵人心的計畫章程。

從計畫章程小組下手找出預計會產生影響的因素有哪些，是否有「聖牛」（sacred cow，不容質疑的人或事物）要避開？他們心中是否已有一個初步的（甚至最後的）腹案？他們是否願意改變自己的觀點？他們認為應該徵求誰的意見？諸如此類。及早提出問題比起最後再提出問題來得容易。

計畫章程越能激勵人心，就有越多的管道將個別成員的需求與團隊的目標結合在一起，也更容易用願景來激勵成員。

然而，太龐大的計畫章程也有一些危險。細想組織的歷史，任務小組或委員會是否往往苦於被要求解決「全球飢餓」的問題，結果因為解決方案代價太高或花太多時間而被駁回？他們是否被要求跳脫框架去思考，但是當他們這麼做的時候，卻因為一些的阻力和執行上的困難而遭受到批評？這個擬訂計畫章程的經理人是否已經知道他要的解決之道，並期待你去實現呢？提出的建議能夠被執行的可能性有多

大？提出的建議有沒有可能到了最高管理階層後就毫無下文，從此音訊全無？

在你著手去做之前，你在擁有適當的命令及支持它的有力武器是坦白。你可以在有依據的基礎上表達你的疑慮，並在你提出即將推行的具體解決辦法之前，商談出不一樣的東西。若高層主管藉由跟你說：「喔，不要擔心，去做就是了，只要你做好工作，我們會支持你。」來逃避回答問題，你就可以回問：「我相信你說的，但是我的經驗告訴我，事前弄清楚是非常重要的，因為我非常在乎我會浪費你和所有即將參與這個計畫的好心人的寶貴時間。你不希望我們最後出來的是一份丟到垃圾桶的報告，不是嗎？」很少有經理人會說他們不在乎浪費時間，記住，你想要證明你的請求有多麼符合對方的利益。

將負責的高階主管找來

提高計畫吸引力的另一個方法，是讓提出計畫章程的高階主管前來與這個團隊一談。團隊成員可以直接針對章程、權力範圍和高層的目的提出疑問，試探上面的決心。這不僅有助於釐清、也證實管理階層對這個計畫的興趣。如果一名高階主管可以證明這個計畫的重要性，且對公司幫助很大，一些直覺上的質疑會被克服，團隊成員也可能更積極投入（針對這點，公開立場也可能提高這名經理人對這些結果的承諾，這對你的幫助很大）。

結合成員目標與團隊目標：給予每名成員在乎的籌碼

一開始時，成員可能會對他們正式的職務與部門有較高的忠誠度，但是一旦你對每名成員進行合理的調查分析，設法讓每個人得到他所在乎的東西，可能是更多的挑戰，也可能是更大的能見度，還有些人可能想要更多的發言權等等（為了幫助你思考各種可能性，請參見表3.1的常見籌碼一覽表）。想想看你可以如何分派工作，以迎合每個人重視的籌碼。

　　舉例來說，對能見度感興趣的成員可以負責聯繫高階主管取得資訊，或是向上級做報告；那些對挑戰有興趣的人可以要求他們去做工作中最複雜、最容易引起爭議的部分，尤其是那些尚未有解決辦法的領域；還有些人可能想要進行考察，以擴大他們對其他公司的了解。

　　集體討論可能減少爭議，並產生刺激。提高吸引力的方法之一是去除阻力，讓成員談談關於本專案可能對其母團隊造成的問題，以及新團隊（或領導人）可以如何協助處理那個問題。這會在解決他們非常擔心的組織問題上，賦予一層利害關係。

　　你可以透過向公司其他部門或潛在成員的上司，說明你的團隊的目標，來提高這些籌碼的價值，在公司內部推銷這個團隊的專案永遠都不嫌早。

　　不要忽略學習機會對許多人的吸引力，因為跨職能小組通常賦予組織還無法解決的挑戰性任務，應該有許多機會可以讓成員進入新的領域，學習寶貴的資訊或技能。同樣地，不要害怕推銷能夠與來自不同領域或專業的團隊成員建立人脈的好處。這也創造了潛在的新盟友，可以在未來的工作上提供協助、作為新任務的人脈，以及成為彼此的支持者。

　　告訴潛在成員與目前成員：*為一個重要的任務小組服務，是正式授權你去學習與建立名聲與人脈*。還有什麼比這更好的方式可以以為將來的影響力累積資本呢？只要運用一些想像力，要給予每個成員一、兩個有價值的籌碼是有可能的，也就是去找出團隊成員的個人目標、興趣，以及為完成目標團隊的需求之間的關係。

利用願景——一種有價值的常見籌碼

　　誠如我們之前所建議的，一項能讓團隊成員投入計畫的有力籌碼是願景，這是一種來自合作可能產生美好結果的想像。因為每位成員都有一個他們視為工作歸屬的單位，在看不到報酬的情況下，他們不

會投入另一個團隊（清楚團隊的願景，能讓你旗下既有的直屬團隊成員仍有最好的工作表現，而那個願景必須夠特殊且獨特到可以凌駕並超越他們所分配到的工作）。

你必須思考團隊的目標，以及如何用激勵人心的方式來表達這些目標。團隊成員必須相信這個任務極富意義，且將實質改變某些團體或人群（顧客、客戶、其他部門或整體社會）。如果你以這種方式來表達團隊的主要目標，也就比較容易讓別人買帳並全心投入。激勵人心的願景可以克服成員直覺上對承擔新工作的抗拒。即使他們被指派在一段相當長的期間內，全職奉獻給你的團隊，他們還是會懷疑是否值得為這個工作的成果付出努力。他們也可能會思考後續自己的發展——他們之前的工作是否還在，願景可以克服這個讓人無法忘情原單位的念頭。

在這個背景下，不相信這個願景的成員應該有機會問為什麼。是否有可能修改或擴大這個願景（在不摻水的情況下），好讓所有人都覺得自己無法置身於願景之外？如果你的計畫章程無法容納他們想要的東西，或是他們想要的東西太過偏離方向，你應該設法為他們找到別的去處。不要覺得不好意思和一名成員或上級說：這個人不應該在無法投入工作的目標與抱負的情況下，去做這個工作。

你的管理風格

領導一個跨職能團隊是一項挑戰，一心只想緊緊掌控不放會為自己招來惡果，而且如果你習慣操控會議做出業已決定的結論，或是在需要費心解決的問題上扼殺不同的意見，可能會導致成員變得消極。你必須讓每名成員都感受到自己的想法受到重視，在日常的工作裡有適當的自主性，而相反的觀點也會被認真看待。你會想要在大的問題上朝集體決策進行（而非只是聽取他們的意見），因為那有助於建立他們對問題的投入。你所建立的共識是：成員付出他們的投入，以換

取在重大決策上可以盡情地表達意見。

你的部分職責是將工作、資料和意見的衝突（而非個人的差異）正當化。你必須利用衝突來激化活力、得出所有的資料、找出富有創意的解決辦法，並讓每個人都能做出貢獻。你確立風氣：表明意見不同是件好事，但如果讓討論陷入人身攻擊，你就要介入，把焦點重新拉回到工作議題上。你不必創造一個人人都熱愛與其他人共事的團隊，但要確實讓成員感受到開放與坦率的工作氣氛，唯有如此，才能得到最好的成果。

同時，在會議之外還有許多幕後工作要進行，你有時候必須做一對一的會面，以取得情報、監督進度、努力遊說被視為關鍵的議題等等。當某些成員沒有完全投入或是扛起自己的責任時，你很容易會跳進來幫他們做事，或是提供自己的解決辦法，而且有些情況，這麼做是必要的。但如果你常常這麼做，成員們將很快發展出一種把工作交給上面解決的負面交易，留下一堆工作給你，也扼殺了他們當初會進來這個團隊的理由。他們也不會全心投入找出最後的解決方案，還很可能有意無意地在與他們的上司或其他重要人物談話時，暗中破壞這些決定。

不要天真地以為，每件事情都要團隊的完全認同才能做決定；你（或其他團隊成員）可以私下做許多會讓人感激的事情，這對於團隊的工作很有幫助。只要確認你能夠讓團隊成員專心於自己在行且最在乎的工作上，而不是自己把工作攬過去做。

在正式提出解決辦法之前先推銷

專案團隊和任務小組在影響力上常犯的錯誤是，以為一旦他們提出一個很棒的解決方案，只要證明它完全可行，並將之完整呈現，就能廣為人接受。但是驚嚇決策者並非好主意，尤其當這個解決方案會改變既有的工作安排、組織架構，或是重要參與者的權力與地位時，

基層人員有效帶領一個產品開發團隊

　　泰瑞‧惠勒（Terry Wheeler）是一名企業管理碩士班的學生，他在一間成長中的健康食品公司Healthy Bites做暑期實習，一位同事推薦的《沒權力也能有影響力》（初版）帶給他超乎預期的幫助：

　　雖然我在唸企管碩士班之前已擁有各種相關的工作經驗，但是出乎我意料的是，公司不久就交給我一項重要且層級很高的產品開發計畫，這個計畫的執行，需要橫跨組織內所有階層和部門內二十餘名人員的管理與合作。這項產品預計第一年會產生數百萬美元的營收，還將提供一個立於不敗之地的關鍵競爭地位。

　　以下是泰瑞所使用的影響力與互惠方法：

讓人們留在消息圈內

　　在這個團隊，每項工作都有一名負責人，我們則是負責（在四個半月內）開發新產品的任務小組。通常，個別成員參與初期階段的工作，接著他們的重要性就會逐漸減少。舉例來說，財務部的馬可仕負責在初期創造成本模式，用以判斷這項產品是否符合預期的利潤。當時，他在充分得到資訊的情況下進行，等到模式一完成，我花時間與他討論，以確實了解他所依據的方法和數據來源。隨著計畫的進展，這些成本所依據的假設基礎幾乎天天都在改變，我能夠做調整，而且每隔一、兩週，還會根據新的成本結構向他更新數據。雖然他負責這項計畫最後的財務預估工作，但是他正在編列預算，無法給予這個工作必要的關注。我能夠幫他卸下這個工作量，還能讓他繼續與我們密切合作，例如：每當有人問起時，他可以針對財務狀況提出說明。這個方法效果很好，因為我有能力在不需要不斷勞煩他更新資料的情況下，很快了解決策將會如何影響數據，而他則因為做好財務預估而受到肯定。

對付管家婆

　　安是我們團隊的重要成員之一，她負責工作計畫中的多項任務。不幸地，她必須知道所有正在發生的事情，否則就會因為被視為圈外人而發火。她的角色對於這個計畫很重要，但只局限在很小的範圍內。我很快了解，只要她知道的事情，馬上就變得眾所皆知；除此之外，當她間接獲悉與計畫有關的決策時，就會發火，因為她必須是「發布新聞」的那個人。因為她週五不上班，我們的許多決策似乎總在週末產生，所以情況變得更加困難。

起初，我發現與她打交道令人感到非常無力，但是最後，我了解到我需要她，她不是個工於心計的人，我只要調整我與她和公司其他人的互動方式，而且她不是會跟你交換想法的人，你只能拿最後的決策去找她。我也知道有一群人在給她情報，所以我也必須控制我要讓他們知道的消息。我了解透過電子郵件正式宣布決策的效果很好，而非透過口頭或是在會議上宣布，因為安總是久久才去收她的電子郵件，如果她因為沒有在消息圈內而生氣，我可以説：「妳沒有收到電子郵件嗎？」這讓情勢逆轉，現在換成她因為沒有跟上決策而感到內疚，也使她採取守勢，卻沒有讓她覺得需要反擊。最後，我確保不時給她「獨家新聞」（亦即讓她成為第一個知道某個決策的人），並很快肯定她所參與的流程和決策。這給了她最重視的籌碼。

讓各階層的管理當局參與

當你進入公司實習時，自然而然地想要留給管理團隊深刻的印象。因此，你很可能想要拿著複雜的問題去找他們，並向他們展現你所有的智慧。謝天謝地，在我開始這項計畫之前先拜讀了《沒權力也能有影響力》，採用了不一樣且非常成功的外交手法。我大力仰賴作業層級人員，透過去找他們要情報、討論想法和流程，並利用他們的經驗，我能夠向管理階層提出更精練的流程。在計畫進行期間，我很小心地將功勞歸給那些幫助我的人，這麼做除了建立他們對我的信任，也能證明我的成就。透過這麼做，我得到組織內實際做事人的尊敬與信任，因此當管理階層詢問他們我做得如何時，我獲得了他們的背書。他們的支持讓我在計畫上獲得更多的責任與自主權。

贏得團隊的支持

在一次與最近才從我們部門轉任現場銷售的女同事喝啤酒的機會，我得知剛開始部門成員對我和我的角色懷有恨意。原來，這個計畫的管理工作一直是若干資深員工所覬覦的任務（我之所以能得到這個工作，是因為其他人的工作量、我的相關背景，以及我的中立立場，這個計畫涉及許多方面的協調工作，而我既非「搞行銷的」，也不是「搞營運的」，所以我沒有任何政治包袱）。當這項計畫交給一名職位很低的實習人員時，周遭就產生一些敵意，而且我完全沒有察覺，情勢對我是如此不利。幸運的是，我多少預期到這一點，也透過這些綜合因素，很快贏得這些質疑者的信賴。現在這項產品將按照預訂的時間與預算於下個月推出，我則仍以外人的身分參與作業，而且公司已經提供我畢業後回來工作的機會。

更是如此。你和團隊成員應該在過程中，把你的構想拿去測試重要的利害關係人和決策者。這項測試不只有助於改善這些計畫，也給予那些人一個機會，去習慣新的想法與禁忌即將被打破的徵兆，如此一來，他們才不會對你計畫中的事情惶惶不安。這個與決策者之間不言而明的交易是：「我們及早徵詢你們的意見，代表你們以後會支持我們提出的計畫——任何一方都沒有趁人不備之嫌。」

這又繞回到團隊成員的組合，在組成團隊時，你可以考慮的一件事是，至少找出一些可以影響重要決策者和意見領袖的人。雖然你會需要具有創新思維的人，但如果你只有造反份子與企圖打破傳統的人，別人不會把你當一回事。如果這個團隊的成員名單早已確定下來，你毫無置喙餘地，那你可能必須成立一個顧問小組，或是召集一群普受尊重且與高層走得很近的組織成員。那群人也可以擔任高階斥候及影響者，傳達這些構想，並進行初步的測試。

但是，你要留意任務小組成員的忠誠度問題。雖然你想讓他們對新的發現與建議做出奉獻，但有時候會造成他們與自己的母部門或上司的對立。這種情形對於任何參與者而言都很棘手，當其陷入忠誠度的艱難處境時，你要與這些成員一起想辦法解決。為了換取他們的持續投入，你可能必須拜訪他們的上司，去解釋和推銷這些新發現，並保護這名成員免於受到衝擊，或是請高層以同樣的方式提供協助。你可能必須協助這名主管看到讓有價值的下屬參與任務小組的好處（不是只有付出的代價），像是有機會在過程中擁有這個部門的觀點，以及這名下屬可以帶回來的學習成果，就可能有助於贏得支持。

另一方面，你可以鼓勵這名成員（明確地或暗示性地）與他的主管談好交易條件，放他去加入任務小組。他原有的工作由誰接手？該主管期望聽到這個任務小組的何種工作報告？有沒有特定的部門問題要帶進這個任務小組的？

你不會想見到成員覺得他們坐困愁城，突然間無法繼續支持任務小組的報告，甚至更糟糕地，暗地裡告訴老上司這份報告糟糕透了，

進而替你製造出毀掉這項計畫的可能敵人。

　　就和管理跨職能團隊一樣複雜，這些問題不會平白消失。組織的複雜性與變革需要來自不同部門、產品與地區的人，一起來創造產品、確立政策、導入新的流程制度，並企圖預測未來。如果你可以展現將多樣資源結合在一起的技巧，影響他們與你合作，並找到好的解決辦法加以實現，將大幅提高你未來的價值與影響力。

　　在你練習這些技巧的時候，不要忘記，多數的技巧與管理你自己的團隊息息相關，或許其中有許多相同的特色與挑戰。所有的團隊都會因為以下的行為而受益：仔細挑選成員、判斷他們在乎什麼、給予他們想要的更多籌碼來換取他們的幹勁與投入、清楚描繪團隊將帶動的正面影響、開發成員最大才能而且可以讓他們暢所欲言的領導力，以及成員們很有心地影響上級，以便他們的構想可以得到支持並實現。你是否聽到機會在敲門呢？

影響組織團隊、部門及事業單位

影響組織內的一整個工作單位與影響個人在許多方面都很相似：

- 首先，你不可以透過將它們描繪成各種負面的刻板印象來將它們妖魔化，儘管你可能很想這麼做。

- 其次，你必須了解它們的世界、重視什麼、獎勵標準，以及承受何種壓力等等。

- 憑藉上述資訊的取得，你現在知道可能可以拿來交易的籌碼類型了，以換取你想要的東西。

- 但是，即使你並未在處理人際問題，也要留意你和對方關係的性質，這很重要。就如同你可能已將別人貼上標籤，別人也可能如此回敬你。

一個好的調查分析會涵蓋許多面向，但是在處理跨團隊、部門和事業單位方面，更需要留意某些特殊問題。這些左右各單位的籌碼，對所有成員而言是否都很重要？為換取不同籌碼個人有多少可以施展的空間？你需要該單位所有成員都完全順從你的要求，還是只需要一些人的合作呢？

隨著組織變得更加複雜，幾乎沒有任何一個單位不需要其他單位的配合。此外，別的單位往往沒有必要聽從你的要求。如果你身居要職，例如採購、資訊科技、品管、財務、稽核或是人力資源，即便你

能夠制定或影響政策，可能也不是輕易就能將之付諸執行。或者你在產品線工作，發現了一個很棒的機會（例如：開發一項新產品或新服務、執行一項新業務、向新的市場叩門等），但是這個機會需要另一個部門的同意或是執行，而這個部門將你的新點子看成是另一件要他們付出時間的請求，或是需要變更其流程或優先順序。

將事情複雜化是團體之間關係的一個常見特徵：團體之間往往透過有害的比較，來取得對自己的認同，並提高團體的凝聚力。「我們行銷部門看的是更大的格局，不像那些頭腦簡單的銷售人員。」「待在銷售部門，讓我們比起那些產品開發部門裡閉門造車的理論家更了解顧客的需求。」「那些財會人員只會玩數字，缺乏我們人力資源部門擁有的人情味。」你必須想辦法跳脫這些反感。

你想要合作的團體可能會為了各種理由拒絕合作，找出那些理由（亦即他們在乎的籌碼）是這個挑戰的一部分。接著弄清楚你該如何解決他們的疑慮，同時還能在不犧牲你要求的目標下得到你想要的，這也是另一項挑戰。

如何著手取得影響力：運用權力模式

接近你想要影響的團體有幾個方法：

步驟1：將對方視為潛在盟友

兩個單位的一些成員之間可能有過衝突，甚至彼此懷有敵意，但是別讓它阻擋你，你尋求的是可能的結盟。再者，你不必為了解決你的需求，而去喜歡另一個單位的成員，或是與之成為親密的朋友，但是你確實必須想辦法尊重他們，以及他們的工作，接受他們擁有不同於你的角色，因此看事情的態度自然與你不同。

你們可能在預算或優先順序等事情上處於競爭關係，但還是能夠找到辦法建立策略結盟，在具體、有限的領域中各自得到想要的東

西。這種「競合」（co-opetition）關係在個人、團體與公司之間越來越普遍，而控管這個緊張關係則是組織生活的一個重要部分。

　　然而，你越了解對方團體重視什麼與其原因，就越可能產生同理心，而能建立一個良好的工作關係。那就是為何下一步驟如此重要的原因。

步驟2：了解他們的世界

　　從工作的本質著手。這些人一整天都在做什麼？哪些技術是重要的？他們需要什麼特別的訓練才能做好工作呢？他們習慣指揮別人，還是回應請求或要求呢？他們在空間上是隔開的，還是接近的？他們的工作是否屬於專業性質（例如：會計、法律、工程、科學），使他們比較認同自己的專業而非公司呢？他們所做的工作對他們可能會關心什麼有很大的影響，工作會影響他們對精確性的要求、與其他部門互動的頻率、步調的快慢、對挑戰與新奇事物的接受度、滿足感和工作意義的增減等等。對你而言，他們的態度似乎很奇怪，但那是因為你們的工作性質差異很大，導致雙方在行事作風和在乎的事物上出現不同的觀點。如果你能真正了解他們的工作性質，是否會覺得他們的行為更合理了呢？（有關如何利用組織的世界去了解可能的渴望與目標，請參見第四章〈了解對方，知道他們要什麼〉）。

　　什麼樣的人最可能擁有那些能力？他們的教育、背景和工作經驗是什麼？他們重視什麼？一個部門裡大多數成員的教育背景可能對他們的價值觀與目標——他們的籌碼——有很大的影響。工程師所受的訓練是精確與嚴謹；科學家是漫長而緩慢地追尋真理；律師所受的訓練是找出弱點與風險；文科畢業生重視語言的精確性，但習慣做通泛的思考。這些教育背景很容易影響成員，影響他們的思考、語言，甚至價值觀的模式。

　　這群人的溝通方式和行話是什麼？許多組織團體和部門發展出他們自己的語彙和溝通方式。了解這點有兩個目的：它往往透露這群人

重視什麼，因為它將詳盡說明他們重視的東西，也給了你在與他們談話時要使用何種溝通方式的線索。舉例來說，財務人員喜歡用精確完善的語言來討論成本、報酬和比例，因為那是他們衡量這個世界的方式──將所有的組織活動轉化為數字，倘若你是管理開發部門的人，是否可以用成本效益的觀點來說明你的提案，而不要把一件事情看得過於機械化且毫無人情味？如果你想要了解一名訓練經理雇用曾經擔任財務長的人，來教導他如何向控制預算的財務部門提出實用的建議，請參見我們網站上威爾·伍德的案例（http://www.influencewithoutauthority.com/willwood.html）（欲了解有點像耍嘴皮的跨界對話，請參見表11.1的迷你翻譯指南）。

表11.1　迷你翻譯指南

管理開發人員說	財務人員說
• 開發訓練技巧	• 提高投資報酬率
• 建立信任感	• 減少交易的摩擦
• 建立團隊	• 集體報酬最大化
• 提高管理技能	• 提高經濟剩餘價值（economic rents）*

　　小心刻板印象。在我們進一步探討這個思維方式之前，必須先提出警告，任何你所達成的結論必須受到與你打交道的團體的任一成員的檢驗。我們所提出的分析可能只透露一般的傾向，而且你賴以診斷的一般經驗總是會有例外，例如：不是所有的財務人員都是用經濟與數字的觀點來思考。最近，我們與一個專門從事讓每個人（不只是已經投保的人）都能維持身體健康的特別小組進行合作，其中麻州藍十字藍盾健保公司的一名保險高階主管則力陳：「財務是淺薄且次要的問題！我們可以使這些數字達到預期的效果。」[1] 同樣地，不是所有

---

* 指能超過資本的機會成本的利潤。

的律師都是「交易殺手」，也不是所有的人力資源人員都講人情，害怕告知表現不佳員工壞消息。所以在你過於深入接觸之前，要先行利用你的調查分析來幫助你了解該找尋什麼，每個情況都要查證清楚。

　　工作和從事該項工作者的本質，往往產生一些可以被視為工作點子及被測試的普遍性籌碼。你在尋找的是你想要影響的這群人重視的是什麼，關心什麼，我們稱這些為籌碼，因為它們可以被拿來交易。雖然過度概括化有其風險在，但我們還是挑出幾個組織單位，條列常見的狀況和衍生的籌碼（參見表11.2），此一覽表來自於像你這種試

表11.2　常見的狀況與不同單位的籌碼（組織同僚眼中的籌碼）

業務代表

- 既然十次的推銷有九次會被拒絕，他們：
  - ——必須有信心，不斷地重新開始建立關係。
  - ——需要強大的自我意識。
  - ——得經常保持說服力。
- 非常以顧客為重：
  - ——必須弄清楚顧客的需求／性格／喜好。
  - ——說顧客說的語言。
  - ——必須釐清有關顧客的細微線索。
- 花許多時間管理他們自己的時間；他們是獨立的，通常都很厭惡官僚。
- 希望貢獻能受到肯定。
- 競爭心強。
- 金錢導向。
- 地位對他們而言是重要的。

製造人員

- 必須按時、按天、按週完成一定的數量。
- 對他們而言，老闆才須負擔責任。
- 把事情做完的態度，非常實際。
- 來自不同的背景：有些人從基層爬上來，有些是社會新鮮人。
- 以男性為主，因此經常出現「男性的對話」。
- 說話非常直接、坦率，期待別人也一樣。

表 11.2　（續）

工程人員

- 他們的工作講究精密。
- 建置製造設備或物件。
- 多數是男性。
- 努力工作（源自富有挑戰性的工程教育）。
- 被教導要規避風險，往往受制於規定。
- 傾向於用非黑即白的觀點來看這個世界，造成他們的觀點可能比較狹隘。
- 深受「東西」所吸引（比較不關心人，且對人的看法往往過於單純）。
- 喜歡修補、不斷修正，所以截止日期很重要。
- 有充足的技術能力，卻擁有過度的操控慾。
- 對於不了解他們專業知識的人感到不耐煩。
- 可能對顧客比較沒興趣。
- 果斷、精力旺盛。
- 喜愛挑戰。

財務人員

- 關心：
    - ——市場消息、成長。
    - ——可衡量性。
    - ——精確性。
    - ——安全、風險規避。
    - ——程序的清楚性。
    - ——清楚的業務支出狀況。
- 採取解決問題的作法，試圖將重心放在邏輯與理性的主張。
- 重視控制、稽核準備及可預測性。
- 工作量通常有其可預測的週期性。
- 對於納入管理團隊有高度的需求。

人力資源

- 想要被認為是「照顧大家的人」。
- 重視軟技能。
- 有時候可能很官僚，重視規則與規定。
- 不是很充分了解公司的經濟面，或是未高度的重視。
- 未充分了解經理人所承受的壓力，以及他們工作的困難度。
- 在組織他們經常被認為是缺乏實權的，所以很在乎是否被納入管理決策。

圖釐清自己組織內各團體重視什麼的人。儘管你可能對這個表單有所質疑，但不妨將它作為了解你感興趣團體的一個起點。

表11.2列舉的項目並不完全，只能被視為詳細調查分析的開始。我們不斷極力主張採取直接作法，因為從參與成員那兒了解事實有兩個好處：

1. 它可能比你的猜測更正確。
2. 它是一種建立關係的方法。

就關係的建立而言，你是否可以去找另一個部門的主管，並用類似下面的說法：

我們在專業領域相互依賴的程度很高，如果可以提供彼此更多的幫助，雙方都會更加成功。我需要你提供一些東西，而且你會發現我可以幫上你的忙。為了說到做到，我必須知道你需要從我這裡得到什麼。我有一個大致的想法，如果我們可以就此進行討論將有助於我（去釐清）。我可以怎麼來幫助你們呢？

這項提議本身雖然還無法產生足夠的影響力，但卻是開啟對話的基礎。你對另一群人伸出手（給予他們尊重、與其有利害關係及願意協助他們的籌碼——這些是組織世界內的重要籌碼）。隨著對話的進展，給了你機會去測試你對這群人的一些假設。

這項策略只有在你真的對另一個單位感興趣，且真心想要改善雙方關係時才有用。你若把它當作一項「技巧」來用，別人很容易看穿，反而可能弄巧成拙。

步驟3：了解你需要從其他團體得到什麼

這個步驟有助於你清楚了解自己的精確目標。我們列出幾個問題將有助於你釐清自己究竟想要什麼。

　　你是否試圖在一項特定專案上能取得其他單位的同意／合作／完成？還是你的主要目標是要改善兩個單位之間的工作關係？雖然可能是特定的任務促使你去思考如何與另一群人往來，但是擁有更好的關係不是很好嗎？如此一來，當你下次有所請求，達成一致的意見可能更為容易。有時候，同時擁有工作成就和改善關係是可能的，但是如果只能二擇一，何者對你比較重要的呢？

　　你最在乎的確切行為是什麼呢？給你情報？嘗試一個新方法？給予資源？執行一些任務？加速他們的回應？以上皆是？哪些請求是最重要的，以及你願意勉強接受的最低限度是什麼？你會滿意聊勝於無，還是要不就全部，不然就統統不要？

　　如果你在尋求態度方面的改變，例如對你專業領域的作為重新給予尊重，與取得特定任務的合作相比較孰輕孰重，哪一個可以作為重新建立態度的起點？還是態度的改變對於克服普遍性的問題如此重要，連特定的合作也起不了作用？

　　舉例來說，如果你是集體採購辦公室的成員，看到一個省錢良機可以整合先前部門辦公室用品訂單各自為政的情形，重要的是，別人事先填好單子告訴你他們的需求，還是將集體採購視為公司的寶貴資源呢？你將如何回應集體採購太花時間，所以他們可以在當地採購可能更便宜的必然抱怨呢？你會透過挑選一件類似影印機或印表機用紙的辦公用品，作為你堅持集中購買的示範，以加速集體採購的進行嗎？還是你必須控制所有辦公室用品以引起注意呢？

　　為了讓你完成目標、團體、團隊或部門有多少成員必須買你的帳呢？你需要所有人，還是只要一些意見領袖或先驅者願意嘗試你想要做的事呢？一個願意合作的次級團體會是個好的開始嗎？

　　這些是優先順序的問題，有助於你事先仔細想清楚。你將根據每個情況做出自己的判斷，表11.3提供了一些指導方針。

表11.3　設定你自己的目標與優先順序的指導方針

- 你的要求越小，成功的可能性越大。
- 小規模的實驗性計畫比起全面性的改變更可能取得合作。
- 確認滿足工作目標相對於改善工作關係的重要性。
- 改變行為比改變態度或價值觀更容易達成；態度往往跟在新的（成功的）行為之後產生改變。
- 試著不要將你對想受人尊敬或對地位的渴望，與你想要改變的特定習慣混為一談。

步驟4：處理關係

　　某些類型的關係問題發生在擁有不同觀點的團體間，而且可能需要特別留意。我們從兩種意義來探討關係：每個團體對另一個團體的態度是什麼？以及你與另一個團體的一名重要成員在個人關係的信任度為何？

　　在多數的情況中，我們假設你很想要一個可以持之以恆的良好關係，但是你們的關係目前很緊繃，因為你可能已經將對方貼上標籤，他們也如此回敬你。你知道他們如何看你，尤其是持有何種負面看法嗎？

　　問題在於你是否曾試圖直接討論這個關係，還是把完成任務當作是改善關係的方式。直接討論在下述情況是很有用的：

- 不良關係明顯妨礙工作順利完成。
- 渴望解決雙方關係的難題。
- 在沒有強烈交相指責的情況下，雙方有足夠的信任去開啟對話。
- 雙方都有解決衝突的能力（或是有顧問參與提供協助）。
- 已經空出充裕的時間去解決這些問題。

　　當這些情況不存在的時候，找出小規模的任務一起合作是更有用的作法，慢慢累積你的團體希望成為好夥伴的意圖與值得信任的好名聲。這麼做要花很多時間，卻可能為將來直接討論建立一個穩固的基礎。

　　如果你確實想談論這個問題，也承認你和部門過去的作為可能已經造成了問題，就可以語帶幽默地正面談論他們可能怎麼看你，也可能降低心防。在討論目前進行中的負面交易時，要確保你使用客觀的語言，不要責怪對方（有可能是你們雙方都做了某些事情，才造成這個負面交易）。在討論目前不良互動所付出的代價的同時，端出如果工作關係改善可能帶來的好處，也是很有用的作法。

　　另一項選擇是要一對一建立關係，還是讓這些團體一起集會，通常是在辦公室外開會，在這個場合會發生許多人際互動。有時候，需要兩個和平使者的牽線，好讓各自的團體願意與對方接觸。

　　欲知解決團體之間差異的方法，請參見表11.4。這個活動被運用來處理公司內部始終無法有效合作的交戰團體[2]。

表11.4　團體之間的形象交換

- 每個團體準備好對其他團體的描述，內容說明自己認為對方如何看待他們，以及他們如何看待自己。
- 公布這份資料並進行討論。
- 雙方一起找出他們看到的相同之處。
- 雙方找出認知不同之處。
- 雙方同意先討論哪些差異。
- 各自說明過去有哪些經驗導致他們產生那種認知。
- 無論同意與否，每個團體都必須證明自己了解對方的觀點。
- 雙方合力開發工作計畫，創造意見一致的行為，以改變觀念的差異。

兩個妥善解決團體間問題的例子

「不居」總部的代價

　　約翰・斯羅恩（John Sloan）是一家大型消費品公司加拿大地區的總經理，他認為總部的不動產、收購、人力資源和國際部門等各單位愛搞權謀、作風官僚，且完全不了解地方的需求和狀況。多年來，他一直試著不理會它們，但是這些單位越來越不高興，還在公司裡面說他的壞話。他們認為約翰在建立「加拿大要塞」，並感到忿忿不平，約翰的態度和輕視的行為在總部所累積的怨氣，已經到了大家等著找機會給他好看的地步。

　　當他的老闆為了這件事督促他必須想個更好的方法與他們相處時，他思考比較多的是他們看重什麼，包括受到尊重、聆聽，以及把他們當一回事。他改變自己對他們的行為，比較願意傾聽，並接受下屬的幫助，後者覺得他們與總部比較沒有結怨。雖然他們的關係從來都沒有變得親密，但總部認為他已經有所改進，最後他被委以中央辦公室的任務，帶領企業再造＊。

即使關係緊張還是成功完成交易

　　一家頂尖高科技公司的經理人曼尼，想要把另一個團隊所掌控的一項功能特性加入一件新產品當中，而後者長久以來一直視曼尼的團隊為競爭對手。曼尼知道他們會有所顧忌，也不會願意，所以他從提出自己團隊的目標和優先事項著手，並表示他已經設想過他們的疑慮和需求。他指出這兩個部門過去曾經成功合作某些解決方案，以及對他們而言將來的合作有多重要，因為距離他們必須共享一項重要新技術只剩下三年。他知道對方必須為一小群專業顧客提供服務，而這些人對他們而言是個麻煩，於是他提出一個對這個部門有利的解決辦法。他會提高這個增加新功能產品的價格，以免搶了他們既有產品的銷售業績，而且為了報答對方讓他的部門利用這項技術，他會讓自己的團隊去服務對方討厭的顧客。儘管關係敏感，還是達成了一筆交易。

＊ 這是一個採用化名的真實案例，摘錄自大衛・布雷福德和亞倫・柯恩的《活力領導》一書67-99頁，本書於一九九八年由Wiley出版。

不屈不撓：羅馬不是一天造成的

個人的記憶固然維持久長，但是集體的記憶更持久！即使如同前面案例所描述的成功交易，都無法消除多年累積的不信任，甚至敵意。要抹滅過去需要許多正面的互動，一點閃失都可能抹殺許多成功的互動。另外，很少會有人像曼尼一樣第一次出擊就成功，因此你要找出一些雙方之前成功的小互動，以此為基礎不斷累積。

為何限制了自己的影響力

當你難以從另一個部門取得想要的資源時，自然會想要怪罪對方。有時候，他們是該被怪罪，但是我們觀察到人們自我設限，導致無法發揮更大影響力的兩個重要態度：

1. 就算了解對方團隊在乎什麼，挫敗的一方還是拒絕給予合理的籌碼。舉例來說，一個科技研究單位與監督他們工作的聯邦機構之間一直存在著問題。經過一次仔細的調查後，他們羞愧地承認，他們的團隊沒有給政府監管人員所需的確切資訊，這個研究團隊必須決定是否要去修補彼此的關係，但是在他們的眼中，此舉會因為把主要的心思放在「瑣細的簿記工作上」，而「貶低」了自己。此外，過去雙方的關係實在太不愉快，所以他們拒絕「提供聯邦機構人員任何對他們有用的資料」。

   還有人不願意做他們知道自己應該做的事，因為：

   • 他們認為對方團隊不值得他們花心思。舉例來說，加拿大地區的總經理約翰・斯羅恩不願意順道拜訪總公司的各個部門，因為他嫌惡與這些部門私下往來，並視之為玩弄權謀。

   • 比起能夠產生自己想要的結果，他們寧願自己是富「正義感的」（在自己的心中），他們從感覺自己比對方優越當中，得到許多的快感。

- 他們想要個人的「勝利」，給予對方團隊想要的東西讓他們覺得自己輸了。

2. 他們不能接受對方團隊有權利評估不同的籌碼，因此不願意給他們在乎的東西，縱然那些籌碼不是自己團隊認可的。

跟前述的阻礙類似，這項阻礙也是一種目光狹隘的勢利表現。「好吧，或許他們必須關心短期目標，但我們保護的是公司的長期未來，所以不能讓他們贏得目光短淺的勝利。」相反地，對方則說：「他們光談一些遙遠的未來，好像我們不必付薪水，所以我們不支持他們的研究白日夢。」

你永遠可以拒絕去做你知道必須要做的事情，但是選擇自以為的「正義」而不注重成效的代價很高，你真的想要讓報復心或是驕傲主宰你部門的效益嗎？

消除你部門與另一個部門之間對彼此的強烈情緒不是不可能，欲了解個人如何利用影響力來改變一切的絕佳範例，請參見下一個例子。這是一個很經典的組織問題：誠如我們看到約翰·斯羅恩的例子，距離遙遠的地方人員不想要聽總部「專家」的話，一個更能相互影響的關係是必要的。

麥克·賈西亞（Mike Garcia）出於本能地發現，如果他帶給地區經理人一些有價值的東西——支持他們在集團總部的需求，提供可以幫助他們經證實有用的點子，以及尊重他們的專業——他們會讓他插手他們的行銷作業。這可一點都不簡單，他必須擋開那些想要維持其優越感的總部同僚。但是因為他本身是拉丁美洲裔，以及他由衷尊重這些經理人在不同國家對當地的了解，這兩項因素都對他的工作帶來助益。他也了解一次的拜訪不可能逆轉局勢，它是一個持續性的過程，必須有耐心與毅力，透過每次的互動慢慢地改善關係。毫無疑問，他當然想要擁有直接命令他們遵守總部行銷部門建議的權力，但他知道那是不可能的。他已經找到一個很有效的方法。

尋找並給予有用的籌碼；克服各地分公司對總公司的質疑

　　麥克・賈西亞是一家財星五百大電腦公司拉丁美洲軟體行銷團隊的成員。身為總部的工作人員，他必須取得的合作對象包括：各國分公司總經理、排斥一切來自總部的人，以及可能對自己想法有幫助的人。

　　我們的全球行銷團隊秉持走入世界，與當地成員密切合作的信念，我們就像顧問──創造程式和工具、示範最好的作法等，不幸地，我們也像乏人問津的顧客。我很幸運，因為拉丁美洲市場比較願意接受像我這樣的人，因為他們知道他們的做事方法可能不是最先進的，但也不會百分之百接受我說的話，所以我必須推銷我們的理念，並影響他們。

　　為了證明我們所面臨的情況，一名歐洲地區的同僚寫了一份複合式報告，說明他在一次訪問所看到的東西。葡萄牙那邊的人退回他的報告，每段都下了批註：「不適用於葡萄牙！」那使得我們去思考或許不應該繼續沿用發送報告的方式，而是當我們人在那裡的時候，設法影響當地的經理人，花時間跟他們相處、討論，並巧妙地影響他們。我們發現他們不想要官方身分。我來自智利，這點在這些市場是有利的。我試著成為他們之中的一員，成為他們在集團總部的非正式代表；當然，在總部裡我是「客觀公正的」。

　　最難以處理的事情之一，是這些市場的人並不歸我管，而是向地區總裁報告。我沒有參與市場運作，只是祈求老天爺給我好運，讓我影響他們。

　　我必須與每個國家不同的管理階層打交道，先是產品經理、然後是行銷經理，以及他們上面的總經理。每次可能都是階層較高的人阻擋我們所有的想法。現在，我與每個階層的人都展開了對話；各個階層都買我的帳，所以得到比較好的成果。最近在布宜諾斯艾利斯有一場集合所有行銷主管（他們是最常阻礙我們達成目標的人）的重要會議，這是一個好機會，證明我們已經與他們的人談過。

　　在國內行銷方面，我們推銷智慧財產。我們試圖從別的國家帶來最好的作法而非金錢。當地的人老是說他們想要一份市場研究，我們設法說服他們問題不在於我們擁有研究經費。起初他們說：「沒有錢誰需要你？」但是我慢慢地說服了他們，不管怎樣我們都提高了價值。

　　我們公司的價值觀運作是以市場研究數據為基礎，所以我們將許多數據帶進市場。我們想要證明我們的研究提出了一些有用的東西；它不是武斷的，「這裡的數據指出⋯⋯」而是更具說服力的。有時候，我們得到這種回

應：「這裡並不適用。」有些時候，他們說：「很好，但是本地還沒有必要這樣做。」因此，我們運用其他地方的成功案例，不是我們總部這些人，而是在荷蘭或某個地方的成果。當地的人不想歸功於我或康乃狄克州；比較好的作法是讓他們認為它就「像委內瑞拉」。我學到讓市場成為英雄，即使在康乃狄克州，行銷人員都想要成為英雄。那是一個大問題；在康乃狄克州，許多人認為我們必須去告訴各國的子公司要做什麼。那使得我認為或許自己不夠強勢，但是透過長時間與當地人相處，終於讓他們認為採用其他地方的意見是件好事。

在集團總部，我設法影響我們的產品團隊，某個國外部門想要某些東西，但是我無法完全確保他們能如願，我必須雙向影響。例如：墨西哥方面說：「我們需要你們完成我們的研究，」但是我可能無法如他們所願。舉例來說，我們在康乃狄克州的總部負責新方法或新點子的標準團隊已經確立標準的作業程序，但卻延緩了其他國家完成市場研究，但是我有什麼資格告訴專業團隊必須先完成墨西哥的研究呢？我最後成了集團的代表，那是很微妙的，我沒有答案，但他們知道必須完成哪些事，才能有進展。

在布宜諾斯艾利斯，他們給康乃狄克州集團總部取了一個新的縮寫名：PAYOLA（Pain in the Ass of Latin America；拉丁美洲的討厭鬼）或BEBOLA（Big Bully over Latin America；控制拉丁美洲的大惡霸）。我說：「不對，我不是惡霸。」他們大笑，並說他們知道。他們會開玩笑是件好事，我認為他們現在已經願意接受新的想法，但還是有一些包袱。他們說：「歐洲和亞洲跟拉丁美洲連接近都談不上。」哇！他們不是那麼願意敞開心胸，對總部還是有些不滿。

現在，我是我部門在康乃狄克的「甄別人員」（triage person）*，那並非其他團隊運作的方式，我跟當地的人說：「我們是夥伴，」他們非常高興。

我們的軟體團隊放眼全球，是為了與最大的市場合作，不幸地，那些市場也是最少來向總部求助的地區。小型市場是最需要幫忙的，所以他們最常來電，我們也花最多的時間在這些市場，但是較大的市場卻有比較高的收益。我們會告訴他們：「你們是大市場，而且我們必須一起合作。」我們承受不起像巴西這種大市場的缺席，如果哥斯大黎加不行，就太糟糕了。我們

---

* triage person本指在醫院急診室、戰場或災難現場，當有限的醫療資源必須被分配時，按照病人狀況的急迫性來安排醫護照料順序的人，這裡用來形容總部裡面按照輕重緩急有效分配資源的人士。

將花更多時間實地幫助他們，並安排橫跨全公司各部門的會議來找出解決方法。由於我們花時間在他們身上，所以我們可以影響他們。

美國行銷人員花大部分的時間在美國，只要再多花點時間在大型市場，如巴西、墨西哥、智利，就比較不容易被當成海鷗（從總部飛過來，吃掉他們的食物，大便在他們的頭上，然後又飛走）。他們喜歡康乃狄克州有個幫他們的夥伴，因為我們所投入的時間，所以更容易發揮影響力。

我終於開始聽到墨西哥方面非常高興我們所做的事：「他們傾聽我們的心聲，」而不是説：「康乃狄克州的人一年來一次；告訴我們要做什麼，然後就走人。」過去，我們有比較多的「命令」，但在他們需要我們的時候，卻無法提供幫助。現在情況好多了。

最後的建議

最後，我們提出一些影響整個團體的建言：

- 將其他的組織團體、團隊和部門當成顧客。正確的心態是將同僚團體當成顧客來對待，他們可能一開始不想要你的服務，但你必須說服那是他們想要的服務。如果他們是顧客，你想要知道他們看重什麼、什麼會讓他們生活得更好，以及你可以如何去達成，以換取你需要的合作或承諾。此外，你會想找出團體中的關鍵影響者，你必須先影響他們，以便為你日後的行動奠下根基。

- 不要想當然地認定對方在乎你所做的事。不要從你的利益出發，要從他們的利益去思考。尤其如果你的團體對於人們應該如何表現，以及哪些對組織才是好的擁有強烈主張，你很容易陷入「我的方式或主流方式」的心態，以至於錯過其他團體的觀點。誠如我們已經提過的，你的團隊凝聚力越強且越團結，就越可能貶抑那些觀點不同的團體。同樣地，小心你的用語。所有的團體與部門都會發展出自己的行話，卻很容易討厭那些

用語不同於他們的人。如果你想要得到良好的對待，就要學習說本地人的語言。

- 為了能夠得到想要的結果，擁有不同目標的團體應該各司其職，但是它們之間的差異越大，越可能對彼此產生刻板印象。一旦產生圈內人與圈外人之分時，很容易對誰比較好、誰比較重要和誰比較有權力產生強烈的感受。除此之外，如果雙方過去關係緊張，就越難以展開對話和進行交易。過去的經驗和所有這些隨之而生的感受，不知不覺地就會進入雙方的對話中，試圖追究誰「錯」和誰是導火線完全無濟於事，只能藉由其中一方率先展開建設性的對話，才能打破僵局。

- 跨單位問題通常是由雙方造成的。因此，先檢查你的單位做了什麼事才讓問題揮之不去是個好點子，如果你可以鼓起勇氣這麼做，並率先承認，就可能開啟互惠的過程，因為一旦你的團隊願意坦承有錯，對方也會覺得有必要承認自己的過失。誠如交互作用會引發報復，也可能引發和解（互惠）。記住，不要交相指摘。

- 為了做好準備，決定你可以接受的最低合作和全面合作的可能性。在組織中，我們一直在討論的部門與團體類型或多或少是相互依賴的，且無法長期完全忽略彼此。光是了解你可以接受的業務往來與合作最低限度就有所助益，所以你最初的目標是實際的，也很清楚改善關係有多重要，但是釐清全面性合作的所有潛在利益也是很有幫助的。如果一開始對方不歡迎你使用的方法，這兩個因素將成為支撐的動力，促使你以積極的方式持續向前邁進。

- 要有毅力。不要因為一次的失敗就讓你放棄，過去的事可以被克服，只是需要不斷的努力。

註釋

1. 這是由作者之一所發起的一個工作團隊在2004年5月4-5日召開的一場會議裡所做的大致陳述。其他成員聽了覺得很意外，但還是針對他們認為如何幫助最多人分享了他們的慈悲觀點。

2. 改寫自 R. R. Blake, J.S. Mouton和R. L. Sloma, "The Union-Management Intergroup Laboratory: Strategy for Resolving Intergroup Conflict," *Journal of Applied Behavioral Science*, vol. 1, no. 1 (1965), pp. 25-57。

第
12
章

影響同僚

　　所有人在職場上幾乎都得依賴同事來完成他們的工作。具備複雜且相互依賴的工作性質、專業化的工作角色，還有橫跨各部門的合作以催生複雜的產品與服務的需求日增，為今日組織的本質。本書的第一部分（第一至七章），用了很大的篇幅討論如何應付沒有必要提供合作的同僚。

　　這些核心概念（交易與互惠行為）對於贏得合作依然很重要。當同僚了解只要提供你完成工作所需的東西，他們也會得到自己重視的東西時，就會回應你的請求。這個報酬可能是對他們個人有利、對他們的部門有利，或是協助達成組織目標的各種籌碼。影響力是一個徹底認識他們的過程，知道他們在乎什麼，也清楚知道你需要什麼，並製造雙贏交易。在本章裡，我們再增加一種影響同事的思考方式，提供你另一個有用的視角。它是從向客戶與顧客推銷的觀點演變而來，有幫助你開發出更好的對策，應付難以影響的同僚。

　　同僚可能是辦公室內坐在你旁邊的人、隔壁大樓另一個部門的人，或是隔著半個地球素未謀面的某人。試圖取得他們的合作可能令人發狂，因為隔閡越大（專業領域以及地理位置），他們越可能對必須做什麼和什麼時候做，有不同的優先順序考量或想法，其中雙方在優先順序考量上的差異，可能使得你很難完成工作。此外，來自不同的專業領域與學科背景也可能讓彼此的行事作風迥異，你的同僚可能

用惹你生氣的方式工作，即使他們不會妨礙你的工作。而且，工作（尤其是重要的工作）往往需要來自不同專業領域的同事一起合作，也讓影響力變得複雜許多。

應付同事的關鍵概念

在試圖影響那些與你共事的人時，有幾件事情要牢記在心：

- **確認你真的了解同事的狀況，亦即他們的世界。** 當你遭遇阻力時，更要深入探詢對方在乎的事物。抱怨與反對可能暗示哪些事是重要的，不要將它們看成是對方負面行為的證據。人們很容易對不肯合作的同事的人格做出負面評價，不過，對方可能真的有不同的考核標準、抱持不同的目標、承受不同的壓力，以及其他可能影響他們回應的因素（欲複習這些可能的情況，請參見第四章圖4.1的「除性格以外塑造行為的結構因素」）。
- **弄清你想要什麼。** 當你得不到你需要的合作時，很可能會開始過度索討次要的請求，例如：對你所做的事情給予更多的尊重、歡迎的語氣、事前資訊，或更快的回應。得到一個更好的工作關係，往往始於某些特定事情。經過那次成功的交易之後，你所重視的其他籌碼可能就隨之而來。
- **擴大選擇範圍：尋求多管齊下的交易，不要只是尋求單一的解決之道。** 雖然你可能想要從專注一項具體的請求開始，但是全面了解對方重視的許多籌碼，並意識到哪些會產生正面的回應，可以更容易找到交易的可能性。這個想法適用於所有談判的智慧：可能的話，不要執著於某個立場，設法從各種不同的利益著手。
- **將所有的合作請求與對方的要求、目標或是目的結合**；然後在不冒犯別人的情況下，要求或是討論任何與對方行為有關的事

情。向對方說明他的過去作法不會讓他達成目的，只有做你所要求的事情，才有助達成他的目標。

- 即使不成功，也不要毀掉任何溝通的橋梁，因為遲早會再碰面。清楚知道你的計畫有多重要，卻無法促使你的同事合作，實在讓人沮喪，但千萬不要開始把他想成是個白癡（或是更糟）。記住，你可能尚未發現足夠進行交易的籌碼，而你也不可能永遠擁有影響力。如果你能做的都做了還是無法成功，不要羞辱對方或是關上未來的交易大門。你永遠不知道將來什麼時候會再碰到這個人，你希望留給人的是好印象。

影響同部門的同事

所有上述普遍性概念，也適用於與你同部門的同事。雖然你們可能有共同的老闆，但各有不同的職責，也就有不同的優先順序考量，為了得到你所需要的，你必須遷就同事的需求。

友好的競爭對手；「競合」

組織內的重要挑戰之一是，如何平衡你對既必須和睦相處，但又彼此競爭（資源、老闆和其他人的青睞、報酬和升遷）的同僚的依賴。組織不必採取奇異的作法，在部門成員之間進行強迫排名（forced ranking）*，以維持一些隱性競爭；即使是最扁平的組織，在資源、升遷和其他機會上的合作還是有一些限制，差別在於差異的程度，有多明顯。同時，在一個複雜的世界裡，分工的本質意味著同僚彼此需要，為了達成目標，他們必須取得所有的資訊、專業、資源、人脈，以及渴望的支持。

---

* "forced ranking" 是奇異所採用的一種有名的績效評估系統，它將個體按照一定的標準（或者標準系統）進行相對排名，作為淘汰與獎勵的標準。

相關的挑戰介乎顧及自己的需求和回應對方的請求（影響力的嘗試）之間，回應別人的請求或能建立自己的地位與信用，但也可能耗盡你的時間與資源，使你無法達成自己的目標。

如果他們無法平衡這些對立的需求，組織裡廣大的中間階層可能因此而喪氣。表現得太好競爭，你會招來怨恨，最終換來同事的報復（當大家認為同事行徑惡劣時，他們有的是辦法見死不救）。同樣地，只對自己的需求有反應，你會招來孤立。但是表現得太合作、無私，就可能被人佔便宜，而且無法達成你必須完成的任務。箇中訣竅就是要「比任何人都更樂意合作和幫助別人」，一種在不顯露企圖心下的巧妙競爭作法，但絕不能玩把戲，否則會予人作假和狡詐的印象，而損及你的成效。第二項要領，是盡可能發揮你的創意締造雙贏，既可以達成你的目標，也幫助別人達成他們的目標。

幫助你的同事有所成，是成為一名有力組織成員該做的，值得你自動自發去學習、看齊。不要只等待「大」場合，其實你有無數機會可以找出同事的興趣，並盡自己所能幫助他們。

這個概念與最近的研究發現有關：會把達成許多交易當成每天工作一部分的人，通常擁有比較高的地位，也更具生產力。他們與同事維持深厚的關係，不是偶爾聯絡和保持疏遠[1]。

善用推銷模式，影響其他部門的同事

要影響有些疏遠的其他部門同事，相對比較困難。其中許多問題與應付同部門同事的問題類似，但因距離因素而更加嚴重。除了本章以及本書第一部分已經討論過的概念之外，我們向最近諮詢的團體提出了一種「心態」，一種將同事當成是客戶的特殊作法。

你也可以改變心態去適應新的推銷模式，將同事當成是公司的客戶。

提醒你一件事：不要將推銷視為一種單向交易，強迫人們購買他

們不想要或不需要的東西。各式各樣的銷售系統是從客戶加入後，一起合力解決問題才開始存在，所以你是在幫助他們解決問題，這才是我們所謂的推銷心態。

思考向同事推銷的力量

一家大型軟體公司的訓練與人力資源發展部門正在開會商討，如何加強影響管理生產線的同事，他們對於自己無法發揮效能與地位低落感到洩氣。

「我們提供多種開發課程與諮詢，但是要讓人上門非常困難，線上主管給我們的支援不多，而且每次財務吃緊時，我們的預算似乎總是第一個被砍。」

在反覆推敲問題之後，這個部門的主管表示：「讓我們假設公司已經把我們的工作給外包了，所以我們是一家獨立的訓練與人力資源發展公司，每個人都是靠收取銷售佣金領薪，我們的作為會有任何不同嗎？」

其他人一開始感到有點吃驚，然後他們開始發表意見：首先，我會比現在更清楚他們的業務內容。我並不真的了解各部門在做什麼，也並非完全知道他們的主要考量是什麼。

是的，我會努力找出呼風喚雨的人是誰。誰是關鍵的線上主管，如果我得到他們的保證，他們會真正支持我的產品嗎？

這點很重要——我們將自己所做的想成是產品而非課程。我們該如何讓他們相信我們的產品比誰都好，且能真正滿足他們的需求呢？

為了做到那點，我們必須說他們的語言。現在，我們用的是訓練人員的語言來談這些課程如何幫助他們的人員成長，而非用財務、績效等術語。當我們使用自己的表達方式時，訓練與人力資源開發似乎像是一件可以做的事，而非必須做的事情。

而且，我們必須對推銷這個行為感到自在。目前，我們表現得好像有失我們的身分，而且身為專業人士，應該只是提出最好的教育課程。推銷讓人感覺像是兜售，所以我們不是非常好的產品促銷人員。

這種新思維刺激了訓練與人力資源發展部門採行新作法，並贏得線上主管的敬重。

　　無論推銷產品、服務或構想的方法為何，為了成功，就會產生某種交易。客戶（同僚）必須看到他會得到至少等值的某件東西，才會下訂單給你（滿足你的請求）。他所得到的東西可能是有形的（產品或服務），可能是無形的（某種感受，例如：驕傲、名聲或人脈）。舉例來說，當一名高階主管購買一輛頂級的寶馬汽車（BMW），他買的不只是一種交通工具，還包括與這輛車有關的其他東西。「我已經到了」，可能具有象徵意義，它也可能是指相對的身分地位：「我勝過我的鄰居，他們只有一輛雪芙蘭（Chevy）。」或可能是聰明消費的自我肯定：「我找到了一輛別人不懂得欣賞，但設計精巧的車子。」

　　換句話說，不要將重心放在你的產品或服務有多棒，而是要著眼於這個同事眼中所看到的好處。就這麼簡單明瞭，但是過度熱心的人和組織卻經常忽略它。科技人容易沉醉於自己產品的功能，並將宣傳重心放在產品有多棒，而非產品對使用者的好處。同樣地，許多人興奮地只看到自己的計畫有多重要，或是這個計畫對他們的成功有多重要，以至於忘記同事所渴望的東西。

了解顧客的世界

　　然而，決定顧客（以及同事）想要什麼，不一定都是如此輕而易舉。有時候客戶想要什麼並非顯而易見，有可能是因為他們不了解自己，也可能是因為他們想要隱藏需求，以作為討價還價的伎倆。他們可能真的無法將你所提出的籌碼與他們想像的需求聯想在一起；更糟的是，他們可能不喜歡或不信任你。這個疑慮可能掩蓋住他們真正想要的東西，或是他們可能害怕，萬一你知道他們想要什麼，可能反被利用來做出對他們不利的事。

　　如果你不清楚他們想要什麼，就直接詢問他們。詢問他們所面臨的核心問題、現在使用什麼方法來解決問題、究竟如何使用既有的工具與方法、滿不滿意、有什麼特別想要的東西或報酬等等。設法發掘

他們在乎什麼，這就是銷售人員的推銷之道，應對一個疏離單位的同事時，你會發現這種作法很有效。

如果對方不喜歡直話直說，你必須以友善的態度鼓勵他去除心防。你希望可以讓對方建立對你的信任，你才能從他口中挖出他感興趣的事物，而這也有助於你發揮更多的影響力。你越清楚同僚的興趣、需求與價值觀（或是如我們稱之為「籌碼」），就越有機會找到方法滿足他們。

如果同事不知道你所提供的籌碼，能如何滿足他們的需求，仔細觀察他們如何進行談話，想想自己是否使用了合適的語言。每個組織部門都有自己的行話和溝通方式，所以你可能使用了適合你部門但未必適合他們部門的說話方式。舉例來說，前面範例裡的人力發展人員了解，他們說話的方式，對於在乎業績的線上主管來說過於軟弱。

如果你沒有得到正面的回應，就要進一步詢問。詢問你的請求有何不足之處，並在不動怒的情況下探索這個答案。承認真正的不足之處，並利用它來探索更多關於這名同事究竟會被什麼影響以及需要什麼。你不只從中學習，還要建立對將來會有助益的信用，但同時還要確保找出目前他們可能不了解的好處。有時候，你可以拿某個領域內的不足之處，換取另一個領域想要、卻少有人知的報酬。

克服不信任

如果別人不喜歡或不信任你（或是你的部門），直接針對那點來處理。從探問什麼事讓他們不高興，以及與你合作會造成他們何種疑慮著手，仔細聽取答案，千萬不要讓你的防禦心使得你充耳不聞。即使他們不願意具體說明，你還是可以感受到他們在閃躲什麼，或是從字裡行間得到解讀。如有必要，你可以明確說明他們做了哪些事，使得你認為你們之間存在著不信任。你可以提及尷尬的沉默、來電不回、避免眼神交會，或是任何讓你覺得他們不是完全信任的情況。這種直接、具體提出證據的作法可能會令對方不舒服，但卻能逐漸敲開

同事的心房。你將牌攤在桌上，所以你更值得信任。

　　另一項必須仔細聆聽的理由是，這麼做的過程也累積了信任。除非你抓住你所知道的錯誤不放，並利用它置同事於不利或是給他難看，否則專注地傾聽，並證明你了解且關心對方所說的話，是關係的催化劑。

　　過去的事件（不論是真實的或是想像的）往往會影響人們的態度，詢問會影響你目前認知的過去經驗是非常有幫助的。如果你或你的部門曾經做錯事，就認錯。規避犯錯的責任只會降低別人對你的信任，而且坦白認錯會讓你成為一個更值得信賴的人。除此之外，承認自己的不好，常常開啟互惠行為，能讓對方更樂於打開心房，這也是一種利用互惠行為來達成交易的好方法。

　　確實提出許多與對方的興趣、挑戰和關心的事物有關的問題；然後給予真誠的回應。很少有人不想被了解；再者，展現發自內心的關心與好奇心有助於減少猜忌。此外，當你真正了解某人的世界時，將更能體會對方的感受，這對於強化彼此的關係是非常重要的，這幾乎是不變的真理。

　　其次，想辦法去達成證實為有價值的交易，尤其是在有重大風險的地方。你可否提出一個相當於免費試用或退費保證的作法，或是一個既能展現你所提供籌碼的價值，還證明你說到做到的小規模試驗性計畫？你可否竭盡所能地給人方便，無論是長途出差配合對方，或是願意在非上班時間工作（例如：挑對方方便的時間，與亞洲同事進行電話會議），或是取得對方所要求的資訊？不管做什麼樣的工作，你比同事更願意承擔風險，都有助於減少同事對你或你部門的猜忌。

對付極力討價還價的人

　　如果你正與某個極力信仰討價還價的人打交道，首先，不要把對方的行為看成是針對你個人，將你的個人認同與你所處的角色分開，把對方的討價還價想成是一種運動競技，或許是為了高額賭注，而非

羞辱個人。一些企業文化或次文化相信凡事都得討價還價，所以你要將個人因素從中抽離，並想出談判對策。如果你與某個習慣討價還價的人打交道，問題不在於你，你要做的只是努力協商。

如果對方重視強悍的籌碼，你必須採行類似的作風，即使你並不喜歡。雖然有一些人毫不留情地討價還價，並享受兩面手法與支配的樂趣（就像我們之前觀察的創業家，他會達成一個協議後，繼續要求另一項讓步；同意後，又再要求另一個），但是採取強悍的作風未必是存心不良。你要做的只是想清楚如何用最好的方式來回應同事的強勢表現（這可能使得你必須採取類似的作法），但永遠要思索方法，達成共識，使關係得以延續。作風強悍的人不喜歡強硬的對手，卻敬重他們（套句經歷過一次痛苦離婚經驗的友人的反諷：「假如我還敢再離婚，我想要我前妻的律師幫我打官司」）。如果這名同事很會討價還價，不要洩氣，要以強而有力的相對觀點擋開他的論點，有時候反而因此導致正面的關係和雙贏的解決辦法。

如果你伶牙俐齒，不妨利用幽默的談話來轉移攻擊。妙語如珠取代反擊可以減輕緊張關係，降低對方攻擊的衝擊力，並有助建立關係。拿不準的時候，就採用自嘲的幽默，例如：「噢，我知道了，你想要我們做的就是認輸、倒閉，並給你所有你想要的東西，我猜我一定被當作是全世界最孱弱的對手。」面對頑強的對手，不要太快投降，否則他們會覺得應該還可以拿更多，還有不要在談判桌上留下太多東西，你必須讓他們覺得你已經被榨乾了。

將所有人都視為長期客戶

把所有人都當作是長期客戶是推銷的首要原則之一，這個原則與此論點有關：你應該以別人在乎什麼，而非它對於你的重要性，來塑造你所推銷的東西。你馬上就可以看出，它與一般要求了解和評估對方狀況的作法間的相似之處。

就如同銷售人員不想掉入把常客視為理所當然的陷阱，把你的同

事當成某個你可能失去的客戶也很有用。事實上，在一些組織裡，非你部門的同僚可以去找其他管道，因為他們可以購買自己的支援服務、優先考量其他問題，或是乾脆拒你於門外。即使公司不允許向外部尋求支援，這種情形還是有可能發生，例如：向外面的業者購買訓練服務，忽略或刻意拖延你的請求。

其次，攸關銷售人員的不僅限於銷售產品或服務，客戶的成功也攸關著他們的利害，你也與你同僚的成功息息相關。你們不僅屬於相同的組織，你的協助也累積你日後可能必須提取的信用。

給予參與的籌碼

當你與公司內部利用你服務的「客戶」有一持續發展的關係時（例如：範例所示的訓練與人力資源發展部門），可能有些額外的東西是必要的。這些「客戶」比較像是「夥伴」，因為他們不只接受你的服務，也與你合力創造服務。他們通常必須給予這個服務的設計許多意見，也很可能深入參與和你一起創造那些服務，他們會期待你所提供的東西能與他們做的其他事情協調運作。

這個密切的類夥伴關係假設了一個密切的工作關係，彼此的想法交流，而且你所推銷的服務性質必要時將會轉換和改變。因此，你應該想像自己已經加入他們的組織，好像受雇於他們一樣。身為一名忠誠的雇員，你會想要影響他們的作為，並被他們的需求所影響。

就像任何同僚一樣，你必須小心評估他們所面臨以及承受的壓力。了解他們的世界，可以讓你快速地調整你的期望及提議，更快的回應則是另一個你可以提供的籌碼。

許多「客戶」擁有與財務無關的籌碼，不要忘記努力去發掘那些籌碼。不過有些人會以財務術語評斷一個人的表現，並將得到的好處轉化為數字。你可能想要複習麥克·賈西亞的例子，當這名總公司的行銷經理給予地區總經理更多的尊重，並表現得像是他們在總部的支持者時，他的行銷計畫就獲得這些地區主管更多的支持（參見第十一

章）。如果你想要另一個例子，可以在我們的網站上讀取訓練主管威爾・伍德的例子，他學會把新的訓練計畫轉化為每個參與者的成本（http://www. influencewithoutauthority.com/willwood.html）。

從客戶對問題的定義著手

　　向客戶推銷的最重要問題之一，就是從客戶對於要解決之問題的定義著手。儘管客戶的認知可能是錯的，因為正確的診斷結果也許只是缺乏專業，但是那卻比不上找到方法解決定義或問題背後客戶關切的事情來得重要。舉例來說，經理人找上訓練與人力發展部門，想要一個提高創新能力的課程。在某些情況中，訓練專家可能說服這名客戶：創造力低的原因是領導力的練習不足，創新訓練不會有用。但是除非訓練人員已經建立信用，否則這樣的主張往往淪為耳邊風。相反地，認真看待這名經理人的想法才是重要的。

　　從客戶的著眼點開始，可以贏得信賴，然後就可以利用你的信用和管道，得到更好的調查分析結果。如果這名客戶是你的「夥伴」，而且最後他必須成為你的提議的重要執行者，他必須認同並接受這個調查分析的結果。否則，無論你的觀察有多麼敏銳都不重要，因為什麼都不會發生。你可能確實知道什麼對客戶最好，但不會因為你提出來，他就要相信。你必須對向客戶提出建議的服務深具信心，如果客戶欠缺你建言中的相關經驗，那麼你可能必須規畫一個實際示範計畫，去證明它的有效性，並讓他們直接體驗。實地參觀已採用你的服務的地方，是另一個將提案具體化的方法。組織內部其他同事的推薦也不錯，但是推薦或許比較缺乏說服力。

關係「實在」重要

　　誠如任何一位銷售人員都可以證明，一個正面的關係對於成功影響客戶是不可或缺的，單憑技術專業很少能夠成功達陣，「化學作用」也很重要。不要感嘆這項事實，或是詛咒那些看不懂你所擁有的資源

（嶄新的會計、資訊或訓練系統）的蠢蛋，把力氣花在關係上吧。雖然我們提出的認識對方、傾聽以了解對方的世界，和不要歸咎於壞的動機或個性等重點也很重要，但是展現你最人性的一面，會讓你變得既有趣又值得信賴，所以，讓你真正的自我派上用場吧！

有時候，人們容易忽略「客戶」組織裡的每個基層人員都可能是重要的，他們會影響別人如何看待你——以及對待你。因此有經驗的銷售人員不只設法在關鍵決策者面前一展身手，還了解接待人員與行政助理並非不用理會的討厭鬼，他們也很重要。當你向將來還要合作的「客戶」同事推銷時，要將每個人都視為重要的參與者。

了解層面更廣的系統效應

有些銷售人員可能預測到，組織其他部門可能會成為他們推銷產品時的阻力，如果那種情況真的發生，他們會幫助「買主」規畫理由或方法，向他們的老闆、財務部門、姊妹單位等其他重要的參與者推銷。

組織是一個互相連接的系統，某個部分的改變可能對另一個部分有正面（或負面）的影響。因此，除了要了解客戶活動的性質外，事先知道你改變的行動、產品或服務將如何影響其他部門，也是明智之舉。即使一個小改變都可能造成意想不到的負面後果，事前了解可能引發的系統效應，不要等捅了摟子之後才去想解決之道。

你不可能全贏

銷售人員必須能夠接受拒絕，即便最好的銷售也可能失敗。有時候，你的部門所提供的東西無法滿足客戶的需求，而且不管怎麼做都無法得到更好的結果。不是所有的情況都可以產生有利的交易；在這些情況下，你要有風度地退出，不要怪罪客戶。你的好名聲將會跟著你，因此你要漂亮地離去，設法為將來的影響力敞開大門。

　　問題範例：同事不願意合作，所以你無法完成你的任務。「我原本應該為有錢的客戶提供完整的金融服務，但是我無法說服銀行其他部門提供正確的個人化產品服務。他們視其為麻煩事，不只對他們的目標沒有太大的幫助，也不值得花時間。我認為，他們並未真正了解為私人客戶提供優質服務的好處。」

　　解答：思考這些在不同部門任職同事的世界，例如：抵押貸款部門的職員要一整天應付那些辛苦取得他們所需的融資和信用貸款的人；他們的收入或許比起你客戶的收入和總資產少上許多。抵押貸款人員的考績是按照交易內容來評量──完成多少貸款、風險適當度，在某些設限地區仍能賺得令人滿意的利潤，不是按照總成交金額來評量。他們可能發現與一名私人客戶進行貸款的討論需要付出的時間與利潤不成正比，完全無利可圖，因為這筆貸款案可能出現了一些很不尋常的訊息，例如：第二間房子需要大筆貸款，或是私人遊艇登記在這間銀行不想要打交道的國家。除此之外，這些抵押貸款人員可能覺得和具有常春藤名校背景和行事作風的超級有錢人在一起很不自在，甚至感到非常厭惡。

　　你越了解無法立即服務你客戶的同事所承受的壓力，越能找到減輕他們壓力的提議，無論是透過直接參與部分的流程、研判機會、找到正確的內部資源，或是緩和與客戶的互動等方式。

　　如果對方拒絕合作主要是因為雙方的績效評量標準不相容，你還是有其他選擇可以找到有用的籌碼。如果時間是一個因素，你可以做些功課，加快程序。你可以與客戶合作，讓這個請求在銀行其他部門的眼中看起來，比較沒那麼討厭。你可以利用願景當作籌碼，讓銀行看到不錯的整體利益，並間接讓抵押貸款人員（或是任何你試圖影響的其他人）看到他們的利益。你可以表達你的感激，以及向更高階層讚美對方的意願。或許最沒用的籌碼是對你重要但卻對同事無足輕重的籌碼，像是：「我真的必須讓這位客戶滿意，才能得到我的獎金。」如同所有與影響力有關的交易行為，你要推銷對方重視的東西，不要

一心只想著自己關心的事物。

你也不妨徹底想清楚你究竟要什麼，你要的是一個費率報價，還是一項完整的交易呢？你的銀行並不適合承接在印度購置第三個家的大筆抵押貸款案（或是交易股票，或其他服務），這個誠實的資訊是否有用呢？你是否願意勉強接受五分鐘的溝通對話，讓你說明為什麼幫助這名客戶是如此重要，例如：可以帶來其他的生意？了解你想要什麼，即使你無法得到也坦然接受。

升高層級

將未能解決的問題帶到共同的老闆那兒，是經常可能發生的，但不是理想的作法。如果你感到絕望，與你的同事無法有任何的進展，你會很想得到上面的支持。這個作法的問題是，如果你經常這麼做，可能會被視為沒有能力當主管，而檢驗你發展潛力的標準之一是：你是否可以在不依賴階級制度的情況下，完成事情。其次，你可能得不到支持，子彈也已經用盡，如果你還去找上面的人，會惹惱許多同事，覺得你很愛嚼舌根。

不過，如果你什麼都試過了，並相信你所要求的東西對組織的未來是重要的，你可能很想得到一些協助。但是不要跑到前線去並說明你為什麼應該從高層那裡得到權力，而是利用這位高層作為資源。請高層給你建議，如何取得同事的合作，說明你也許是不了解同事所重視的某個層面。絕對不要攻擊同事，不要要求高層採取直接的行動，雖然有時候他還是會提出適當的建議。相反地，你要把重心放在你自己的學習上，要求上司幫助你研判情勢，讓你可以更有效率。在這個過程當中，你或許有機會談論為什麼你正在進行的工作是如此重要，但是你的重點在於，如何能取得必要的支持。

對付同事討人厭或更糟的行為

到目前為止，我們已經討論過無法如願與同事進行合作的問題，除了立場需求不同外，人際相處的態度或是其他同事的行徑，也可能是有問題的。影響對方的行為是困難的，但並非不可能。

問題範例：同事的行為令人生氣。「我有一名同事快把我給逼瘋了，因為他總是拘泥於最瑣碎的枝微末節，從來不看大方向。甚至在我不需要他合作的時候，他的態度也讓人覺得生氣。我花了許多力氣構思可以提供更好服務給顧客的方法，但他就好像外國人一樣，從來都沒有對任何新點子有積極的回應，只會說：『那表示明年我必須規畫多少工時呢？』等類似的話。有時候，我覺得自己像是從山上下來的摩西*，而他只想要知道，為什麼我沒有使用六號鑿子！」

解答：如果每個人都跟你一樣，或許這個世界會比較愉快，但是缺乏多樣性的技巧和觀點將不利生產力。如果你是個很有創意的人，那是非常珍貴的特質，但是如果有個和你同事一樣在乎細節的人，確保這些想法確實可行，很可能可以強化你的點子或執行得更好（反之，你天馬行空的想像力或許正是解放這個缺乏想像力的同事的必需解藥）。

因此，要影響這名同事（以及多數同事）的第一步，是檢視你自己的目標和行為，藉此找出問題的根源或肇因。在這個案例中，你的不耐煩跟雙方都有關係，所以你必須了解能與你互補的能力，並想辦法尊重它們，知道自己的限制以及行事作風與自己不同的同事們的價值，將會大有幫助。

除此之外，仔細看看你對於同事過於偏重細節的不耐與不屑，是否讓他更加吹毛求疵呢？當然，他天生在乎小地方，但是你也可能太

---

* 摩西在山上接受上帝給他十誡法板，希望帶給百姓神的話語與旨意，但是下山後，他發現山下的百姓竟然在拜金牛犢（埃及的財神），摩西非常生氣，當場將神所給的十誡法板摔碎。此處以摩西下山自比肩負神聖使命，但是卻因為人們的不信神而感到生氣。

過於堅持保留天馬行空的想像空間，誘使他更以「一絲不苟」為樂，那也刺激你更加天馬行空，然後又刺激到他，沒完沒了（這個交互作用的角色關係，以最普遍的形式，詳述於圖12.1。另外在第九章的「把建議當成交易」的段落裡有更詳細的解說，也請參見第六章〈建立有效的關係〉，進一步了解與同事的往來之道）。

圖12.1　交互作用的角色關係

你的行為引起我反擊，我的反擊引起你做更多這樣的行為，
我又因而反擊，不斷循環……

某甲的行為　　　　　　　　　　　某乙的行為

　　你的態度與他的行為之間的交互作用，代表你們其中之一或是雙方都可能必須改變某種行為，才能改善關係。這未必單指對方，如果他的作為與你的反應之間有關聯性，那麼你們任何一方都可以採取主動，打破這個模式。因為你是被激怒的一方，無疑最容易控制你自己的行為，細想你可以如何來打斷這個互相強化刺激的行為。

　　其中一個方法是在對方身上測試這個模式。勾勒這個模式，並詢問他是否真是那樣看待你們雙方的關係。光是認清這個模式，就常常可以在沒有其他干擾的情況下解放並改變這個關係。

　　如果你不習慣這麼做，可以開啟對話，坦承你有時候很討厭他過於拘泥細節（提出幾個例子），並詢問對方你是否做出了任何刺激這種行為的事情。你可以解釋為什麼你如此討厭這種行為，這可能開啟關於你害怕他永遠也不會加入（以及或許他也害怕你永遠也不會回歸現實）的討論。一旦把事情攤在桌上，開始提出交易就不會太困難，例如：

噢，我的確不希望一切只是空想，但是如果我無法讓事情順利發展，這真的會阻礙我的計畫。如果你在用小細節否定我之前，可以先等一下，我會很高興把所有的點子想過一遍，以取得實際可行的細節，並放棄任何沒用的點子。我可以放棄它們就跟它們從我的嘴裡說出來一樣容易，所以你可以確信我不會沒完沒了，堅持一些完全不實際的東西。

要不然你也可以說：「如果你同意我們能夠再進一步協商，而不是一次就定我死罪，並提出你切實可行的反對意見，那麼我答應在提出每個觀點後，讓你有機會回應。」你也可以這樣說：「一旦展開行動，我喜歡事情能順利發展。如果你願意在我進行的過程中列舉你的觀點，那麼我同意採納你喜歡的觀點，並保證考慮你的每一個看法。順便一提，如果你的觀點偶爾有些依據，我會很高興，如果我認為你無法做完全部的事情，我甚至會提供我的一些觀點。」一旦你們雙方都了解問題所在，達成雙贏結果的可能性是很大的。誠如這個對話的某些地方所示，有點自我調侃無傷大雅。

工作與人際問題的相互關聯性

為了方便說明，我們常把會影響同事的工作與人際關係等相關問題分開來看，但有時候，這兩個領域是糾結在一起的。工作上的意見不合（無法取得合作）會造成沮喪，也開始把同事看得很糟糕，這些問題很快地糾結在一起。性格或人際問題往往源於無法和同事合作達成共識，但這個源頭卻因為雙方的反感而被忽略。

因此，建議當你對同事有負面的認知時，要試圖釐清此一問題的核心是否和工作相關，或純粹只是個人的行事作風。利用籌碼和交易比較容易解決工作上的歧異，可能的話，盡量從那裡著手。如果真的有行事作風的問題，請記住，你是站在人際關係的一方，千萬不要把這名同事看成無藥可救。如果完全行不通，你大有機會下此結論，但

是一開始就認定如此，將會妨礙可能的進展。

　　影響同事的行動會引發許多陷阱，尤其是與你是誰和你如何看待這個世界有關的陷阱。這或許和如何使用籌碼與交易的能力較為無關，而是由於你太自我保護，以至於破壞了改善關係的機會。在組織生活中，有效的影響很少是單向的；缺乏相互關係，許多的組織成員會固執己見，並變得更難以受人影響，或是等待重新取得平衡地位的機會（透過擾亂你的平衡）。尤其在與同事來往時，相互關係非常重要，如果組織傾向於強化競爭，這點可能很難。表12.1列舉許多你所引起或是緊握不放的個人包袱，以致你無法發揮影響力。

表12.1　解決與同事影響力問題的阻礙

- 難以忘卻過去的恩怨，一有不同的意見就堅持要搞清楚誰是「對的」。
- 不願意承認你在這個問題裡面所應負的責任。
- 害怕自己很容易受到攻擊。
- 輪番攻擊；同事坦承某事後，又再提出另一項指控。
- 儘管嘴巴說合作，卻一心只想著與同事競爭。
- 以為想出解決的辦法（尤其是關係的問題），就可能必須放棄個人的正義感。
- 陷入有關動機好不好的思維，而不去了解實際情況的複雜性。
- 把（有關同事有多愚蠢或是錯得多離譜的）「正義感」，看得比達成目標還重要。
- 過於擔心在老闆面前表現不佳。
- 死守一個位置，一心只想要在別人面前保全面子。

註釋

1. Francis J. Flynn, "How Much Should I Give and How Often? The Effects of Generosity and Frequency of Favor Exchange on Social Status and Productivity, *Academy of Management Journal* vol. 46, no. 5 (2003), pp. 539-553.

發動或引導重大的變革

　　所有的影響力全關乎做出改變。無論你負責的是新產品的開發製程、組織結構的變革、新型薪酬系統的完成，或是有一個新鮮又特別的生意好點子，還是有一個像是改變供應鏈以省下數百萬美元的改革構想，你都有許多人與團體要影響。但是要帶領一項重大的變革，或是發動一項你所關心的目標，必須考量一些特殊的層面。

　　因為影響力需要給予某件有價值的籌碼以換取你想要的東西，所以在取得必要的影響力以實現重大變革方面，將面臨幾項重大挑戰。在階級層級上，你必須影響你的上司和同事，讓他們提供資源、資訊、支持或認可；你必須應付和掌握組織的權術運作；你必須組織一個相信你正在做的事情的工作團隊；你也需要結合驚人的恆心與毅力、動力與彈性，以便牢記你的最終目標，同時在過程中進行調整。

　　變革涵蓋許多不同的影響層面，所以我們極力主張你去閱讀與觀念有關的第二至七章，以及實際運用的章節：「影響同僚」（第十二章）、「影響直屬上司」（第八章）和「了解並克服組織的權術運作」（第十五章）。除此之外，你也可以從我們網站上面延伸的兩個例子和它們的分析，獲得非常深入的了解；你會看到莫妮卡‧阿胥利努力克服許多障礙，開發並引進一項重要但具爭議的新產品，以及威爾‧伍德設法取得資金與支持，將線上訓練課程導入他的組織（http://www.influencewithoutauthority.com/monicaashley.html 和 http://www.

influencewithoutauthority.com/willwood.html）。

　　雖然這些資料對於產生重大變革很重要，但我們還是要探究在這個領域裡尤其重要的幾個觀念，然後你可以在我們的網站上看到，我們如何將這些觀念應用在威爾‧伍德引進重大變革行動的真實案例，說明仔細的規畫與不斷的努力，如何能夠促成成功的改變。

願景的重要性

　　以改革對顧客與客戶的影響為基礎，制訂一個願景，說明要實現的改革是什麼。願景是吸引人們支持你改革的一個重要籌碼。如果人們可以了解你所推動的改革會對公司、顧客或大眾造成何種影響，許多人將會給予正面的回應。它不是你可以利用的唯一籌碼，卻是一個好的開始，而且還可以吸引許多不同的人。如果他們可以看到實現這項改革的最後好處，可能比較願意幫忙，也比較願意原諒錯誤，更願意動腦思考如何支持這項行動。

　　一個有力的願景生動描繪出，一旦它能成真，將如何改變一些重要團體的生活。願景所描繪的不只是未來會發生什麼事，也說明這個願景為什麼如此重要。如果你只會說將來會賺到或省下許多錢，通常不會管用，雖然對於某些高階主管而言，剛開始或許可以吸引他們的注意力（在任何情況下，你都要配合觀眾調整籌碼）。願景充其量可以幫助人們了解他們工作的重要意義，感受到自己所做的事情與人們息息相關。它是抓住人們的注意力並訴諸他們的本能，以這些良好感受作為報酬。

　　這意味著你必須發展出一個可以馬上說出來的好故事（不是虛構的！）。創投專家向創業家們傳授「火箭推銷」（rocket pitches）或「電梯交談」（elevator speeches），這是他們事業計畫的有力濃縮版本，可以讓他們在搭乘一趟電梯的時間內說完。他們必須能夠讓他們的計畫與其他人的計畫有所不同，並快速擄獲人們的注意力。你不一

定都能夠花這麼少的時間告訴某人：你需要誰的合作、你的改革是關於什麼，但是重要人物可能都很忙，所以要做好準備。如果你有一個強而有力的願景，但是不知道要如何實現它，這個願景將不會有太大的助益；如果你無法抓住任何一個人夠久的注意力讓他相信你的願景，也不可能執行一個很棒的計畫。

記住，願景基本上和熱情有關，所以它必須是某件可以激發你熱情的事情[1]。

將改革的願景與組織的核心價值、目標、策略及當前的難題相結合。 雖然按照定義，你試圖達成的任何改變就是以不同於現在的方式做事，但如果你能證明它與企業傳統與文化的關聯性，會讓其他人感到自在些，也比較不會反射性地抗拒改變。有時候，那是很困難的，尤其是當你相信企業文化本身就是必須改革的對象（例如：從內觀〔inward looking〕和安於現狀變成以顧客為尊和積極任事），但通常還是有一些關聯性可以建立。你可能必須回溯到早期組織發展的歷史階段，提醒人們公司當時的作風有別於今日，但是這個努力是值得的，既有助於去除新構想的陌生感，也有助於其他人打開心房接受改變。

控制壓力

願景不僅指出未來走向，也創造了有利於實現願景的差距壓力。如果事情的現況與未來的可能發展之間沒有一些壓力，就不會有改變。如果這個願景充滿吸引力，那麼釐清現狀與渴望的未來之間的差距是有助益的。如果這個願景很能激勵人，也不是無法達成的不可能任務，它就創造了一個良性差距壓力（如果這個願景是吸引人的，但是你的聽眾卻認為是個不可能任務，你必須向他們證明你知道如何達成，不然就要重新檢視你自己對於可行性的假設）。人們在遭遇適度壓力的時候，最願意學習或改變。壓力太大的時候，他們因為恐懼而變得呆滯（就如同數學焦慮症*）；壓力太小時，他們看不出有改變的

必要。

你不僅可以利用這種洞悉力去調整自己的願景，也可以創造更大的意願去改變你想要合作的人。你可以透過強調現狀和渴望的未來之間的差距，或是聚焦於目前所有的錯誤，讓他們感到有些不自在。這兩種方法都可能有用，但是告訴同事關於事情有多糟糕，可能會使得某些人提高心防，尤其當現況的發展他們也有責任時。所以可能的話，利用願景製造適度的壓力。

一個有關改變的有趣複雜反應是：有些人非常抗拒改變；有些人急著參與；還有許多人相當矛盾，既害怕又好奇。你可能不是很能影響抱持極端態度的人，但是你可以大力關注那些有矛盾情緒且因此意願搖擺不定的人，他們對適度壓力是最有反應的一群人。你可以透過強調現況與未來之間的鴻溝、加快速度、突顯顧客或其他人的不滿等來提高壓力。你還可以透過放慢速度、鼓勵更多的回應和徹底思考這些問題、尊重過去和目前的作業習慣、花更多時間訓練人們取得所需的新技術等來減輕壓力。密切留意抱持中間立場的人，藉管控壓力提高他們的意願到最大化。

找出必須被影響的關鍵利害關係人

任何改革計畫都會引起許多人的興趣，例如接受者、執行者、管理者、規畫者、那些可能間接受到影響的人等，亦即可以影響這項計畫最後能否被接受的人。另外也包括那些將會受益的人、會遭受負面衝擊的人，以及一些外部團體，例如金融界或媒體等。從這份名單中，設法挑出所有必須做出重大決定以實現你的夢想的人。你應該盡早開始有系統地在組織內外尋找，確認這些利害關係人。

---

* 數學焦慮（math anxiety）是指一個人對數學情境緊張或憂心的感覺，這些感覺在一般及學術的情境中，會妨礙數字的運算及數學問題的解決。

你要判斷哪些利害關係人（個人或團體）是你一定要影響、哪些人若能影響和說服也很好，以及哪些人即便不滿意也可以不用理會，然後集中精力在那些必須說服的人身上。

你要設法判斷每個利害關係人重視的籌碼，利用你可以取得的所有資訊：第一手的知識與觀察、他們說了什麼、給了你他們在乎什麼的線索、他們所處的情境可能影響他們在乎的事物，還有你可以從同事那邊得到的資訊。他們對於改革計畫所提出的質疑，是了解他們重視什麼的好線索（欲了解在不認識對方的情況下找出籌碼、並診斷對方狀況的更多資訊，請參見第三章和第四章）。

如何影響疏遠但具決策地位的利害關係人

當你對那些你需要他們的支持或認可的決策者缺乏第一手的了解，麻煩就來了。以下是一些改善的方法：

你的決策者名單包括執行長或某個直接向執行長報告的人嗎？是營運長或同等職位的人？技術權威？地區主管或總經理？董事會？組織的財務人員？你能越早確認名單，就越有時間釐清他們在乎什麼，以及你可以如何提供他們會需要的籌碼，以得到你想要的決策。舉例來說，在前面提過的網站案例，產品開發人員莫妮卡・阿胥利必須影響執行長蓋瑞・多爾（Gary Dorr）、與多爾一起工作的資深經理人、死命反對的守舊派副總裁羅菲・巴克（Ralph Parker）、派來做這個案子的巴克難纏下屬艾德・坎恩（Ed Kane）、她的老闆丹・史特拉、資深科學家菲爾・愛迪生（Phil Edison）、董事會及其他人。有些人她很熟，有些人她必須去認識，並學著打交道。

一旦你有了決策者名單，就可以開始了解他們的情況（他們的世界），並判斷他們重視的籌碼。他們必須知道什麼或擁有什麼，才能贏得他們的支持？

基於你所了解的，他們的職務角色可能面臨著什麼壓力？壓力會

因為所處的產業或組織部門、競爭對手和背景而有所不同，但是決策者通常也會受到整個大環境中，大家所熟知的某些經濟和政治因素的影響。表13.1列舉一些可能影響決策者的狀況。

表13.1　可能影響決策者的一些狀況

- 經濟成長率
- 產業成長率
- 國內與國外的競爭
- 價格趨勢
- 對於原物料、與其可取得性和製作流程的依賴性
- 消費趨勢
- 利率
- 法律環境
- 對於特殊才能的依賴性
- 華爾街的預測

　　這些狀況中有哪些是決策者可能要考慮或擔心的呢？什麼狀況讓他們輾轉難眠？決策者的職位越高，優先考慮的很可能是越長期的問題，而且外部金融社群的期許與影響也越大。你的改革行動將對股價（或債券評級）有什麼影響，市場對它的接受度如何？媒體是否會有某種回應，決策者是否會考慮組織的名聲？（在我們撰寫本書時，許多知名的企業高階主管正在接受審判，有些人已經因為某些金融操縱或是詐欺行為遭到判刑；那是公司還是行業的問題呢？）同樣地，職位越高，可能必須考量更多整體組織的利益。

　　決策者的角色和職責範圍也會決定他關注的事物。他是否會不自覺地瞄準供應鏈問題及可能發生的供應中斷問題，還是會瞄準顧客的喜好和改變中的需求呢？他的職責範圍是掃瞄雷達螢幕上的一塊特殊區域，是以國內為焦點，還是不停地掃瞄全球呢？

　　了解決策者可能重視什麼的一個豐富資訊來源，是他歷來被引述

的所有談話，不管它們是出現在年度報告、演說、內部備忘錄或是與組織有關的文章裡。如果你無法全然相信這些用詞謹慎且經公關消毒過的公開聲明，還是有許多資訊可以推斷。即使這些企業高階主管所說的話反映了他們想要你去思考什麼，但仍然透露許多他們重視的東西，你要設法留意他們是否談到成長與改革，或是削減成本，並要小心提防「過度力陳」事情進行得十分完美的主管；辨別虛張聲勢可能很困難，但如果你仔細聆聽並深入了解這家公司，可能還是可以分辨。

這種背景的檢驗將有助於你提出一個可能切中決策者疑慮的訴求，然後你可以設法把你需要的東西，與他們可能需要或想要的一些東西加以結合。循此脈絡，你是否可以察覺他們可能欠缺哪些有用的資訊呢？如果你了解他們的疑慮，或許就能夠獲悉什麼東西可以打動他們，或對哪些東西無動於衷。

你的「電梯推銷」準備好了嗎？

既然這些關鍵決策者可能不會輕易受你影響，你必須準備好在短時間內以濃縮的方式，告訴他們你的願景以及這些願景可以產生哪些助益。如果你剛好與一名決策者共同搭電梯或是走在迴廊上，此時你可以利用你的改革願景──可以馬上拿出來的三十秒「火箭推銷」或是「電梯交談」。不久前，蒙特費爾醫院（Montefiore Hospital）的一些高階主管不好意思地坦承，他們已經找到辦法，把想法傳達給那位全球知名、且出了名地忙碌的院長。那就是研究他的行程，然後假裝若無其事地讀著他辦公室外面的布告欄，趁他開門準備外出時，「意外地」與他碰個正著，並迅速地提出他們目前的計畫或是請求。不管他是否曾經識破這個小詭計或只是配合演出，這對大家都好。如果你夠幸運，能與你的一名關鍵決策者搭乘同一班飛機，你是否已經準備好在幾句話之內擄獲他的注意力，再利用機會提出你的論點。

影響他們的影響者

如果你沒有簡單的直接管道，可以查一下他們比較聽誰的話，以及如何接觸到那些人嗎？找出了你想要影響的人的影響者，你還是得做影響對方的工作，只是他可能更容易交談或更容易溝通。你還是要運用整本書裡所說明的同樣論據，找到可以提供給這些影響者的有用籌碼。

另外，也可以向外尋求一些有效方法來贏得關鍵決策者的支持，但是這些方法肯定很困難。你可以在第十四章談間接影響方法的部分找到更多的資訊，但是這裡也有幾個點子。你是否可以去找媒體或是寫一篇文章，宣揚你正在推動的改革具有哪些優點以及對公司的益處？那有助於形成輿論（關於利用媒體關係鼓吹改革的啟發性範例，請參見我們的網站http://www.influencewithoutauthority.com/montanamiracle.html中有關於喚起公眾重視風力的描述）。你有沒有顧客或員工團體可以傳達你的想法？一份顧客調查是否會產生與潛在需求相關的有用資訊，或是有一份員工調查可以被正面解讀呢？你必須非常小心，不要被解讀為你這麼做不符合你的角色或是傷害到了公司，但如果你保持積極的態度並讚揚組織及其成就，就比較不會招來風險。

你必須提供哪些籌碼？

仔細診斷你擁有哪些可能對每個重要利害關係人都是有價值的籌碼。你所掌控的一些籌碼是明顯有用的，例如：你刻苦耐勞的好名聲、在改革方面的專業能力、過去達成任務的表現紀錄，以及我們前面所建議的，說明願景。但是有些籌碼可能只有在你了解利害關係人在乎什麼的時候，才看得出來。舉例來說：一名關鍵利害關係人可能非常在乎員工的公平待遇，你或許能夠由此看到你的計畫（或是調整過後的計畫）可以保護員工免於被資遣。

　　你應該不斷尋找可以提供給每個利害關係人作為報價的籌碼。記住，這些報價可能是顯而易見的，例如：承諾於他的部門設計新產品的初期提供相關資訊；或是不明顯的，例如：當他能夠以積極的態度促進組織發展時內心油然而生的榮耀感。不同的利害關係人對於事物的價值高低的認知，可能有相當程度的差異，可能非常在乎做有益的事，或是更在乎得到獎金，或是獲得能在高層面前表現的機會。同一個計畫每個人得到的報償可能因人而異；事實上，相同的報償對於不同的人可能也有不同的意義。你對利害關係人的老闆的讚美，可能被認為有助於升遷機會，或被認為是強化專業度的一種推崇。你要保持開放的態度去看待各種可能性。

　　關於那些你沒有籌碼可提供的利害關係人，是否可以讓擁有有用籌碼的人參與，形成一個三方交易呢？舉例來說，一個抱持懷疑態度的部門阻礙你的進展，你也沒有可以直接提供的籌碼，但是你或許可以與另一個團體進行交易──例如：「借我兩名分析師，你的部門將第一個試用最後的成品」──然後利用那群人的承諾，向懷有疑慮的部門證明這個計畫的價值，取得勉為其難的支持。

　　當你陷入困境的時候，你要把那些不願意合作的人看成是暫時無法與你目前蒐集到的籌碼配合，不要把他們看成敵人。你可能無法改變他們的心意，但是你回應那些拒絕合作者的態度，將決定他們是否只是與你意見相左，還是因為未被善待而堅守反對立場。拒絕的理由只要有一個就夠了！

　　貝爾曼（Geoff Bellman）在他探討影響力的書裡說道，向上影響有四個重要的態度[2]：

1. 尊重你的上級們。
2. 將心比心，待之以寬容。
3. 實現他們的期望。
4. 了解他們承受了層面更廣的組織壓力。

這些都是有道理的，利用這些概念，我們能更了解對方可能在乎的東西，以便可以實現他們真正的期望，或是幫助他們看到合作將滿足他們的期望，即使他們第一眼匆匆一瞥，沒有看出其間的關聯性。

診斷並加強關係

如同與任何你想要影響的人一樣，從一個良好、信任的關係著手會比較容易（那就是為什麼組織內部最有影響力的人，往往遠在其需要任何特別的東西之前，就擁有最多的關係）。但是並非所有的重要利害關係人都會變成親密的同事，你可能必須努力建立最低限度的信任，讓他們願意與你合作。

雖然我們曾經在組織內部親眼目睹少數非常拙於建立關係的人，但是如果肯用心經營，而不是藉口說太忙而懶得去做，大多數人還是有能力建立關係的。先從了解其他人及其興趣開始，而後可以透過交際聊天或做小筆交易來建立關係，在這個過程中，你可以採取主動先行付出，從而建立你的信譽。

加強關係的一個重要方式，是仔細傾聽每個你還不了解的利害關係人的談話，你不僅可能從中了解許多他們覺得要緊的事，而且幾乎對所有人而言，有人傾聽他們說話並把他們當一回事，都是一個有價值的籌碼。如果你對對方說的話心有戚戚焉並表現出很了解對方，不必說大話就能給人好印象。然而，詢問對方的意見卻無意認真思考，很容易讓人看穿，不僅無法幫你收買任何人心，反而很容易因為不信任而產生反效果。

你如何接近這個人或團體，是建立關係的另一個層面。有些人樂於直接討論與你之間過去的嫌隙，有的人就是不會投入那種對話。如果你認為他們對於這種直接的作法會感到不自在，不要只因為你願意或是比較喜歡這種方式就強行去做。慢慢來，試探一下，如果你收到「滾開」的訊號，就試試看另一個不是那麼直接的途徑。你們可否找

到工作上可以閒聊的共同話題或是工作以外的興趣？你們是否有任何
共同的朋友可以不經意地安排一次聚會，或是共同的集會，或是效法
日本的作法找人替你說情？你可能必須先與他們信任的某個人建立關
係，再由這個人為你開啟一扇門。

　　如果你無法建立足以進行交易的關係，或是缺乏彼此重視的籌碼
來進行交易，而且這名利害關係人對於成功完成你的計畫又不可或缺
時，你可能必須放慢腳步，甚至要改弦易轍。但是不要太快放棄，如
果你利用我們一直在討論的影響力對策，往往是有可能找得到方法與
看似難纏的利害關係人建立關係。

　　處理關係時，一個更重要的層面是：每個人對於想要如何與人互
動往來，都有自己偏好的行事風格。在推銷一個改革計畫時，你必須
弄清楚利害關係人是想要參與早期的規畫，還是想要看已經規畫完善
的計畫。任何不滿七年的試算表形式財務預估是否會讓他們覺得受
辱，還是他們喜歡初步的快速估算以了解盈虧的規模？缺乏關鍵技術
人員或是部門的背書是否會封殺這項討論，還是對方喜歡在技術未臻
完善就先著手進行呢？對方喜歡先聽大方向的概念，還是喜歡有許多
細節以顯示該計畫的完整性呢？這些行事作風的偏好可能是一個大障
礙，也可能有助事情成功，所以事前做好功課還是值得的。如果你不
知道對方的喜好，與你有良好關係的某人若知道對方的喜好，也會很
樂意告訴你。

發展你的交易策略

　　在著手進行之前，先思索你是否還需要其他資訊或是必須檢驗的
假設，仔細傾聽的概念在這裡同樣適用。

　　然後，想一想依序要找的人。當你思考要如何進行時，有三個變
數要留意：

1. 你的相對權力。
2. 正面回應的可能性。
3. 對方的支持有多重要。

是否有一些重要人物可能在初步階段會給你幫助,所以你想要先取得他們的支持?從一開始贏得支持是有幫助的。利害關係人的支持是否會連帶引起許多人起而效尤呢?你得到他們支持的可能性有多高?你是否必須先與一些比較不重要的人討論問題,以確保你去找意見領袖的時候,能有一個非常成熟的論點?是否有利害關係人擁有可以加強你點子的必要專門知識呢?你可能想要及早獲得這些人的支持。是否有誰如果沒有從一開始就加入計畫,就很可能會成為不利的因素?是否有些重要利害關係人非常忙碌,只能給你一記短球,所以應該被保留到許多事情已經就緒且快到尾聲的時候。

最後,是不是有一些利害關係人只有在你的想法符合他們的興趣時,才肯合作呢?你想要及早接觸他們,讓自己可以更容易地適應他們的觀點嗎?還是你會等到作好充分的準備,以縮小討論的範圍呢?及早仔細思索這些問題很重要,雖然你的理解有可能會出差錯,但是貿然投入可能會讓你走太多冤枉路,而無法折返跟上一些關鍵參與者的腳步。這些問題的答案可能只有在你開始改變時才會變得清晰,所以要敞開心胸接受新的資訊,並根據這些資訊修正你的方法。

改變角色:遊走於不同規模的團體之間

對於任何大規模的改革計畫而言,除了改革的倡議者(你)和比較高階的贊助者(個人或團隊)之外,你還必須有一個小型工作團隊(核心團隊)去管理這個流程,和為數更多的人單獨或集體大舉加入計畫的時機。

多少人要參與以及在什麼時間參與是另一個策略層面。太局限於

自己人固然有助你進展更快速，但卻漏掉了關鍵的利害關係人，而他們的支持或反對將會左右最後的成功。反之，讓太多利害關係人牽扯其中，或是太早把他們牽扯進來，固然可以促成百家爭鳴，產生許多的想法和建議，卻也可能很難控管，難以達成最後的結論，反而讓計畫動彈不得。

要如何解決呢？利用手風琴演奏法（accordion method）。有時候將許多利害關係人參與的大型會議，壓縮成核心團體的小型會議。不要只獨沽一味，小團體可以先發展出改革的初步計畫，再由大團體給予回應和點子。接著回到小團體做功課，而後尋求更大團體的回應與建議，再由小型核心團體做規畫，最後再推廣到更大的團體。不要試圖在組成龐雜的大型團體中做決定，或是將決策藏在小型核心團體裡面[3]。

計畫vs.算計

因為你必須為了改革做全面性的規畫，所以你得小心，在執行計畫時，不要變得機械化或是玩弄手段，可能造成反效果。舉例來說，以下這兩點就有明顯的差別：㈠帶利害關係人去用午餐以便認識他們，利用談話來增進對他們的了解，並在過程中拉近彼此的距離；以及㈡談話中盡耍手段，不帶感情地假裝感興趣，但都是虛情假意。你偶爾會碰到非常渴望別人關心的人，要耍弄他們很容易，但更常見的情況是，感受到你虛情假意的人會對你失去興趣。一旦他們懷疑你向他們示好只是為了要他們去做某些事情，他們反而會變得更不願意合作。

這裡有一個我們親眼目睹的例子。一名相當笨拙的經理人正想方設法取得獨立專業人士的合作，卻幾乎沒有開發任何支援的力量，她無法在沒有盟友的情況下獨自進行，但卻又一籌莫展。她的主管建議她去找一些關鍵人士，所以她至少必須與他們建立友好的工作關係。

幾天之後，她的主管碰到其中一人，這個人拉大嗓門說道：「漢娜剛才非常莫名其妙地來找我，無預警地來到我的辦公室，我完全搞不清楚她要做什麼。好奇怪，我覺得我好像是在某種名單上面被打了勾！」

沒有人喜歡這種被去人化，或是被物化的感受。因此，雖然你可以讚美別人、親切地閒話家常、給一些小禮物、施予各種小惠，甚至給他有用的資源，但除非你是出自真心，否則很容易就弄巧成拙。這就像是給人一只仿冒的勞力士錶；剛看可能還不錯，但是幾分鐘之後就不炫了。你幾乎不能期待別人會對此深表感激。

但如果你是真心關懷你所接觸的同僚，會獲得他的善意回應，並在後續的交易中獲得不錯的揮灑空間。事實上，一旦你有良好的人際關係，有時候可以用更堅定的決心面對請求合作方面的難題。**只要你可以證明你的公然請求符合對方的最佳利益，大可直言不諱。**你可以對一名好同仁直言：「聽著，我需要幫忙，而且我知道它對你會是一件痛苦的差事。所以我打算告訴你我有多需要你，以及你有多重要，並請你以助我一臂之力來回應我，因為這將為我們的顧客帶來正面的助益。」對於陌生人或只是被你騙來幫一次忙的人而言，這種說法非常惹人厭，但如果是朋友他可能會面露微笑，並設法回應你的請求。靠著過去的良好關係為籌碼，你會設法做某些值得做的事情。你的朋友也會在其認為有必要時，以你之道還治你身。

有關一個可以闡述本章所討論的原則的案例，請參見我們的網站：http://www.influencewithoutauthority.com/willwood.html 延伸案例的研究，說明一名訓練主管想辦法為一項創新的線上訓練計畫，取得財務與組織的支持。

關於改革的進一步想法

因為組織的改革可能非常複雜，所以有些相關議題需要分開（但有關聯性）章節進行討論。有時候，決策者不是難以取得聯繫，就是

缺乏想像力，不太可能花太多心思在你想要的東西上。如果想對應付
這項挑戰的方式有更深入的了解，請參見第十四章的〈間接影響
力〉。在比較大型的組織裡，由不同的團體、部門、事業單位和各區
域營業單位的各種利益與權力所引起的改革，可能摻雜許多複雜因
素。一個觀點的勝利可能導致其他利害關係人變成敵人。為了更深入
探討這個複雜的議題，請參見第十五章〈了解並克服組織的權術運
作〉。

註釋

1. 欲進一步了解願景及如何利用它，請參見大衛‧布雷福德與亞倫‧柯恩在《活力領導》
（New York: John Wiley & Sons, 1998）一書中的「承諾一個實際的願景」（Creating
Commitment to a Tangible Vision；第7章）。第9章到第12章則提供更多如何引領變革
的詳細內容。同時參見Peter Vaill與亞倫‧柯恩在《隨身管理學院》（*The Portable
MBA in Management*, 2nd ed.；New York: John Wiley & Sons, 1993）一書中的「有遠見
的領導力」（Visionary Leadership）。

2. 手風琴演奏法是我們從一個優秀的觀念：多—少—多—少（many-few-many-few）的
技巧改寫而來，這個技巧是Joel DeLuca在《*Political Savvy; Systematic Approaches to
Leadership Behind the Scenes*, 2nd ed.》（Berwyn, PA: Evergreen Business Group, 1999）
一書中所發展出來的觀念。

第
14
章

間接影響力

　　有時候你無法直接影響一名重要的利害關係人。你可能處於組織階層的邊陲地帶，你的職位或所在地可能沒有管道接近重要的直屬主管，或者你抱持的是一個不受歡迎或太激進的新觀點，也或許你根本就是位在組織之外（供應商、客戶或社區人士）。這個基本的對策與第十三章「發動或引導重大的變革」裡詳述影響決策者的對策很類似，但是事實上當你不在場的時候，還是可以做一些別的事情以達成交易。你想要的是改變某個人的心意，或是讓這個人更願意接納你的意見，以便他會照你的意思走。

　　除了釐清你想要影響的那個人或團體可能重視的事物之外，也想要了解你可否能夠影響你利害關係人的個人或組織系統。你或許也可以設法動員某種具影響力的外部力量。

了解他們的世界，以得知可能的顧慮與敏感事宜

　　你如何來釐清距離遙遠的利害關係人可能重視哪些事情？

遠距離蒐集資訊

　　讓我們假設你距離利害關係人很遠（比如你在組織之外、組織地位層級很低，或是隸屬於目標或產品完全不同的部門），你可以從你

所知的產業及社經力量著手。如果你知道產業的成長率、競爭對手、經濟議題、供應面的脆弱性、客戶與員工趨勢等等事宜,往往可以依照你想要影響的人的組織地位,細分出他們可能關心的議題。

　　商業報刊與財經分析師所寫的與組織有關的評論,也可以加強你的認知。你的組織是否曾經為了一些事情受到攻擊?舉例來說:即便是耐吉(Nike)和唐娜凱倫(Donna Karan)等深受敬重的公司,都曾經因為海外供應商的員工待遇而遭受砰擊;美林(Merrill Lynch)與摩根士丹利(Morgan Stanley)也曾被人指控歧視女性;微軟和奇異都曾經被寫成老化中的公司,苦於找出新的發展。不論是哪種情況,高層主管掛念這類事情是很合理的推測。

　　還有一個可以了解高階主管在想什麼的方法,那就是閱讀他們的專訪與演說,如果你能拿到內部的備忘錄也很有用。坊間有很多這類資訊來源可以供人查詢。內蒂・希布魯克斯(Nettie Seabrooks)剛開始只是通用汽車的圖書管理員,她就是利用這種資訊來預測高層主管會關心哪些事,並提供他們會重視的資訊。她變得越來越有價值,並轉任更重要的職務(關於內蒂職業生涯的完整介紹,請參見我們的網站:http://influencewithoutauthority. com/nettieseabrooks.html)。

　　除此之外,你或許可以詢問組織內部其他人,關於高層最近心力的焦點所在。這種詢問動作是正當的,而且作為你職場生涯發展的一部分,「幫助你對公司有更全面的了解」,這麼做永遠理直氣壯。

組織系統的影響

　　其他能夠影響你想要影響的人的組織因素,是組織的表現評量標準、獎勵制度、程序和慣例,組織成員不僅會回應個人與他們的互動方式,也會對這些組織的組成加以回應,例如:不同部門的成本分攤可能是影響行為的重要因素。你能找到方法去改變影響行為的成本結構或特定的成本分攤嗎?同樣地,當許多部門對營收都有貢獻時,如何按部門分配貢獻值也常常會影響到行為。許多部門或地點之間的爭

IBM行銷經理變更表現評量標準去影響經理人的行為

瑪莉‧格列特（Mary Garrett）是IBM的行銷經理，她正想辦法贏得各地區執行長們的合作。他們的上司——服務部門主管可以派上用場，瑪莉從與他頻繁互動著手加強關係，後來他的上司決定對地區主管的表現評量方式加上一條相關措施：

我每六週去找一次服務部門的主管，並告訴他我的進展。他知道我必須說服的是他的直屬下屬（地區主管），而不是他。這是內部公關，你必須引導他們，得到他們的承諾，一次投資一點，看著事情啟動，然後贏得他們的心。

服務部門的主管透過與下屬一起檢討進度來協助支持我，但是他不會下令他們去做我想要的事。他將藉由改變他們的評量標準，讓他們了解我想做的事，進而提供協助。

我老闆的上司道格明白我在這件事上需要一些協助，他說：「去找財務長，將這項計畫列入表現評量，和妳的主管一起去找他。」此舉是告訴財務長：大老闆認為這很重要。只要這項計畫的進展是他們提報業績表現的一部分，他們便會看重它。我要的東西並不在他們一般的表現評量範圍內。現在，因為我的計畫被納入評量裡面，他們必須將這項計畫列入整體的考量，並知道自己的進度是超前或是落後。我只是和財務長（他的主管是道格）說明：「道格說我們要把這項計畫列入每個月的預測檢討當中。」而道格之所以介入，是因為他對這項計畫感到好奇。在最近一次他與三百名高層主管的會議中，他說：「我們並未破解這個密碼，但是瑪莉‧格列特賭上了個人聲譽，想出了這項計畫。」他是在開玩笑，但也顯示了他認為這項計畫很重要，他也對我說：「妳必須向地區執行長們推銷，並說服他們這是值得投入的計畫。我讓他們自行做決定，不會強迫他們接受。」他相信身為地區經理人的他們會根據自己的權限加以權衡。我經由引導和實驗來進行這件事，然後讓他們觀察後續結果。

議，都源自於成本或收益的分配制度；倘若你找到方法改變目前的制度，可能會降低阻力或提高對方的配合度。

你的職位左右你可以多接近制度和程序，或是可示意你做的事情

重要與否的那些人。但是你可以在自己的職位上想一想，制度、表現評量標準和程序如何影響行為，有可能的話設法改變它們。由於這些因素比起面對面的影響方式沒那麼針對個人，也需要一段時間才能確立，所以通常比較不會引起人們的興趣與反對。

誰可以影響利害關係人？

　　誰會影響利害關係人可能是比較難得到的資訊，但是如果你能了解你的利害關係人會聽誰的話（如同瑪莉・格列特的作法），就可以決定你是否有接近這些有力人士的機會。在大多數的組織中，除非你是完全的新人或遁世者，否則和任何特定人士都不會超過三度分隔關係（three degrees of separation）*，而且你認識的某個人可能知道誰與你有興趣的人或團體關係密切。

　　大多數組織也有一群幕後專家，這些人似乎誰都認識，因此大家都會徵詢他們的意見、人脈，以及目前的狀況。找出這些人，看看你是否有接近他們人脈的機會。你可以提供有用的資訊，請他們給你一些建議（大多數人喜歡別人聆聽自己的意見），並提供支持，你可能因此得到一名消息靈通的盟友，了解熟知重要人士的動態。

　　你也可以直接一點，好比請你的上司幫忙。誠如瑪莉・格列特所言：

　　我在另一項單打獨鬥的計畫上學到很多事。我去找我的上司，而他說：「我很氣妳，因為妳沒有早一點來找我；那樣很浪費時間，因為我只要一通電話就可以解決。」我對自己說：「停！」我原本以為

---

* 一九六七年提出的六度分隔理論（Six Degrees of Separation）是一個廣為人知的人際關係的距離研究理論，它的基本概念是兩個陌生人平均只需要經過六個中間人就可以建立聯繫關係。但是法國人際網絡教授巴拉巴奇（Albert-Laszlo Barabasi）發現，隨著資訊科技的發達，現代人能夠保持的關係網絡相對增加，所以人與人之間的距離可能已經縮短為相隔三個中間人，亦即所謂的三度分隔關係。

一旦成為主管，就不用請別人幫忙了。他說：「妳需要知道何時該請求協助，不管妳有多大的權責，有時候妳就是會需要幫助。」如果單由我自己一個人執行目前的這項計畫，必死無疑。

無論如何，你必須了解如何找到有力人士來幫助你。這需要經過了解他們的籌碼是什麼的相同過程，從而你可以提供他們重視的東西來回報他們的協助。不要忽略你的求助對許多經理人來說就是珍貴的籌碼，因為這是尊重他們的能力與影響力的象徵，也是感受助人之樂的機會，更別提你還欠他們一個人情，或許哪天能夠討回。

當然，其他人必須和你一樣看重你正在推動的事情，否則這些籌碼不太可能發揮作用。如果你有個好名聲是有用的，如此一來，即使他們對這個計畫不是很有把握，但是如果是你支持的，他們就會相信大概沒什麼問題。不過，好名聲可不是事到臨頭才培養的。

教育體系

另一種間接影響力是將教育活動帶入組織裡面，鼓勵你想要影響的人去參與。這些活動未必是正式的教育課程，而是指廣泛意義的「教育」，例如：安排參觀已經在做類似你想要引進事情的組織，有沒有用呢？聆聽對方談論在這個點子推出時，他們自己的感受、他們在執行後的感受，甚至觀察計畫執行的過程，都比你自己來談更具說服力。

將相關的課程或是演講人帶到公司，並邀請重要利害關係人參與，有時候是可行的，例如：許多公司偶爾會幫高層安排聆聽其他人的演講活動，「讓他們可以得到最新的資訊」。如果你能夠接觸負責安排這些演講的人，並推薦一個支持你所推動的構想或改革的人列席演講，你甚至不用在場就能引發高層的興趣。雖然你必須施加影響力讓正確的人受邀，不過安排演講的人或許也很感謝你的建議，因為安排演講可能是件麻煩事。

　　然而，我們必須承認這個方法不保證一定成功。克萊斯勒（Chrysler）前總裁湯姆‧史托坎普（Tom Stallkamp）告訴我們，在剛和戴姆勒（Daimler）合併時，他想要讓戴姆勒的高階主管們去思索一些美國徹底改革組織流程的作法。他找來組織再造（reengineering）這個概念的發明者之一，同時也是很有說服力的演說家麥可‧漢默爾（Michael Hammer），向那些主管們發表演說。根據史托坎普的說法，他們根本就把漢默爾當成瘋子。董事總經理尤根‧施倫普（Jurgen Schremmp）將湯姆拉到一旁說：「這傢伙是誰？我們絕對不想一次做如此大幅度的改變！」不管是哪一種形式的教育切忌激怒人，否則只是白忙一場。

　　管理訓練課程可能也很有用。你或許能夠主辦一個課程，並影響討論內容，以及要邀請誰來上課。即使眼下的課程不歸你管，往往還是會有人力管理發展與訓練人員渴望擁有高層的支持，只是他們不夠有力直接取得高層的協助。你不妨建議他們提供高層一個「濃縮範本」，這樣「他們會知道中階主管上了什麼課」。沒必要把這個範本說成是用來教育中階主管，這樣說可能會令他們難以接受，而是當作一個我幫助他們做好高層角色的方法。另一個作法是請一、兩名重要的高階主管受邀對中階主管演講，再利用這個機會誘發討論，這對演說的高階主管可能產生啟發作用。你邀請時不用採取欺騙的手段，只要把重點放在一個層面──分享高層主管的專業知識，讓伴隨而生的向上提升教育自然發生。

　　如果你是個不錯的主持人，或許能夠客串出場，「提供與重要主題相關的有用資訊」，而非直接倡導你的想法。一個有趣的介紹，加上精心挑選的例子，可以開啟正確的討論方向，學習的主動權仍舊操之在與會者手上──幸運的話，他們的學習會變成信念。

　　你們公司有出版雜誌或是業務通訊嗎？編輯通常渴望有人投稿或寫專題，所以你不妨為這本雜誌或業務通訊寫一篇具有教育意義的文章。前面提過，我們網站上面專文介紹的經理人之一，內蒂‧希布魯

克斯，在通用汽車就是這麼做，並沒有特定的操作。這當然無損於她的聲譽，還可以幫助一些高階主管獲悉重大的消息。

簡而言之，你可以找機會介紹新點子，挑起別人的興趣和可能的討論，從中找到你的信徒或是新的盟友。

動員外面的力量

潛在間接影響力的一個特殊來源是組織外面的力量。報紙、客戶、政府、貿易協會等，都是取得間接影響力以獲得你想要東西的可能管道，問題是如何以提供協助的方式去接近他們。

有一個你可以著手去做的管道，是把你有興趣的一般現象或是你的組織在此領域的成就寫成一篇文章，投稿給當地報社。地方報紙（或是廣播電台和電視台）往往很欠缺報導材料，你可以當個提供者。貿協雜誌是另一個可以發表文章的地方，你可以找機會在貿易會議上發表演說。這樣不只有助你在公司內的專家定位，這些消息也可能傳回你最終想要影響的決策者耳中。難就難在你如何為自己的主動積極取得正面的名聲。

你必須小心提防免得招來負面名聲，因為沒有一家公司的管理階層會想要不好的名聲，即使恐懼可能刺激他們採取你想要的行動方向。除非你準備好被開除，否則就要謹慎行事。

誠如你隨時準備好要向內部人士進行「電梯行銷」，你也要在社會到處走動、參加會議時，以及和朋友談話間隨時做好推銷的準備。這是個很小的世界，你不知道你會引起哪個人的興趣，也不曉得哪個人會如何以意想不到的方式幫助你。下頁有個很棒的案例。

間接影響力的考量與一系列相關事項有關：如何了解、使用並克服組織的權術運作，而這就是第十五章討論的主題。

保羅・威斯布魯克：在德儀取得永續經營的支持

　　德州儀器（Texas Instruments；以下簡稱德儀）全球建設專案經理保羅・威斯布魯克（Paul Westbrook）的故事，是說明利用工作之餘的私人興趣來幫助促進重要計畫的一個好例子。出於對環境惡化的關心與長期以來對於資源浪費的厭惡，保羅非常熱中於企業的永續經營行動。關於這些問題，在美國有一個溫和的運動正在擴大發展，但是許多公司內部的熱心環保人士還是難以取得權力人士的共鳴。雖然德儀在其全球工廠設備中做了許多環保與永續經營的努力，但是保羅想要找到一個能讓公司提升到更高層次的方法。同時，他對於環保的熱情也促使他在建造自己的家時，採用了綠色環保技術，利用被動式與主動式的太陽能。

　　保羅擁有機械工程學士的學位，二十一年前一畢業就到德儀上班。他一直在公司裡從事設備操作的工作，例如：無塵室的設計與管理，並且樂在其中，但是他並未放棄提高永續經營目標的夢想。

　　當他聽說公司有可能建造一間新的晶圓廠時，他認為這有可能是個實現夢想的起點。他知道要在全新的新建築設計中實踐永續經營的理念，總是比試圖翻新既有設備要來得容易。不過他擔心，因為半導體廠的造價高昂，所以企業往往採用上一次的設計並做一些零星的改變，而不會嘗試突破性的作法。

　　他去找曾經共事過的一名副總裁，後者對於永續經營一直都很熱中，經常是他徵詢意見的對象。事實上，她是「零資源浪費」（ZERO wasted resources）這個名詞的創始人，這個名詞已經成為環保運動的口號。他們一起開始策畫如何讓製造部門的資深副總裁接受這個構想。在討論的過程中，保羅問說，把這名資深副總裁帶去他的太陽能屋，藉以了解他們可以做什麼，是否個好點子。她認為這是很棒的主意，並同意加入這次的訪問之行。

　　保羅邀請了全球製造部門的副總裁、晶圓廠的一名副總裁，以及德儀技術長參觀他的太陽能屋。受邀參觀的主管都是工程師，他們對房子的工程非常感興趣。在參訪結束時，保羅拿他的能源費用帳單給他們看，每月平均能源費用是六十美元，而一般家庭的月平均費用是一百五十至兩百美元。他說：「你可以看到他們眼睛一亮。」他們從這間房子如何運作的技術性問題一直問到更多和公事有關的問題，例如：這是否能擴大到一幢辦公大樓或工廠，需要什麼樣的支援才能實現等等，接著又導向有關這個計畫的後勤部

分，以及如何進行的討論。

　　終於，他們決定放手去做。保羅的老闆讓他負責永續經營的部分，而不只要他負責像是空調之類的單一職務，因此保羅可以展開設計構想與付諸實行的整合。他正不斷尋求全面性的整合。

　　保羅和他的同事承諾將這間工廠蓋在美國。由於其他地區的人力便宜許多，許多工廠現都落腳其他國家，因此他們背負必須大幅降低成本的壓力，而且不斷有人針對永續經營的所有附加成本提出質疑。為了啟動這個製程，德儀的領導階層針對如何讓設備更環保，花了三天時間集思廣益。這個團隊列出「想要的項目」和「需要的項目」，並嚴格地刪選出所需項目。為了協助完成這個流程，保羅發展出一套總投資報酬率公式，再取得這個團隊同意，如果證明相當於五年的單一投資回收年限可行，這些永續經營項目就可以興建。所有成本都包含在那個公式裡面，使得決策更為容易。

　　在這過程裡，他還開發出一個方法，追蹤資本支出相關決策所產生的影響，他稱之為：「資金成本互換」（capital cost trading）。當有人為了環保目的所需提出花錢購買資本設備的建議時，他會檢查所有相關的費用和它們所產生的影響。例如：如果一連串保存措施看起來很昂貴，保羅能夠證明這項投資可以省下一整個冷凍器，後者同樣所費不貲。在考量一切之後，保存措施並不是增支成本（incremental cost）。用這個方法，整體成本得以獲得控制。現在，他的工程師同事們對於永續經營的規畫也變得非常熱中。

　　注意，保羅用自己的房子證明他的個人範例時，就能夠引起別人的興趣，起初他只得到一個有關可行性的問題。然而，這個論證卻是建構在每月所省下的能源費用，那是高階主管們絕對會看重的籌碼。他不需要編造任何數據，就能投其所好，而不是談論他本人更注重的籌碼：永續經營。雖然運用其他人重視的籌碼，未必總是能做出如此強而有力的論點，但是這個例子純然強化了這個觀念：你必須思考聽眾關心什麼，而不只是關心你做的事情，而且給人工作之外的良好印象也很有幫助。

　　也請注意，為證明這項計畫的好處，保羅開發出的會計工具協助完成一個又一個的決策。這是間接影響力的另一個形式，也就是利用系統來影響行為。在撰寫本書時，這間工廠的設計大約完成了一半，預計於二〇〇四年十一月十八日破土動工。

了解並克服組織的
權術運作

即使是試圖完成某件事——而不是要害人——你都必須使用權術。

——麥可‧瓦蕭（Michael Warshaw），〈好人的辦公室
權術指南〉（The Good Guy's [and Gal's] Guide to
Office Politics），《快速企業》，一九九八年四月出版

組織的權術運作（organizational politics）——一個骯髒的字眼？
一個憤世嫉俗的解釋？一個形容詞？還是一個機會？許多人對於組織
裡的權術運作抱持憤世嫉俗的態度，他們指的是以不正當的手段尋求
個人利益。那是權術的一種，或許更貼切的說法是十足下流，不需要
在組織生活你也可以找到各種自私自利的行為。

這種行為是自我導向的權術運作（self-oriented politics），只關乎
個人的利益，完全不關心整個組織或部門。只圖個人利益者可能使用
一些口是心非的方法，像是：見人說人話見鬼說鬼話、為了巴結而假
意奉承、語帶諷刺傷害同事，或是散布不實謠言。

這些下流行為當然令人不快，而且也確實存在。但是由於得罪他
人的動機或行事作風不明，所以比較無害的行為往往就被他人解讀為
追逐一己之私或是不正當。大家把不好的、個人的動機歸到這個人身
上，因為如果你已經相信此人很惡劣，也不會再去檢驗他的動機，因

為冒險進行不必要的互動風險太大。所以你要確保自己不會妄下斷語。

　　第二種權術行為是體認組織本身就是關於權術運作。在這個意義上，不同的團體有不同的任務和利益。如果你不了解這個比較良性、但也很有力的組織權術運作，就無法充分發揮你的影響力，在這種組織的權術運作中，獨一無二且特有的團體習性將逐漸養成，並影響個人的行為。

組織的本質

　　第二種權術運作的來源與組織的本質有關。不論設計組織的人有多麼聰明，都無法規畫和預測出人們和團體所有的互動方式。正式的組織是一張藍圖，但在日常生活中，許多因時、因勢制宜的權宜之計也會出現來填補無法適當說明的缺口。這些權宜之計勢必會創造出一個非正式組織，在這個組織當中，一些個人與團體做多於（或少於）預期和所需要的事情讓組織得以運作。舉例來說，你只要想一下，總裁的助理會變得多重要，因為有些事情需要立即處理，有些事情則可以延後；一些想要求見總裁的人很惹人厭，有些則很討人喜歡；有些高階主管需要難以取得的資料，某些客戶不能被忽視等等。時間久了，由於因應各種狀況需要判斷力，這名助理逐漸培養出的回應方法超越了總裁訂下的簡單規則或政策。這些回應演變成一種模式，很快地，這些非正式的協調安排變得更普遍。受惠於這名助理的三名主管可能不時聚在一起與這名助理喝咖啡，討論非正式的話題。這種非正式的安排以倍數增加，很快地，組織的專業地圖繪製員會需要不斷修訂組織圖，以反映互動與決策的實際配置。少了非正式組織與正式組織並存的組織較為缺乏效率，也較難以發揮效力。

　　非正式組織所帶來的結果（而且有一部分也是起因），就是個人依據自己的知識、過去的工作經驗、能力等，累積或多或少的影響力。因此，在組織圖上原本權力不大的人，往往握有很大的實權，反

之亦然。如果你想要讓事情得以完成，知道誰是有力人士，以及他們實際擁有的影響力是很重要的。

此外，透過工作上自然產生的衝突和工作風格的抵觸，組織成員對於彼此和各部門間也會產生各式各樣的感受。即便過去的衝突可能就此被「諒解」，原有的衝突來源也早已被人遺忘，但是歷史的印記還是難以磨滅的。

還有，被創造來完成不同目標和活動的組織單位，有時候會為了追逐那些目標而犧牲掉整個組織或其他單位的利益。這並非代表他們就是自私或是不好的企業公民，只是這是組織的設計裡與生俱來的問題。不知什麼原因總是有決策要做，而每個單位為了自身的利益去影響決策所做的努力，就是所謂的權術運作。因此，權術運作是關於各種利益的追逐，如果各個單位都不這麼做會很奇怪（而且領導階層的工作，就是找到方法讓整體組織的目標至少都能同樣吸引人，好讓各個單位能團結在一起）。

各個組織都具有某種歷史、完成事情所偏好的程序或規範、某些重要的守門人和領導潮流的人，以及某些必須被喚起的象徵性事物。許多成員（蓄意地或本能地）意識到這些，並在偏好的架構內操作。

這種看待組織權術運作的方式暗示著，你的工作有一部分是去了解變動與不可避免的衝突，接受它們是組織生活的一部分，並學習解決這些問題來完成你的工作，精明的組織成員會在進行工作時便將這一切都納入考量。了解狀況是能夠產生影響力的特質之一，但是了解它並努力解決它，並非要求成員要淪落到那種追求私利的負面權術運作。尋求個人利益可能很誘人，但卻很少會導向良好的長期效果。因此，不要貶低權術，不要「看不起」權術。這種態度不僅幼稚，也是一種嚴苛的批判，認為識時務是「不好的」，而這本身就是種非常權謀的態度。逃避或鄙視意味著將權力送給別人，而涉及不正當、不可告人或下流的手法則創造有害的關係，最後還會損及你的聲譽。努力參與權術運作，但是要用正當的手段。

組織文化決定權術運作的方式

每個組織文化對於權術運作的看法都不一樣。首先,對於一個部門或一項計畫可以積極追求自身利益的想法,每個組織在接受度上就有很大的差別。儘管沒有人會認為部門的利益不重要,但是他們很可能認為,部門的利益應該只是為組織做好工作下的副產品。然而在某些組織裡,追求部門的自身利益被視為自然且不可避免的,而且幾乎不管什麼事情都當作一場公平競賽來做。

第二種文化差異是關於組織對於部門之間的衝突的接受程度。在某些組織中,衝突和反對立場的概念是不被認可的,差異性也受到壓抑,因此衝突和反對立場只能私下運作。如果你替非營利組織工作或是一直與許多非營利組織有接觸,就會了解這個模式。

另外,看看紐約一些公司(鬥爭在那裡是一門藝術)或是汽車公司。某些高科技公司有著最激烈的爭辯與衝突的傳統,他們的信念是真相屬於那些說話最大聲、也最具說服力的人。

了解情勢

對你而言,重要的一課是了解你所處的賽局。你無須因為身處於流言四起的組織內,就自貶身價同流合污,而是閃到一邊,對自己發出「嘖嘖!」的不認同聲將會使你遠離是非。反之,你也不要因為自己喜歡用爭辯的方式,就認定別人會開心地展開辯論。你必須考量公然追求部門利益具有多少的正當性,並誠實面對你所追求的事物。*了解你所處的賽局*是發揮影響力的首要原則之一(這個原則與我們所提出運用了解個人偏好的互動方式建立人際關係的建議,是並行不悖的)。

當你必須完成可能會觸及其他領域的某件事情時,找出實行的原則是這個工作的一部分。就如同我們主張你要透過給予對方有價值的籌碼來換取你要的東西,去了解什麼對你想要影響的人是重要的,你

也要了解什麼對組織是重要的。先弄清楚這場賽局的玩法。

尋求協助

如果你還是個相當資淺的菜鳥，而且不知道狀況，就要發問。你可以找資深員工或人際關係看來很不錯的人，請教做事情的方法。表15.1中，我們提供一些你可以去請教的問題類型，以了解事情該怎麼做及如何著手。

表15.1　有助判斷如何在組織權術下仍能執行任務的問題

- 什麼事情會引發不同的重要利害關係人強烈的情緒反應？
- 地雷埋在哪兒；它們會引爆哪些問題呢？
- 誰是有權力卻隱身幕後的人？
- 誰是可以左右領導者的重要人物？
- 有沒有哪些與高層有（深厚）關係的人，是你必須小心避免冒犯的呢？
- 你要向哪些人獻殷勤，以確保他們即使不完全贊同你的計畫也不會反對？
- 要能相處融洽的不成文規定是什麼？

診斷利害關係人

上述都是在診斷分析每個重要組織成員或團隊時，應該取得的基本資訊。一開始，如果你融入組織的文化與權術運作之中，會更容易確認誰比較重要以及你勢必要打交道的人。知道關鍵的利害關係人是成功的不二法門。

當你可以提供有價值的東西給你想要影響的人以換取你想要的東西時，就產生了影響力（有些人可能主張，把影響力如何運作講得如此明白會鼓勵組織的權術運作，但是如同我們先前討論過的，利益的權術運作是不可或缺的一環）。為了因應個體與群體的利益和你想要的或必須提供的東西可能不相容，你必須很清楚地了解每個人。除了明顯的部門利益之外，他們是否還關心其他事物呢？如果你可以弄清

十誡練習

我們經常會想減少組織的負面權術運作，或想辦法讓更多人成功的管理團隊合作。「十誡練習」就是一個有用的方法——一個你可單獨進行或是要求資深人員協助的方法。我們問道：「如果你想要幫助一個很棒的新進員工快速學習組織的工作方式，那麼組織沒有明文規定，但大家都知道的十大戒律是什麼？」這十大戒律通常具有啟發性，且能引發良性的討論。

楚，就會有更多的使力點去完成交易。

一般而言，有關利益方面，我們主張開門見山的作法與對話方式，如果組織裡面的多數人認同追逐個人和部門利益的正當性，你可以開口詢問，提出這樣的問題：「我需要你的配合，也知道你必須得到好處，所以如果你可以告訴我你覺得要緊的事，我會想辦法滿足你的需求。」但是如果直言不諱會引發不滿，或是更糟的反應，你們的關係已經變得很不對勁，導致提出問題好像會讓你很容易遭受攻擊，你就必須保持距離做出診斷。第四章〈了解對方，知道他們要什麼〉和第三章〈商品與服務：交易的「籌碼」〉，針對如何做到這點提供了許多建議，但是我們可以概要說明，並在這裡做補充。

思考不同的利害關係人的組織情勢。他們身上有哪些壓力以及影響他們的主力因素又是什麼？本章的開頭部分，我們談到企業文化是這些主力因素的一部分，但還有其他的因素。他們實際的工作任務是什麼，還有，他們因為這些任務而必須和哪些重要人員互動？公司如何評量和獎勵員工的表現？他們的壓力有多大？他們使用何種技術，以及這個技術對於他們完成工作的能力又有什麼影響？那個部門成員最典型的教育背景是什麼？該部門是否與你的工作單位的關係一直處於緊張中？他們是否總和某些部門處不來？

這些問題的答案可以提醒你注意，對每個利害關係人而言哪些事情可能是重要的，並讓你可以按照自己的了解去規畫你的請求，並給

予利害關係人一些回報。這些問題的答案也可以幫助你事先判斷，該如何對每個重要的利害關係人提出你的計畫。你選擇強調的東西，將會視你對他們的利益及其重視的東西的了解而異；任何複雜的影響企圖都會有許多要給人的可能好處，而且你希望每個利害關係人都看到最好的一面。這與說謊無關，而是知道該強調什麼成效最好。舉例來說：如果你可以預測，一個團體有可能會因為你所倡議之事而受到威脅，那麼在你接近他們的時候，必須把重點放在其他的好處上。

了解自己並保護好自己

有效應付組織的權術運作系統需要強大的注意力；在你決定什麼要持續推動和什麼要放棄的時候，需要複雜的交易；當你遊走於各種對立的觀點之間時，則需要相當的勇氣。因此，清楚自己的目標並知道自己的態度與價值觀尤其重要。你的需求是什麼——能引發強烈情緒反應的某個東西——還有你最可能在什麼事情上失去平衡？當你決定何時要完全坦白、何時只說必須說的話，以及何時要虛張聲勢時，你的價值觀和道德標準可能會受到考驗。思考如何針對不同的人和團體說明你的計畫可能是一項負擔，感覺上會難以負荷。所以你必須十分清楚自己的目標和界線，你越了解自己，就越不用在你壓力最大的時候學著去飛。

如果你身處於一個競爭激烈的組織內，對一些團體而言有許多的利害關係，你可能會面臨人們用一些骯髒的暗箭傷人把戲抹黑你，像是那些政府官員承認自己發送備忘錄抄本以使其他人員丟臉，或是假裝送了一份備忘錄，實際上根本沒送。辦公室裡的背叛故事俯拾皆是，儘管我們不主張使用這些手段，但是你最好放聰明點，準備好有效應付類似的情況。

這項挑戰是在不使用和對方一樣的卑劣手段下，保護好自己。第十六章的〈硬碰硬：利誘無效時，逐步採取更強硬的對策〉，將更詳

細地討論如何保護自己，但就一般情況而言，將這種惡劣的行為攤在陽光下是最好的反制方法。唯有清楚的自我認知和抱持一定程度的自信，你才能在別人破壞你和你努力的成果時繼續工作。此外，事先想清楚要如何處理這些情況非常有用，因為當這些狀況發生時，人的第一個本能反應通常是對不公不義感到憤怒，導致反應過度，因此，你必須能退一步並規畫好自我的保護措施。

　　我們利用一個駕馭一家大公司組織權術運作的延伸範例與分析，來做一說明。芙蘭・葛瑞格斯比（Fran Grigsby）是我們一位非常有才華的朋友，她曾經在幾家公司擔任管理要職，目前經營自己的顧問公司。幾年前，她從DEC公司跳槽至Commuco，很快就發現在一個有著頑強企業文化的組織裡，自己正面對一項非常棘手的任務。公司要求她領導一個大多數人都認為會是個注定失敗的計畫，這項計畫是由一名廣受敬重的資深經理人所發起，而這名經理人仍舊參與並投注心血在這案子上面，而她則必須想辦法進行。在這個案例中，她回想自己的經驗以及學習在組織權術運作中存活。由於我們是老朋友，她願意比一般在情況相同處境中的案主透露更多自己的想法，不過我們在公司和一些細節上做了些掩飾。她說的話可能會讓你覺得不舒服，但是她努力在職場上求生而且做得很好，向她學習是有必要的。你或許會跟她一樣，決定不在這樣的競技場上拚鬥，但如果你要，本案例仍然可以幫助你想清楚如何了解並運用權術。

克服一項十分艱難的任務──
封殺資深同儕的一億美元計畫，並駕馭組織權術

　　我從DEC被挖角到Commuco，擔任資訊系統小組的程式管理副總裁。這個小組參與電話和傳呼機以外的所有業務。公司承諾，如果我在這個機能性職務上做上一陣子，就讓我管理一項業務。一個月之後，資訊系統部門的主管離職，新任經理重組了這個團隊，並讓我負責因此衍生出的四項業務之一：交換器（SWITCH）計畫。

SWITCH計畫的背景

這項計畫已經做了四年，由超過兩百位工程師和行銷人員共同設計一個複雜、高階、企業用戶、多用途的電話公司交換器，這項業務是因電話公司的客戶而起的。Commuco一向是個別客戶導向，這對大公司來說是罕見的大計畫。Commuco只知道廣域網路（wide-area networks），並不清楚電話公司企業的產業類別。

這是一項龐大的計畫，當時正搖搖欲墜；他們已經在這個案子上面砸下了一億美元。隨著我逐漸認識我的同事，同時也聽說，公司普遍認為這項專案在軟體設計的規畫與執行很差，所以無法一邊進行一邊測試效能，無法整體去測試任何子系統，這完全是設計不良。沒有哪個軟體專案會複雜到無法被切割以了解子系統的運作，如果必須到最後才知道結果，那就太遲了。

這個計畫是我的一名優秀同事先進開發部副總裁想出來的，他說服公司讓他管理這個開發案的軟體部分。大致而言，先進開發部的成員不知道如何設計程式，但他就是想做。這個不良軟體便是由一群不知道怎麼寫程式的人設計出來的，當時資金的大出血也是公司所負擔不起的。

組織權術運作的難題

公司要求我接掌這個計畫，當時它已經成為公司的一項業務，第一次由一名經理統合所有的元素，而那個人就是我。包括先進開發部的工程師都轉調給我，還把行銷人員也拉了進來，加上一些組織權術運作的問題：四年來，大家不停地大肆宣傳，這個產品有多棒、將如何成為公司的旗艦業務，為即將上任的執行長帶來知名度。先進開發部的副總裁將他的心血都投注在這項計畫上，所以公司裡所有喜歡他的人都希望它成功。此時這個金雞母產品的競爭轉趨激烈，所以有了壓力。

非常確定這項計畫注定失敗的新老闆，把它交給了我，這是很典型的作法，因為我們兩個都是新人。我當時應該要說：「不幹，乾脆送我回DEC算了。」

顯然，我是一家父權公司的新人，這家公司的作風非常大男人，它以「指關節拖在地上走」（knuckle dragging）*的跋扈態度為傲。既然我接手了這個先進開發部傢伙的職責，我知道我必須做他不欣賞的事情。為了對抗我的團隊對於先進開發部副總裁的感情，我必須從內部權力基礎下手。不論我

---

*此指態度跋扈，一九七〇年代美國大學生經常用這種類人猿的動作來形容魯莽、沒教養，甚至低智能的人。

做什麼，都必須有一些權力的支持，我需要企業層級的權術運作作為掩護。

　　儘管沒有明說，但是從一開始我就很清楚自己必須封殺這個計畫。公司其他部門的人關起門來告訴我，那個程式太糟了，要成功，你必須捨棄它，全部重寫，如此一來將會晚兩年上市，所以你必須取消這個計畫，即便公司已經耗資一億美元。除了先進開發部副總裁之外，每個人都這麼說；他想要繼續做下去，或許他們可以搞出什麼名堂來。

　　我的第一個正式任務是評估這個計畫，並決定如何處理它。事實上這是騙人的，因為它很明顯是個非常糟糕的計畫。我知道我需要權術運作的掩護，還需要為未來準備好替代方案，因為如果計畫取消，我們手上有太多的工程師，該怎麼處置他們會是個問題。當時的資訊科技業，景氣還算不錯，所以很難招募到優秀的人才。既然計畫取消之後，我們還會進軍新的業務，我不想失去這些可能還要藉助他們專才的優秀技術人員。

　　我明白自己有麻煩了。那是「乾脆去跳崖算了」這類任務，但是我被挑戰刺激到了。「我什麼都辦得到，」我愚蠢地這麼想。我不擔心這名副總裁會暗中破壞我的決定，他是個講道理且值得信賴的人。然而，我確實感覺到，在組織內部的工程師眼中，我會被看成是這個受愛戴主管的敵人。這可能不利於我為新業務吸收人才。

　　首先，我必須得到內部的支持：我必須斷絕我下屬對其他人的忠誠。他們都與這個團隊以及 Commuco 共事多年，我必須說服他們與我共事的好處，我承諾做好管理，並告訴他們有關這個團隊的未來實情；如果這麼做沒有用，就承諾他們令人興奮的新市場、有趣的新技術挑戰（給工程師）、找出新商機的機會，並做內部創業。我不能說我完全改變了所有人的想法，但我的策略是盡可能給他們可以掌控及做出成果的機會，他們從來沒有這樣的機會。他們從工作中得到成就感，身為專業人士，他們想要做出一些成績。我給了他們許多產品之類的東西去做，但都與這項計畫無關。我提供他們許多對外接觸的機會（因為 Commuco 一向是內部導向）；舉例來說，我花了相當多的費用在顧問身上，以提供專業教育、引入新知識、送員工去參加研討會等等，那給了他們一些好處。我也設法延攬一名之前曾經為我工作的優秀工程經理，亦即某個擁有豐富工程經驗、又是我可以倚賴的人（不幸的是，我的爭取失敗）。

　　真正重要的是：我像發了瘋似地試著找樂子。為了消除壓力，我們做了各種事情（例如：我們送出瘋狂的生日禮物，像是橡皮雞〔rubber chickens〕*；安排十大生日排行；毫無原因地慶祝；拚命裝飾會議室；到

處分發碰碰球、泡沫塑膠打擊棒，以及類似的東西，給他們一些大笑的理由，我們常做這樣的事情）。因為壓力如此大，所以我們必須大笑。這個方法非常有效，我們在極度艱辛的兩年裡，只有二到八名員工離開（而且我仍然和他們之中的兩個人固定合作，因為我們的關係變得很密切）。

建立企業權術的支持

我的工作是同時管理與評估這項計畫。我認為唯一的方法是利用Commuco公司的人去評估這項計畫，如果我求助公司外面的人，會變得沒有說服力，但是我需要客觀的評估者。我去找我老闆的老闆，請他幫我們組一個團隊。他把公司各部門的人找來，組成一個令人滿意的跨部門團隊（這些人熟諳權術運作，且擅長人際關係）。在看過這項計畫幾次之後，他們建議取消，就權術運作而言這是非常有用的。

此外，我四處走動拜訪，去了幾趟總部和那邊的人討論，包括即將走馬上任的執行長，談論我們正在做的事情、我們的進度及標準。我的訊息是：「新增的未知數正努力做個好經理人（而非權謀者）。」所以我秉持清廉與正直的形象四處走動。是的，這是帶有權謀的故作姿態，但我只能這麼做。我不能請別人介入，因為我甚至不曉得要找誰。我在這家公司並非老鳥，沒有已經建立好的人脈可以求助。

事情進展得很順利。當我取消這項計畫時，公司裡沒有出現什麼反彈聲浪。我之前和每個人都談過，所以他們知道我們想要取消。但是這項任務本身已經陷入了大麻煩，我們花了大把銀子，又對外宣布了這個產品，並已正式亮相，我無法收回這一切。所以我在做對的事情為將來鋪路，因為當我們結束這項計畫時，會有很多磚頭掉下來。公司的公關部門要應付媒體，各部門要忙著設計補救的產品等等，真正的衝擊是很大的，但是我做了我能做的。我並沒有因為這個決策而得到太多不利的後續衝擊。我收到一堆電子郵件，大多數是來自於他們的產品與我們的產品有關係的中階經理人，或是敬重先進開發部副總裁的人，他們認為取消計畫是可恥的行為，而且我們應該要找出別的辦法。但是沒有一封來自於和我一起工作的同僚。

我擔心先進開發部副總裁的反應，但是他卻讓這件事平息下來。事情變得很清楚，我不需要擔心他會積極暗中破壞我的行動。我定期與他碰面，剛開始是為了讓我自己熟悉這個計畫和他對這個計畫的看法，接著是告知他我

---

* 美國製造的一種由天然乳膠製成的、表面很滑溜且造型特殊的有趣玩具，參見 http://www.books.com.tw/exep/prod/newprod_file.php?item=N010019308。

的決定，然後我們一起計畫要裁掉哪些人，以及最後哪些工程師要歸他的單位或是我的單位。他顯然因為計畫失敗感到很難過，或許也覺得不好意思，因為這個計畫是在他的監督下失敗，但是他沒有公開談論這個部分。他保有自己的工作，因為組織仍然需要完成先進開發方面的工作。

如果我們取消了計畫，要怎麼處置員工呢？我們的任務是進入企業網路市場，雖然公司在做的是其他的產品，但我們必須找到一個有利可圖的商機來運用這些人力，我們最不希望的就是失去難得的人才，當時有新的網路技術（非同步傳輸模式；ATM），所以網路是顯而易見的去處。為了讓這個小組發揮創造力，並找到新的業務，我讓工作團隊去調查可能的新業務。我們研究了ATM交換器、轉接卡、源自SWITCH計畫原有的一些工程技術的伺服器，加上兩個其他的可能性。我們跑了一個附帶截止期限與目標的緊密控管流程，效果很好，讓他們覺得不是在做失敗的工作。但實際情況是根本沒有可以用到兩百名人力的計畫，所以當我們取消計畫時，我必須裁員。我想要一次解決，標準的作法就是：乾淨俐落，但還是造成了很大的衝擊，首先我就裁掉了團隊中百分之六十的人員。

如果沒有工作可以做，就沒有道理要繼續付薪水請他們。我在先前的工作已經裁過許多人，所以此時此刻，我的臉皮相當厚。然而，許多工程師曾經全心全意地投入這項計畫，我很同情他們看到多年的工作付諸流水（即產品無法上市）的失落感。

我從來沒有這麼大的壓力，我希望事情能完美地進行，這是英雄式的想法，我想要一切都很有成效，但卻事與願違。我想要靠自己的力量彌補這四年的過度投資，而大家什麼都沒做反而裝作沒看到，但這與事實相抵觸，我就是沒有辦法。每個人都曉得這是對的決策，但是解散這個團隊的衝擊，撤下小組的旗艦產品，在公司內牽連甚廣。到現在，我們還有「前SWITCH」郵件群組（我大概是其中唯一的非工程人員），所以這是個關係很緊密的團隊。沒有任何前進的動能可以抵消這一切，雖然我一直在嘗試。團隊中的每個人都了解，沒有人寫憎恨的信給我。不久之後（出現了一種戲劇性的結局），先進開發部副總裁和他太太與女兒出去度假，他和女兒被人發現時已經死亡，沒有人知道原因或發生了什麼事。這就像是個有形的象徵，說明這項計畫的每件事情如何自我毀滅。

他的死亡使得留住人才更加困難，甚至連那些沒有直接替他工作的人也一樣，因為他原本是我們團體中所有技術概念相關業務的領導人。我做了所有正確的事情，新的計畫正在持續進行，我把本來會浪費掉的錢拿了回來，

也盡可能激勵員工，但是這項計畫本身已累積那麼多的負面觀感，而我們又無法找到成功的新業務可以接替，導致我們陷入極大的壓力與悲慘處境中。

（以Commuco的說法）我在公司犯了一個重大的影響力錯誤。有幾項非經常性業務當時正在找人，它們明顯賺不了錢，卻是高層喜歡的。我拒絕接下其中一項，這在公司內部而言是個錯誤（雖然我說它不會賺錢是實話）。其他的業務則沒有獲得足夠的權術運作支持，無法撐過當時公司正在推動的縮編計畫。為了保護我的團隊，我原該接下這些受歡迎的業務，因為即使無利可圖，還是會得到支持。最後，這個團隊遭到重整，一些計畫被取消，包括我自己的計畫。如果當時我從公司的政治現實選擇經營受歡迎的業務，這個團隊會繼續存在，並進行一些可能的計畫。我們全都得去找新的工作（在待了三年之後，我離職了，因為公司給了我幾份在總公司的工作，但我並不想搬到那裡）。

與那些父權人士周旋讓我失去對工作的熱情，他們認為好的管理就是狠狠地罵你。我明白自己非常不適合那種環境，我所謂的父權作風就是：對立、討論不出結論就大吵一頓，並在整個團隊面前當眾痛斥主管。每當我或我的團隊向上司報告時，他們的態度是：「你可以在報告中找到多少漏洞？」——「我比你更大更壞」。表現得好像他們比別人更重要或是更有權有勢——這是一個充滿三字經的環境，恃強凌弱。在我參加的跨部門管理會議中，這是慣常的行徑。我明白不只是我的主管會這樣，這是整個公司的文化。很奇怪，因為執行長不是這樣的人（他是個明智有禮的人），但你通常會認為這樣的文化養成是來自高層。有人告訴我這個文化是來自於一群非常成功的既得權力者，這意味著人們從那裡出來並到處散播這樣的文化，就像我的上司。那或許只是我待在那裡三年的文化。

他們必然不曉得該拿女強人怎麼辦。他們不懷疑我是否夠強悍，但是我的主管對於我的存在一直都不是很自在。我仍然是女性，但是我通過了這項考驗，因為總公司提供我幾份工作。從公司的觀點來看，當這項業務關門時，我受到尊敬與看重。

精通權術運作有兩項構成要素：我對於每一群支持我的人都做了許多思考。我往來的人屬於哪個團體與範疇？不管做什麼，我都會不斷在腦中做歸類。不論發生什麼事，策略在我的腦中翻攪，就像是心智地圖（mental map）*；我自然而然就這麼做。我一輩子都很享受這種分類，就像是在進行邏輯運算，你把東西放入圓圈或是方框裡。我在為每一群支持我的人做規畫。

　　舉例來說，我確保評估團隊是由人際關係良好的老員工所組成，他們本身就很有說服力，所以當他們說話時，大家會相信他們。

　　悟性也是一對一很私人的感受，要保持情感上的理智，所以你總是在思考他們的利益，以及他們對你正在進行的業務的反應。我知道自己在這方面很強。

　　還有，你必須了解風向，並做讓你處於有利局面的事情，例如：明知道這是個永遠也不會賺錢的爛計畫，但是副總裁喜歡並想要這個計畫，所以就做吧，去保住你的團隊。這是知道如何讓自己超脫於現實之外讓自己好過的方法。或者，舉例來說，注意外部的事情，像是哪種產品最近很受到媒體的青睞（SWITCH計畫就是這樣開始的，媒體當時正在興頭上）。這是直覺感受，很難說。身為一名主管或個人公關有一種呈現事情的作風（你可以把它想成創造你自己的風潮），他們接下一項企畫或機會，並對於談論業務計畫和未來十分自若，儘管每個人都知道計畫並不全然實在，但如果你有膽量說我會讓它變成一個五十億美元的生意，就會贏得尊重，因為你敢說我可以讓這股風吹起來！

───────────

* 人腦對於特定環境的空間認知。

芙蘭・葛瑞格斯比的權術經驗帶給我們的一些教訓

- 信用是無價之寶；如果你從之前的工作獲得信用，就要維護它；而如果你必須建立信用，就去選擇能見度高的困難工作（並加以實現）。

　　你的作業層級越高，越難讓人判定你是否真的知道自己在做什麼。因為你的工作任務牽涉到的技術，以及計畫的複雜性，和完成所需的時間，都讓人很難斷定誰是對的，因此過去的表現──你的聲譽──極其重要。這不能保證沒有反對的意見，但確實有助於你得到一些轉圜空間和支持。雖然這聽起來像是老生常談，但你還是要盡早並經常做好你的工作，好讓自己得到一些可靠的保障。

　　不過，如果你是這個組織的新人，你過去的表現可能不是太有價值，在某些封閉的環境中，可能還會對你不利。所以你需要想辦法盡早贏得信任。

　　有個方法是把某件一直令組織很頭大的事情做好，尤其是在其他人都沒有勇氣去處理它的時候。當然，這意味著承擔這件任務會有風險，但如果成功了，你將大幅提高別人對你的信賴，一如芙蘭的情況。我們認識一名年輕人，他第一份工作的公司在流程方面一團糟，公司花了幾個月時間都搞不定，他運用自己在學校學到的電腦技巧，幾天之內就把問題解決了，他一下子成了公司裡的英雄人物！你可能不像他那麼幸運，但是你可以為當局者指點迷津，以旁觀者的身分提出有用的觀點。

　　你很可能會碰到芙蘭所發現的那些權術運作障礙，所以另一個你可以展示可信度的方法，是了解目前組織文化對你所做的任何事情可能會有的顧慮，並多請教事情該怎麼做。那樣不只給予你重要的資訊，還能在當下有足夠的了解去發問，然後去實踐，進而促使你更值得信賴。畢竟，對於講求權術運作的其他人而言，搞清楚狀況乃是理所當然又需謹慎為之的事情。

　　• 提高警覺，尤其當你對組織來說還算是個新人時。

　　芙蘭談到她如何不斷觀察環境，這點至少對於要在職場生存是很重要的。此舉有助於讓她知道要把焦點放在哪裡以及哪裡要格外小心（在橄欖球賽中，空曠球場上的球員被告知要「眼觀四面耳聽八方」，以避免有人趁其不備惡意攻擊，這對於在講求權術運作的組織中謀生是一個不錯的比喻）。

　　• 準備好為了保有更大或更長遠的目標做出妥協。

　　只有你能決定何時要退出一個你所喜歡的位置，但是多數時候，如果你想成功，有時不得不讓它發生。你很難在自己的願景、原則和

戰略上的需求之間取得平衡，不屈不撓很重要，但不要陷入「聽我的不然就滾蛋」的心態。真正的權謀家往往有辦法與觀念不合的對手相處，也知道有時必須稍作退讓，才能得到自己想要的東西。厲害的權謀家是天生的交易家，儘管有爭執，也能保持人際關係。

- 在人脈上下工夫，不斷建立觀念或可能的計畫，並建立自己的門路。

了解重要利害關係人及良好關係的需求，邏輯上隨之而來的就是在人脈上下工夫。此外，如果將想法執行後會迫使人們去改變某些事情，人們常常需要時間來消化這些想法。不斷建立觀念或是慢慢地逐步釋放消息，可以讓乍聽之下令人害怕或是太過極端的事情變得讓人比較不害怕。

- 如果你不得不去做的事情是你個人所不能接受的，一找到其他更好的選擇，就馬上抽身。

即使芙蘭在事業上成功且野心勃勃，又頗擅長在嚴酷、高壓及搞權謀的組織中完成任務，但她並不想繼續過那樣的生活。有些人不想在安靜、愉快的環境中工作，覺得這樣太無聊，有的人則覺得在大公司工作壓力太大。你要找到適合自己的環境。

硬碰硬：利誘無效時，逐步採取更強硬的對策

本書從頭到尾，我們都在強調努力朝雙贏結果邁進的重要性。在組織中，沒有永遠的勝利者，今天為你打敗的同事明天可能回過頭來報復你，所以最好讓那個人心滿意足地走開。

然而，有時候為了達成這樣的雙贏結果，一個（暗示性的）威脅或「代價」是有必要的。按照你提議中的好處去接近對方通常是個好策略，但可能還不夠。確實，即使是正面的提議背後都可能含有暗示性的不利後果，它可能只是簡單的現實：對方若不接受交易，就會錯失得到這些好處的機會。但是有時候，如果對方不同意，可能必須提高賭注，並談到可能發生的負面交易。這可能涉及（經由直接聲明或暗示）威脅付出更高代價，直接採取行動，或是不給對方想要的東西。你可能必須變得強悍，以便有機會改變頑強的潛在盟友。**透過硬碰硬的作法，我們指的是如何把「強迫的手段」放入你的請求中，以及其他人可能對你採取不道德行為時的作法。**

這個策略可能很棘手，也可能產生反效果。即使只是暗示性的威脅都可能引來反抗，尤其是當對方心煩意亂，一心只想報復，而沒有思考組織的利益。我們總是強調正面引導，因為力求雙贏的結果是比較好的。其次，我們強調永遠不要把交易私人化。你做交易是為了達成組織目標，而不是為了個人的權力掌控。但是有時候讓對方明白可能產生的不利後果，以及你願意採取任何必要的手段，不只能夠引起

對方的注意，在某些情況中，還能提高別人對你的尊重。願意為了自己的信念而奮鬥，通常會贏得讚賞。

什麼情況需要一個比較強硬且互利關係較少的影響力策略呢？有時候，儘管你想要的東西具有最正面的組織價值和意義，可是你可以給予的籌碼和盟友想要的正面籌碼就是搭不起來，所以你無法創造足夠的責任義務，這可能是展開負面加溫的時候。舉例來說：假設你已經盡全力幫助一名盟友，但是他對你的請求卻充耳不聞。你針對這個不公平的情況詢問他，這名同僚卻滿是藉口，並不斷說他有一堆重要的任務要去完成。與其否定這個人，把他當成偽君子和知恩不圖報的懶蟲，你可以說：

> 比爾，我了解你工作過度——我們都是——而且我提出的一些要求嚴格來說並不屬於你的工作範圍。但是，你曾要求我做高於並超越我職務範圍的工作，我也熬過來了。現在，我們將來的關係有兩條路……一是我們都盡一切努力幫助彼此，要不然我們就照遊戲規則來玩。你想要哪一種呢？我想要互相幫助，但是我拒絕成為唯一付出的一方。如果你要真正的禮尚往來，那麼我期望你對我的要求能有更大的回應。

這應該能引起他的注意，如果他不是蓄意要佔你的便宜，就會創造一個更有反應的相互關係。你願意合作，但不願意被當成笨蛋。此外，對方的拒絕會付出一些直接的代價，那是他拒絕合作不可避免的結果。

下面的段落提出一些方法，讓你在態度強硬的同時，也能保有最後的合作或結盟的可能性。

逐步提高對方的損失

當你拚命想要從某個強烈拒絕合作的人身上得到某樣東西時——

因為你深信為了組織的利益這是有必要的——加大你所使用的交易籌碼和行事風格的影響力，就變得無法避免。基本規則是逐步提高對方付出的代價，或暗示你打算讓他付出更大的代價。逐步施壓是將負面反應降到最低、給予自己最大空間保有雙方的關係，並增加選擇的一個方法。你可能在行動之前，必須先從提出警告開始。「如果你不配合，將會發生／或不會發生哪些事情。」強調負面的後果可能很冒險，但是這種警告比較不是以個人為攻擊對象，同時也降低施加壓力所帶來的一些傷害。實際上，你要說的是，如果對方錯失接受你的請求而得到的好處就太糟糕了，把重點放在交易的本質而不是這個人。這跟說「你若拒絕就是個笨蛋，而且我會讓你為了這件事情付出代價」不一樣，應該試圖讓不肯聽話的對方知道，是他的行為導致這些重大的損失。

　　提高對方損失的策略在執行時需要相當的手腕，應該審慎運用。如果你可以釋出善意，強調你有多不願意走上這條負面交易的路，就能降低風險。這個策略闡明你的目標是合作，而非在傷害對方。

　　在接下來的兩則案例中，努力贏得影響力的人以頑強的決心一步步採取行動。我們發現，他們策畫了種種越來越激烈的手段，讓難纏的對方付出更高的代價。

　　提高對方的損失不一定涉及直接拿客戶或高層作為威脅，來取得他們的合作。即使沒有採取這樣的手段，你還是有可能憑著堅定的意志得到你需要的東西。

當你的上司就是那個棘手的同事時

　　當那個真的很難去影響的人就是你的上司，而且他還死性不改時，你必須努力找出正當又不挑釁的方法，提高對方所要付出的代價（參見下頁案例）。

以謹慎的態度要求不肯配合的同僚付出更高代價

艾柏特‧桑尼‧戴伊（Albert "Sonny" Day）是一名保險業務員，他很懂得代表他的客戶來提出請求，逐步加碼不願配合這些請求的代價。桑尼的工作需要與客戶維持長期的關係。然而，維持他們的生意卻需要特別的服務，必須要有公司內部其他部門的配合。桑尼必須不斷要求線上同仁和行政人員給予特別的關照——評估、報告、計算、迅速執行理賠。但是在一個高度分工的公司裡，他不一定能得到讓大客戶滿意所需的東西。他說明自己如何應付這類棘手的狀況：

這些部門通常視野太過狹隘，只想到自己部門的方便，所以我的功能之一，就是提供他們有關客戶需求的更廣大視野：我們最終賴以維生的是客戶。

我的初步策略是提出許多問題和請求，但是我總是確保採取進一步的行動，有時候只是寫一張紙條給對方，或是寫一封信，或打電話給他的主管。那是非常必要的。

我先來軟的，再來硬的。如果我的請求無法得到任何回應，我會提高賭注到我必須做到的程度，直到我真正開始來硬的。舉例來說，我會跟某個什麼都不肯幫忙的人說：「你的不肯合作惹毛了我的客戶，如果明天中午前我們得不到滿意的答覆，我會告訴區域經理是你讓我們失去這個客戶！」我討厭做這種事，我的胃每次都會打結，但這是我必須做的事。

然後，對於非常棘手的情況，我會運用每個人都有敵人的原則，設法找到那個人的敵人。我不用提高聲音或是做齷齪的威脅，我只需要說：「我碰到麻煩，什麼事都辦不了，所以我猜有必要和保險協會談談。」但是我只會在我的職場生存受到威脅時，才會把它當成最後訴諸的手段。

桑尼身處於一家嚴守分工的企業，公司對於部門自主性的重視更甚於客戶的需求，讓他的請求難以得到合理的考量。在其他比較懂得配合客戶需求的公司裡，任何業務代表客戶提出的要求都會自動地得到快速的回應，但是桑尼一開始就處於不利的位置。因此，他被迫尋求他個人比較不喜歡的手段，而且最後換掉了他的雇主。但是當他在那家公司的時候，他學會依照所需逐步施壓。

注意，儘管桑尼很急，也逐步提高對方要付出的代價，但他總是設法把客戶的需求以及公司的利益放在前面。雖然他無法提供服務給客戶就會失去

許多佣金收入，但是他並不只是為了個人的利益而採取強硬的手段。不管怎樣，他都沒有要求任何不適當或違反公司利益的事情，而且他在動手做任何給別人難看的事情以前，總是先給予公平的警告。

誰有權力？──認清你的權限，適當地提升並運用

　　在下面的案例中，即使佛瑞德是戴夫的主管（而且職權高於他），但是我們認為戴夫（可能）才是真正有影響力的人：

戴夫・歐芬巴哈擺脫煩人老闆的糾纏[*]

　　戴夫・歐芬巴哈（Dave Offenbach）是一名工程經理，他在一項新任務上發現，他的上司對他的一名部屬不當地窮追猛打，他想盡辦法擺脫上司的糾纏。戴夫說明他的因應之道：

　　我們母公司東區工程主任佛瑞德・威爾森（Fred Wilson），三月來找我討論他希望我會有興趣的一項工作任務。佛瑞德和我從未共事過，但是我們都知道彼此的個性以及事蹟。所有人都告訴我，佛瑞德個性很急、不講人情、要求很高，而且脾氣暴躁。我們在事前的工作協調期間，佛瑞德（大約一年前被徵召到這個部門）透露，為了讓部門更有生產力及效率，公司授權他可以採取任何手段。他也解釋，他分析人力資源的統計時發現，這個團隊是由績效表現最差的人所組成（除了幾個例外）。為了提高這個團隊的績效，他馬上調來幾名表現較好的重要員工，佛瑞德提供我一個新的職位，他則是我的頂頭上司。他最終的目標是要回到西北區，讓我接替他在東區的位置。

　　第一天上班，佛瑞德告訴我，我手下有三名「笨蛋」工程主管，他想要盡快換掉這些人。由於我才剛上任，我請他給我三十天，好讓我可以熟悉這個部門。剛開始，我以為佛瑞德對這三位主管的評價正確無誤，但是隨著時間過去，這三名主管之中的一位顯然不同於另外兩位。雷對於上司的要求立刻回應，願意接受我給他的所有任務，並努力找出良好、合理的解決方案。我對這份工作和這些人的關心，讓我花了比平常更多的時間去觀察他們

的工作習性和表現。在與其他組織開會和討論時，雷顯然尊重又信任參與計畫的每個人，除了佛瑞德以外。

有一天我和佛瑞德共進午餐，席上我要求他說明想要換掉這三個人的理由。他對於其他兩個人的顧慮是可以理解的，但是我追問他對於雷的意見。佛瑞德認為雷是個沒用的人，並覺得所有的問題似乎都源自於雷的專業領域。他的工程交付經常延遲或是不完整，他缺乏回答重要問題的能力，此外，即使部門正在精簡人力，他還是不斷要求增加人手。

佛瑞德清楚地表達他的想法之後，強烈地質疑我對雷的關心。聽了我的觀察之後，他變得非常不高興，命令我不要浪費時間在雷的身上，趕緊把他換掉。

我的下一步是調查雷的背景。雷的人事卷宗沒有任何負面評價，事實上，情況剛好相反。他在公司待了十四年，歷經各種工程及管理的任務。雷在每個案子的設計、管理和合作的能力都備受讚賞，這項紀錄在我和他之前的主管談過之後獲得證實。

此刻我真的完全被搞亂了，我決定直接和雷談。在隨後兩個小時的討論裡，雷說明在我到任以前，佛瑞德已經說要開除他。我請雷解釋他認為佛瑞德開除的理由是什麼，他的故事和佛瑞德的剛好相反。就算他超時工作百分之四十至五十，他的工程交付還是延宕。他不斷要求額外的人手，而且他負責的部分是這些問題的主因，同時他也難以回答佛瑞德所提出的有關這個計畫的早期部分的問題。但是雷也指出，他是在佛瑞德就任前六個月才被分派去負責這個部分的工作。由於這個計畫已經進行超過四年之久，設計上的問題是原本負責該項業務的主管們所造成的。但是每次他提出這個理由，佛瑞德就變得更加生氣。雷也表示，他覺得自己的工作量遠大於其他小組的人。談話結束時，我承諾會持續想辦法解決這個問題，我也認為他受到的騷擾是不公平的。我告訴雷，我欣賞他把工作做好，並要求他持續這樣的良好表現。

接下來，我研究各小組的工作量，並找到證據確認雷的分析是對的。於是我調動可用的人力，讓人力配置更為均衡。我向佛瑞德說明我不打算開除雷，事實上，我認為雷的工作做得很好。佛瑞德很生氣，並很明白表示雷的績效可能會影響到我。

往後的幾個月，雷繼續做好他的工作。他的小組開始跟上進度，最後也不再需要加班。然而，佛瑞德依然無情地糾纏我們。在會議上和在小組內部，他不斷想辦法羞辱雷，尤其是我在場的時候。令我感到驚訝的是，佛瑞

德並沒有對我做出同樣的騷擾行為。事實上，隨著時間過去，他似乎給我越來越多的自由及任務。

---

*這是大衛‧布雷福德監督下寫成的「The Misbranded Goat」中所刊載的案例，經史丹福大學商業研究所授權，轉載自一九八三年的史丹福商業案例（Standford Business Cases）；版權為史丹福大學信託委員會（Board of Trustees of Leland Stanford Junior University）所有。

- **過去表現的力量。** 因為戴夫的表現一直很優秀，所以佛瑞德把戴夫找來改革這個部門。此外，戴夫才是那個有良好聲譽的人，不是佛瑞德，所以如果佛瑞德不願意改變，戴夫手中還持有退出這個計畫的最後一張王牌。他仍然可以保有他原來的工作，而且到時候將是佛瑞德的聲譽受損，這不是一開始就要打的牌，但是有這麼一張牌在你的口袋裡是件好事，只是預防萬一。

- **誰需要誰？** 一旦佛瑞德離開，戴夫願意接掌這個部門，但是他還有其他的選擇。佛瑞德被徵召來做這個工作，而且需要戴夫的能力來快速改善這個單位的問題，以便讓佛瑞德可以回去西北區。

- **資訊的力量。** 戴夫不只藉由小心調查這個情況、分析工作量等做功課，他在人力上採取重新洗牌的行動也促成他想要的結果。這個新資料可以取代佛瑞德針對這些工程人員所給的舊資料。

讓我們來看看戴夫是如何著手影響佛瑞德：

- **透過行動建立信任。** 首先，他給自己時間去做功課。接著，他採取果斷的行動，解雇兩名不適任的工程師，以行動提高佛瑞德對他的信任。

- **潛在盟友。** 有鑑於戴夫之前所聽到的有關佛瑞德的評價，他大

可將佛瑞德歸類為無法改變的獨裁者。相反地，戴夫卻不放棄影響他的可能。讓戴夫沒有掉入成見的原因之一是，即便佛瑞德對於雷的事情非常情緒化，卻從未攻擊戴夫。

- **了解對方的世界。**戴夫在一次非正式的午餐會面上，設法了解佛瑞德的立場。就算佛瑞德不高興，戴夫也沒有和他爭論。戴夫把佛瑞德的看法當成需要檢驗的東西（並且以仔細聆聽對方說的話作為給對方的籌碼）。
- **目標明確。**戴夫一直把重點放在什麼是公平的，以及對組織而言什麼是重要的。他沒有一心替自己的下屬辯護，也沒有和佛瑞德陷入私人戰爭。

完成了謹慎的初步工作之後，佛瑞德騷擾雷的問題還是持續存在。戴夫能做什麼讓佛瑞德放過雷呢？他已經從佛瑞德那裡得知他與雷的問題，加上他自己的調查，解釋了問題的前因後果，充分了解工作問題以改善雷的表現，拿出證據回頭找佛瑞德，證明雷實在是名可靠的員工。由於這些還是改變不了佛瑞德的態度，他必須考慮採取進一步的行動。

戴夫已經表明他對雷的執行能力有信心，因為在佛瑞德指出戴夫的績效可能會受到雷的不利影響後，他仍然持續挺雷。這是踏向正確方向的一步；如果上司願意讓你用你的方式去做，你就願意以自己的績效向上司擔保，通常就足以構成有價值的交易去創造你想要的自由。至於提高付出代價的下一步，戴夫大可比之前更明確地表達自己的立場，補上一句，如果佛瑞德繼續打擾雷，戴夫可能不再保證他的單位會有正常水準的表現，可能會傷害這次改革行動的是佛瑞德的行為，並不是雷。

其中，戴夫必須決定佛瑞德是否能夠接受更直接的挑戰。戴夫的強硬態度依然能讓佛瑞德繼續尊重他嗎？還是他會爆發，並以令人不快的方式重擊戴夫？戴夫原本可以做出不一樣的結論：佛瑞德是個惡

霸，只會應付凡事都說好的下屬，不然就是沒有耐性，不相信溫情作風，所以才會被戴夫對雷的耐性所激怒。但是基於戴夫在他們所有互動中所得到的蛛絲馬跡，他認定佛瑞德能接受直接的拒絕。佛瑞德沒有對戴夫施以懲罰（「令我感到驚訝的是，佛瑞德並沒有對我做出同樣的騷擾行為」），這點微妙地傳達了佛瑞德對戴夫的尊重，儘管戴夫在處置雷一事上拒絕遵照他的意思。這暗示了佛瑞德的作風大概是不斷地施壓，直到他遇到一個強悍的反彈。強硬的態度是佛瑞德的籌碼之一。佛瑞德希望戴夫成功，好讓他可以回到西北區，並把東區交給有能力的人，信任戴夫的判斷力成了另一個重要的籌碼。比起有關雷的績效資料，這些籌碼對佛瑞德來說顯然更為重要。

最後，戴夫選擇更進一步：「聽著，佛瑞德，你對我有足夠的信心才把我調到這裡幫助你完成這次的重整。我已經有了一些進展，也想要繼續，但是你讓我很為難。我們談過好多次有關雷的事情。我認為我無法說服你去喜歡他。但是，該死，他替我工作，而我對他有責任。我絕對深信他有能力做好這份工作，而且他也正在做。如果你不放過他，可能真的會把事情搞砸了。從現在起，如果你不喜歡他做的事情，跟我說，不要跟他說！如果你一定要開除他，我無法保證我能夠繼續完成我們的改革。所以你要什麼：繼續騷擾雷，或是讓我利用我的最佳判斷把工作做好？」佛瑞德氣急敗壞，但還是同意了。

這種迫使敵人退讓的方法，使用了好幾種負面的籌碼來創造戴夫想要的空間。它強調績效是最重要的結果，並讓佛瑞德清楚知道他的行為將會阻礙他迫切想要的績效。此舉肯定佛瑞德是上司，但是提醒他，在層級制度上，戴夫有正當的「權利」去管理及評斷自己的直屬下屬；不斷地妨礙這個權利，將會損害他成功管理的能力。如果佛瑞德繼續干擾，也要為結果負起責任，而那個結果可能會比他現在所擁有的還要糟糕。還有，藉由指出自己過去的良好表現，和佛瑞德在其他事情上對他表現出的信心，戴夫暗示性地威脅對方會失去某個有價值的東西。因此，佛瑞德如果放過雷，就可以避免付出好幾個負面的

代價，而他也這麼做了。此外，戴夫採用反映佛瑞德自己行為的強硬互動方式，這也強化了戴夫在這項交易中的地位。

終極手段：賭上你的工作

戴夫從未走到如果他的上司佛瑞德不肯停止騷擾雷，就直接威脅要辭職的地步，但那會是他的終極武器。不幸的是，那不是全面性的勝利。回到西北區並詆毀佛瑞德的聲譽並不會改變佛瑞德的行為，只會淪為一種我們無法饒恕的無端報復。在背後捅同事一刀的人毀掉的不只是對方的聲譽，更有可能毀掉自己的聲譽。

然而，有時候影響重要盟友（尤其是你的上司）的所有努力都行不通，你除了賭上自己的工作以外別無選擇。不管是因為你深信老闆必將鑄成大錯、覺得自己受到極為不公平的對待、認為老闆的要求是不道德的，或是你已經認定如果老闆持續某種行為，這個工作就不值得做，有些事情就是太重要，不能任其凋零。

倘若所有的方法都失敗了，而你認為這件事重要到足以去冒相當大的風險，那麼最後訴諸的手段就是基於你對上司的正確診斷，做出一個上司無法拒絕的提議。你只有在即使被開除也不會比繼續待下去更痛苦的時候才這麼做。例如第六章所討論的克莉絲・漢蒙德，她就是運用這個策略，對付一個不想把業績功勞給她的上司。她孤注一擲，威脅要離職並帶走上司達成額度所需的銷售業績，好讓上司無法達成目標。這並非普通的交易策略，也很容易造成反效果，但偶爾卻是必要的。這是嘗試維持一個合則來不合則去的關係，而了解這個選擇的上司可能比較喜歡維持合作關係。

對蘋果電腦的最後通牒（參見下頁範例），就唐娜而言是一項高風險的行動。她其實不確定這招是否行得通，但是她已經試過所有她知道的方法，但這並不代表她沒有其他的策略選擇。確實，她是處於一個不安的位置，因為她沒有對先前提出的庫存問題做出正面或積極

成功運用離職威脅的手段：蘋果電腦的唐娜‧杜賓斯基

在另一個真實的案例中*，當時任職蘋果電腦（Apple Computer）的唐娜‧杜賓斯基（Donna Dubinsky；後來的Handspring以及Palm的執行長）厭煩去為自己部門的銷售策略做辯護，於是決定去挑戰她上司的上司比爾‧坎貝爾（Bill Campbell），甚至是總裁約翰‧史考利（John Sculley）。唐娜覺得她被其他部門的人圍攻，這些部門的人在公司創辦人史帝夫‧賈伯斯（Steve Jobs）的支持下，提議將公司的庫存系統更改為即時存貨系統（just-in-time inventory system），而她確信這個系統並不適用於蘋果電腦的業務。最後，她決定如果一定要受到特殊任務小組的干擾，她才獲准去檢查自己部門的策略，她會辭職。她告訴坎貝爾，若是他不同意她的條件，她將離開蘋果電腦。由於她的工作表現一直很優異，被公認為前途無量，所以坎貝爾和史考利同意了她的條件。

---

* 這裡所提出的真實案例是在一連串的教學案例中提到的，由托德‧吉克（Todd Jick）監督、瑪莉‧傑泰爾（Mary Gentile）撰寫的《唐娜‧杜賓斯基與蘋果電腦公司，(A)和(B)》（*Donna Dubinsky and Apple Computer, Inc., (A) and (B)*）（波士頓：哈佛商學院出版社，一九八六年）。唐娜仍然公開主張所有工作都要累積「去死吧！」（go-to-hell）的籌碼。

的反應，但是最後通牒有其預期效果。這顯示出她對於徹底準備做必要的分析是非常認真的，而且願意為了自己的信念賭上這個工作。

唐娜過去的出色表現使得這個結局成了一個非常安全的賭注，而且蘋果電腦相對開放的文化也有所助益，但是她當時並不知道自己的勝算如何。情急之下，她在週末之前的外地訓練會議裡針對其他問題公然挑戰史考利，但是她不知道她對史考利開砲，讓他對她的正直留下深刻印象。公然挑戰公司的總裁通常不是優先選擇的策略，但也不一定是自找死路。

你不見得需要採取極端的手段來迫使你的上司退讓，有時候無法達成影響力反映的不是你的主意不好，就是使用不適當的影響力技巧。要冒多少風險，端視你能忍受多糟糕的結果，以及你想要採用多

長遠的觀點而定。不可否認的事實是，長遠來看我們都會死，所以忽略眼前是很愚蠢的。但是同樣為真的是：只看眼前行事，假裝沒有長遠未來，是幹掉自己的好方法。判斷力是必要的。

人生難免會下一點雨：爛蘋果與硬碰硬

在本書裡的多數案例中，潛在盟友或夥伴雖然難纏但都不是壞心腸的人。儘管碰到爛人的機率遠比大多數人以為的低很多，但偶爾你還是會碰到真正的爛人、上司或同僚，對方非常渴望出人頭地，所以使出骯髒手段來傷害你，甚至還散布關於你的不實謠言（我們聽過有人胡亂指控他人和老闆上床、偷公司的錢，甚至捏造卑鄙的謠言）。假設你確定問題完全出在對方身上，而不是因為你做過或有人認為你做過某件事情，就需要提高不同程度的自我保護技巧。當這種事情發生時，你很難想到任何雙方都滿意的互動方式，自我保護為上。

就作為影響想要傷害你的人的方法而言，對人好不見得有用；一套完整的影響力策略需要一些強硬的手段。不過強硬不等於惡劣，雖然你可能（罕見地）碰到一個會迫使你採取報復性惡劣手段的人，但那是一種游擊戰，我們保留給那些仍然堅信為和平而殺人是解決爭端唯一方式的人。相反地，我們要告訴你，如何在不把與難纏者的交易演變成輸贏競賽的情況下，堅定地追求你的正當利益。你大概不會想要以會製造一個永遠的敵人的方式去展開交易吧。

我們拿盧迪·馬汀尼茲（Rudy Martinez）的悲慘經驗舉例（參見下一頁的範例）說明。

計算過的衝突

另一個方法是及早退場，冷靜下來，確認自己想要做什麼，然後勇敢地面對那名同事。這個作法可以是在見證人面前很冷靜地表現出你的憤怒，或是私下有節制地爆發自己的怒火。有經驗的談判人士會

被同事陷害該怎麼辦？盧迪・馬汀尼茲的例子

盧迪・馬汀尼茲是名年輕律師，他立志成為一間大型法律事務所企業法部門的合夥人。有一天，他缺乏警覺地與部門新同事瓦特・奧立佛（Walt Oliver）在午餐時閒聊。瓦特開始抱怨他們的上司賀伯・路易斯（Herb Lewis），後者是該部門的主管以及這個集團的三名資深合夥人之一。賀伯早年曾經是名傑出人物，以創意思考著稱。但是瓦特不滿賀伯的自由放任領導作風，他抱怨道：「我們就像是停在水上動也不動的船，沒有方向。不只如此，他還阻止其他人積極主動的精神。」

盧迪了解瓦特的反應是針對企業法部門最近召開的十名成員全體會議。公司要求瓦特研究部門有一個更為可行且集中的目標，結果他強烈建議部門專攻購併。瓦特語畢，賀伯身體往後靠在椅背上說道：「這個嘛，我不曉得……我信奉變形蟲組織（adhoc-racy），讓百花齊放。我認為我們每個人都應該做我們自己的事情。」這番談話似乎給這個小組澆了一盆冷水，會議廳裡頓時沒了生氣。

盧迪同意瓦特對賀伯的評語：他是個好人但卻是個吞噬點子的黑洞。賀伯不僅沒有提供任何方向，而且如果有人採取主動，似乎還會扼殺別人的行動。

盧迪通常不會興風作浪，但是瓦特對於這個問題的強烈感受讓他大為吃驚。瓦特有理由難過，但是盧迪向來認為瓦特太過於權謀，不會公開挑戰上司。因為盧迪很高興知道瓦特與自己有類似的感受，所以他認同賀伯的管理風格傷害了這個部門。

「我們三個人一起去吃頓午餐好了，」瓦特建議，「與賀伯面對面把一切說清楚。」盧迪有所猶豫，但瓦特似乎下定決心，並說他會做安排。

當盧迪抵達午餐約會時，瓦特和賀伯已經在那裡。點完餐之後，賀伯開口說：「盧迪，瓦特告訴我，你對於我的領導風格有意見。你的問題是什麼？」

盧迪目瞪口呆。他盯著瓦特，後者只是事不關己地坐在那裡。他該怎麼辦呢？直接和瓦特對質說他陷害他？單挑賀伯還是趕緊閃人？盧迪決定閃人是最安全的作法，他咕噥說一定有什麼誤會。他說他不是那麼不滿，並很快想起一件他可以提起的小問題，好讓自己看起來不像在說謊，然後整頓飯都在聊一些有的沒有的，接著以最快的速度閃人。他後來得知，瓦特對他所有的同事都玩過類似的把戲，而且經常想辦法破壞其他同事與賀伯的關係。

　　盧迪當時或之後能做些什麼呢？說些盧迪早該多少知道瓦特的名聲的風涼話很容易，但他就是不知道。即使去問別人，他也可能不會發現這個事實。雖然我們希望這種事永遠都不要發生在你身上，但是任何人的職業生涯裡都可能突然冒出一個耍骯髒手段的人。因此，盧迪早該避開所有可能不利於己的事情的建議是不切實際的。沒有人可以保證你完全不會碰到不愉快的意外，而且活在一個處處提防別人的組織裡也很累人，所以讓我們承認這樣的事情是人生的一部分。

　　盧迪不能讓這件事就這樣過去，不只是為了他自己的自尊及個人能力的感受，還因為這是容許瓦特發動攻擊，再度帶著我贏你輸的勝利離開。讓我們假設瓦特想要犧牲盧迪來彰顯自己，盧迪該如何去阻擋那筆（負面）交易？

打開天窗說亮話

　　應付所有破壞者的最好方法，是盡可能把事情攤在陽光下。耍骯髒手段的人靠的是躲在幕後和掩護下運作，憑的是別人受傷的時候不願意明說。所以把齷齪的手段攤在陽光下，讓始作俑者看起來很卑鄙，讓一切公諸於世的努力很重要的，這可能會讓瓦特我贏你輸的交易變成我輸你贏。

　　倘若盧迪不是那麼震驚或不那麼害怕不快的場面，他大可正視上司賀伯並說道：「我非常驚訝瓦特告訴你我是那個有意見的人。前幾天他和我談的時候，他也表達出很多的疑慮。除非我們釐清這一點，我不知道我們如何進一步深談。瓦特，你打算公開我們討論過的事情嗎？我以為我們要幫助賀伯，如果這是要讓我看起來像是個製造麻煩的人，我拒絕。我希望我們有一個強大的作業團隊，不是讓彼此難看。」

　　我們佔了事後諸葛及非當事人之便，但由於我們建議盧迪應該要說的話，多少是他一直在想的事情，這不完全是後見之明的結果。

　　與其在老闆面前很尷尬，盧迪原可利用這個機會證明他很想要幫忙，同時也讓瓦特的計謀一覽無遺。雖然有人無預警地攻擊你，當下你很難馬上想出完美的回擊對策，但是你也不必非得處理得盡善盡美，這個簡單的原則就是：如果你真心為了組織好而這麼做，但說無妨，並坦白說出你對於這個意外攻擊的反應（只要你的目的不是只為了撲上去掐同事的脖子）。

　　或許，盧迪原本只需要做的就是驚叫：「我很震驚！我以為我們在這件事情上是站在同一陣線的。怎麼回事，瓦特？」那就足以打破僵局，讓盧迪不會完全毫無招架之力。如果瓦特當時否認所有的事情，盧迪可以向賀伯解釋他被誤導了，但是他希望幫助老闆發揮最大的效能，而且如果有必要，他會自己一個人去做。

　　如果盧迪也試著陷害某人或是重擊他的老闆，這些方法沒有一個會成功。如果他真的關心部門的未來（而他也確實關心），就不需要為說這些話覺得苦惱。世界上的瓦特之輩是那麼忙著密謀策畫，以至於他們從未想過有人可能會真的想要做對的事情，這是他們盲目、脆弱的地方。他們不知道，如果被害人打算公開直言，他們看起來會有多麼令人厭惡。瓦特甚至有可能不認為自己是個下三濫，反而對自己的作為有別的解釋。他行為的結果可能與他的意圖有很大的出入；不對他攻擊只是直率地提出問題，可以讓明顯懷有惡意的人展現善意，他同時也能了解自己行為的負面後果。

結局

　　有時候公道還是存在。瓦特後來因為被認為過於權謀，公司拒絕讓他成為合夥人。盧迪成了合夥人，卻從來不是事務所裡面最有影響力的人，因為大家認為他無法有效地「管理這個系統」。這是一個好例子，說明「搞權謀」的典型不良操作，以及缺乏技巧去運用這個方法的代價。

建議，在組織中大發雷霆或許是個錯誤，但如果是謹慎做出的抉擇，容許自己把真正的憤怒表達出來，可能是一種有用的技巧。如雷射般專心一致的節制怒火或是一點尖叫，可以讓玩弄手段的人更難以確定你以後會做出什麼事，也為將來的意外攻擊形成一道緩衝力量。你讓瓦特在老闆面前贏得勝利，但是你阻止他將來重施故技。

　　我們發現這種方法對一位慣常操弄和恫嚇同事的人很有用（這次是有關辦公室的空間），他正視那名同事並大聲說：「不要惹我，傑克。我可是教導談判的人！」傑克縮了回來，從此以後態度好很多，因為他認為自己的計謀不會管用。

讓真相傳開來

　　如果無法直接對抗，或許你能做的就是讓事情在組織裡面傳開來，警告其他人小心此人。然而，如同我們提過的，這麼做本身有其危險性。當話再傳回去時，那個卑劣的人一定會生你的氣，更可能會

刺激他製造更大的傷害來報復你。因為你大概不像他有個充滿報復與怨氣的火藥庫，陷入一個誰比較卑鄙的競賽不是個好主意。

其次，當中立的組織成員看到你用道人是非來進行報復時，可能只看到你的報復，並認定你才是玩弄骯髒手段的人，在別人的背後說壞話。就像被對手偷打拐子後回敬對方一記拐子的籃球選手，被裁判吹犯規一樣，可能永遠沒有機會得到真正的正義，甚至得不到即時重播畫面的證明。但是因為在組織生活中聲譽非常重要，可作為最後訴諸的手段，你可以試著確保那個對你不利的人得到他非常應得的「頭條新聞」，只是不要濫用這個方法，並記住有些武器只是為了防衛。

一般而言，我們前面提及的那些強硬手段，只有在你威脅要使用它們時最有影響力；一旦動手，可能造成無法預料和不能控制的結果。因此，你最好不要用報復性的方式，而是用一種具有說服力的方式，去警告這個全世界最討人厭的渾球，如果他們繼續使出骯髒的手段，你會做什麼。只是要確定如果迫不得已，你也準備好要針對威脅採取行動。

要影響，不要耍手段

組織生活中的補償特性是，任何人若只是為了個人的目的而做，遲早人們會認為比起幫助組織完成目標，他們對促進自身的目的更有興趣，進而失去信用與影響力。儘管有時候時間來得比預期的要久，但是一報還一報，鯊魚也會被咬。類似的過程發生在那些不法使用互惠原則的人身上（例如：用賄賂以求得非法的好處），雖然正義之輪可能轉動得實在太慢了。

真正難搞的人提高誘惑讓你越線。認清操弄的行為，以及區分這個行為（不道德且經常引發不快的反應）和有技巧的影響（組織中任何人都可以使用，且不會造成傷害）是很有用的。

表16.1概略說明我們對於影響與操弄之間微妙界線的看法。

表16.1　區分影響與操弄

這樣是在操弄別人嗎：	答案：
• 了解自己在做什麼以取得影響力？	否
• 配合對方調整自己的論點與說話方式？	否
• 如果沒有人問你，就不提自己的最終目標？	否
• 誇大你的代價，好讓這筆交易看起來更吸引人？	否
• 督促自己對對方感興趣並關心對方？	否
• 給予對方不是每個人都能有的恩惠？	否
• 畫一塊最吸引人的大餅？	否
• 假意關心對方？	是
• 謊稱你的意圖？	是
• 謊稱你的損失？	是
• 謊稱好處？	是
• 承諾你不（打算）支付的報酬？	是
• 尋找對方的弱點，好讓他們以違反自我誠信的方式欠你人情？	是

　　如果你可以在無損影響力的情況下，把你的動機告訴潛在盟友，這種企圖就不是操弄。遵守這條原則並不要求你一次全盤托出，也不會阻止你提出最好的主張，但是它的確建議全然的謊言是越軌的行為。談判的人都知道：「永遠都要說實話，但不必一開始就全盤托出。」

小心別把人想壞了

　　沒錯，偶爾會有爛蘋果，但是我們看過很多的情況是，每一方都認為自己動機單純，對方則是惡意的，而且雙方都無法捨棄這些成見。舉例來說，我們提供諮詢的一群醫院管理人員多年來彼此之間充滿敵意，每個人都深信：「除了我以外的其他人」都是不擇手段來傷害別人。然而，所有的人（毫無例外）都告訴我們，他們厭惡彼此對待的方式，但是都覺得必須先發制人，因為對方總是時時準備好要展

有計畫地使用交易籌碼，但不要耍手段

史考特·提敏斯（Scott Timmins）在昔日當紅的顧問公司ODI擔任顧問作業總監。據他描述，這個職位完全是靠影響力，而且史考特也很熟悉《無權力也能有影響力》的一些概念。

我是ODI的顧問作業總監，負責安排每個人的出差等事務。同事都開玩笑說，我是五十名顧問和二十五至三十名約聘顧問的空中交通管制人員。我必須事先把所有顧問的時間與客戶接踵而來的顧問需求做調配，所有這些全都由我集中管理，好讓這些顧問們能到需要他們的地方。我的目標則是提供高品質的服務，完成客戶的工作，並將我們的資產基礎（顧問的時間）最大化。我們能讓員工向客戶收取越多的費用，公司的獲利也越好。我必須衡量流程、能力和服務日期。有些人員負責諮詢，但是大多數時候他們做的是訓練工作，所以時間單位是以訓練日數來計算（許多課程長達一週），因此我們常常不能把一週的工作拆開來。如果有家公司需要某位員工三天的工時，那他本週就是做這三天，因為多數的大公司都會要求顧問到他們指定的地方。我們有一個顧問接案機制，我們會提出建議，顧問也可以說不要。非常資淺的菜鳥顧問有必須接下我們提供案子的壓力，但是隨著完成的案子越多，他越能夠掌控自己想要去的地方。所以，我要設法將顧問的使用率最大化。我必須把客戶要求的工作、地點、客戶的特性與顧問本身的興趣結合起來。

我們認為有兩件事能決定事業的加速進展：你的能力和你得到的工作任務（包括與你共事的人是誰）。計畫負責人也會協商他們想要的人（每個人的價碼都一樣，所以每一個計畫負責人都想要最好的人才，而這也是最欠缺的資源）。因為有些人會拒絕，所以我替每項計畫列出一張高於需求的人力，與計畫負責人排定優先順序，如果排在前面的人拒絕接案，就依次往下找人。顧問最糟糕的答覆是：「或許吧。」我需要把它搞定。

在不是面對面的時候，我該如何促進交易的概念呢？我閱讀每個顧問的年度專業發展計畫，了解他們的發展目標。我和每個人面談，詢問他們偏好的工作、有哪些最成功和最不成功的客戶，以及出差的要求（例如單親媽媽）。你不想浪費時間提供人家不接受的東西，你要提供適合他們的案子，他們就會答應。這聽起來好像很容易，但實際上卻很困難。

如果我知道某個案子的客戶像無賴或很難搞，我如何得到顧問的首肯呢？或許它是這個人想要的工作類型，或是可以為公認能力強且可以幫助他

們成長的計畫負責人工作，或是他們可以到世界的某個地方看看。或者，他們的業績下滑，他們需要某些東西。我每天都會收到二十五到五十個要求，而且目標是每天完成這些請求。我知道每個人每天應該在哪裡。

我當時還是個資淺顧問，沒有直屬下屬，這是沒人想做的工作，但是我剛好控制了事業生涯發展中的關鍵因素──影響未來收入等等。藉由使用這個方法和加強我的技巧，我能夠取得大家的配合。

我將每個人的籌碼記錄下來，知道什麼有用什麼沒用。我把它放入一份表單中，上面列出所有人的名字和他們的「啓動鈕」，以及什麼會導致他們馬上拒絕的壞啓動鈕（他們討厭的東西）。我想要減少拒絕的次數，因為我一直都沒有足夠的時間，必須藉此來提高每個請求的接受率。或者，我知道籌碼是什麼，所以當我被卡住、且必須要求某人接下一個討厭的任務時，我可以說：「我知道你不喜歡出差到西岸，但是，瞧，這個任務多符合你想要的工作，而且你可以在飯店多待一天，錢由我們出。」必要時，我們有一些額外補貼可以提供。每個禮拜都有許多的準備工作和頭痛的事情要應付，但是最後，它就在你的腦海裡，因為你已經越來越了解它們了。

他們也了解影響力的觀念，所以他們知道我是有意識地運用他們的籌碼來給付。他們知道我的工作是找到配對，信賴是很重要的。如果他們知道你是在設法透過他們做好工作──當然，你也是為了公司好而努力──大家就會相安無事。只要我覺得他們有很好的理由拒絕，那也沒有問題。但是一名顧問不能永遠都拒絕接案，有些顧問好到每個人都搶著要。相反地，有些人接不到案子，因為他們懂得不多而且沒有人想和他們一起工作。他們必須了解，我很關心他們，不只是想要操弄或是騙人。畢竟，他們確實去了那些地方，所以知道我有沒有說實話，因此也使得誠信得以在關係的脈絡下長時間的累積。如果這個人只是因為生氣上一個任務而拒絕接案，我必須回頭重新建立信賴感。如果我在不符合他們最佳利益的情況下說服他們接下工作，那將會妨礙我請求他們接下一個案子（大約四天後）！我做過顧問的工作，這對我很有幫助的，他們知道我經歷過我要求他們去做的事情，所以我是可靠的。我不會聽到「你不曉得搭飛機有多麼辛苦」云云。

我太太蘇珊是其中的一名顧問。她知道 IWA（《沒權力也能有影響力》），有一次我公式化地用在我太太身上，她氣炸了：「不要拿那個胡說八道的 IWA 唬我！」記得務必要真誠。

有意識地使用交易籌碼，去影響顧問配合的成果

我們在一年半內，向客户收取的費用從百分之三十五提到百分之五十。雖然我學到了很多，但無法做太久。這個工作的壓力非常大，而且永遠沒有喘息的空間，我不能生病或是休假。我有職務代理人，但是如果有任何重要的事情發生，他們還是會打電話給我，讓我去解決。比如說客户取消案子了，突然間多出來的資源該怎麼辦？或是授課期間發生爆炸事件，要怎麼收拾善後？我感受到很大的壓力。

確實有些人對我提出關於他們想去哪兒，或是想要接哪些客户案子的特殊要求，我認為知道他們的想法是好事。有時候實在不行，但你可以做交易。聰明的人會提供我新的訊息，讓我知道他們的想法。有時候則會碰上很棘手的交易，如果我不得不送某個人到第九層地獄，我會坦承：「我知道這個案子很爛，但是只有你能做，我會報答你的。」有些人不願意為了公司的利益去做事，後面就會有報應，我會把好東西給別人，並說明原因：「那個人為團隊付出，你沒有，那就是為什麼他們這禮拜去了百慕達。」

有些業務人員會說：「我只要這三名顧問其中之一。」所以，有時我必須推銷一個有空的顧問給這名客户的代言人。我必須知道這些顧問的專長，所以我要很了解他們。或許他們的確適合，也或許不適合。這個人夠好嗎？你能接受嗎？完美無缺的人很容易安排，但是這種人很少。

儘管有這些難題，這個經驗對我在這家公司的生涯發展仍有正面影響。我曾花很多時間在商務旅行上、得過獎，有一年還是業績最好的顧問。有位良師益友給了我一個轉型的機會，我認為這是了解及打進公司內部的一個方法。我做了大約十八個月，然後公司提供機會讓我的妻子和我去倫敦，我們在那裡開疆闢土。他們需要蘇珊幫忙訓練新人，她在這方面聲譽卓著，也讓客户大為折服。他們要蘇珊但也找我，因為他們需要建立制度，而我已經知道該怎麼做，所以我得到機會仔細研究作業流程，若沒有之前的工作經驗，可能要等更久才有這個機會。

三個月之後，公司要求我們共同領導英國的業務。我加入了歐洲領導人會議（European Leadership Council）（當時我才三十二歲），所以擔任顧問作業總監的經驗促進了我的事業發展。在我離職的時候，公司的年度業績為五千萬美元，而且仍在穩定成長。

開攻擊。當這項調查公布之後，他們全都鬆了一口氣，開始以超乎任
何人的想像去發現彼此更多的優點。在你急著對某個你不喜歡他行徑
的人做出負面結論之前，先想想這些人的經歷吧。

　　不過，當一個加碼的策略證實確有必要時，另一個風險是你會發
現壓力很大，大到讓人匆匆棄守。即使你寧可將那當成最後訴諸的手
段，還是需要夠強硬才撐得住。

　　雖然人類看似脫離不了合作、創造共同責任，以及交換彼此想要
的東西，但就像所有人類的機制一樣，交互作用（或互惠）與交易可
能被濫用，也常常被濫用，這種濫用有好幾種形式（參見表16.2）。

　　我們一一提及這些令人不愉快的交互作用與交易層面，不僅是為
了讓你知道這些危險，也是為了幫助你保護自己。

表16.2　交互作用與交易可能的負面情況

墮落
不適當、不道德或不法的交易
玩弄手段
謊稱動機、目標以及獲得資源的用途
謊稱報酬或是回報
謊稱施恩者的損失
假裝真心關懷交易夥伴
製造人情債，強迫欠人情的對方違反個人信念給予對等的回報
報復
誇大人情債與償債的感受
負面的組織環境
過於強調個人利益而賠上組織利益的組織
過度使用直來直往的交易，且從不發展主動禮尚往來的人際關係的組織
非常害怕交易，以至於什麼事都做不了的組織
不用正面的交易，而是透過對報復和其他負面籌碼的恐懼來運作的組織

結論

硬碰硬（hardball）＊對你的組織（和個人）的健康可能有危險，不論是你K人或是被人K。如果可以，你想要避免硬碰硬，但是不要因為太害怕硬碰硬，讓自己很容易遭受負面攻擊。繼續尋找雙贏的交易，即使你可能必須以威脅方式提出負面的交易──或是實質使用負面交易──以求公平競爭。

然而，我們極力主張你要不斷尋找避免讓彼此的緊張關係升高的可能性。這意味著不要一開始就把態度看似不友善的人想成最壞；先威脅對方你要採取的強烈回應，然後才採取行動，並表明清楚，在組織與其他人的利益上，你並不想執行會造成負面後果的行動；逐步升高壓力，在秀出最強硬的武器之前，早一步將事情澄清；可能的話，不要做專門用來傷害對方的事情。

唐娜・杜賓斯基早年在蘋果電腦曾挑戰過史帝夫・賈伯斯和約翰・史考利，最後還促成Palm和Handspring的創辦與經營。她主張永遠都要保留「去死吧！」的籌碼。如果你不是一定要保住自己的工作，就可以比較勇敢。但是如果你已經有出色的表現紀錄，並趁早開始傾力累積大量良好關係，你也能夠處於更有利的位置。擁有許多潛在盟友是取得影響力的好點子，同時也讓你比較不會有被三振出局的恐懼去硬碰硬。如果你需要溫習，請再看一次第六章的「建立有效關係」。你要避開以下這些負面交易的陷阱：

避免作繭自縛

* 當某人拒絕合作時，過早退縮。要學習使用其他的方法。
* 當某人玩弄骯髒手段時，在運用不利後果的威脅之前，就先行以牙還牙，予以報復。當威脅在手腕上打一下或是在褲子上踢一腳就可能有用的時候，不要浪費核子武器。

＊hardball為硬式棒球，這裡有雙關語硬碰硬的意思。

- 永遠都不肯使用負面交易。如果在需要一點醋的時候，你只有蜂蜜，往往會讓你陷入困境。
- 以不留餘地的攻擊方式使用負面交易。不要害怕戰爭，但要持續保持和平的吸引力。

網路上的延伸範例

如欲瀏覽下列任何範例的全文，請將網址：http://www.
influencewithoutauthority.com複製到你的瀏覽器。這些範例有豐富、
詳細的說明與分析，還包括許多組織各階層的行動策略。

■內蒂・希布魯克斯的職業生涯：排除萬難以取得影響力

身為非裔美國人及女性，內蒂・希布魯克斯需要克服超乎常人的
障礙，才能取得影響力──尤其是在她職業生涯的起點──通用汽車
公司更是如此。她的傑出故事為取得影響力提供了寶貴的教訓：

- 做好工作以作為取得信任和好名聲的方式，它們是取得影響力
  的門票，影響力要的不只是技巧。
- 培養強大的關係。
- 將組織利益擺在第一位，如此一來，別人就不會認為你是在牟
  取私利。
- 避免作繭自縛，例如：否定難以相處的人、錯失學習的機會，
  或未能察覺別人想要什麼。

直接瀏覽這個範例，請點閱網址：http://www.influencewithoutau
thority.com/nettieseabrooks.html。

■華倫‧彼得斯通過複雜、多階段的交易過程

華倫‧彼得斯想辦法要換掉他在保險公司的下屬,他與他屬意人選的更高階主管發生衝突。華倫必須決定是否要為了忠於自己的選擇而戰,一旦他這樣做了,他就必須在取得他想要的結果的同時,還能找到維護良好關係的方法。華倫的故事說明了下列這些重要的影響力原則:

- 當你被攻擊的時候,要忍住還手的衝動。
- 仔細傾聽對手的主張,釐清對他們而言什麼是最重要的。
- 面對反對意見時要有毅力,以堅定的耐力迎接反對聲浪。
- 必要時優雅地退場。

直接瀏覽這個範例,請點閱網址:http://www.influencewithoutauthority.com/warrenpeters.html。

■安‧奧斯汀跨越障礙,推銷新產品構想,並得到夢寐以求的工作

在一家財星五百大消費商品公司擔任市場分析工作的安‧奧斯汀,發現了一個新產品商機,但是她無法讓其他人接受她的點子。但是她透過驚人的毅力及熟練運用影響力的技巧,進行了一個有力的內部宣傳活動,讓人們接受她的構想,並得到她想要的工作。她的故事說明了幾項要點:

- 留意交易的所有情況,才可以集中精力。
- 將你的個人目標和任務的成功牢記在心。
- 認真看待阻力。
- 要積極自信,不要充滿敵意。

直接瀏覽這個範例,請點閱網址:http://www.influencewithoutauthority.com/anneaustin.html。

■一個有決心的影響者的教訓：具有革命精神的產品經理莫妮卡‧阿胥利的崛起、殞落，以及最後的敗部復活

這個複雜的案例透露幾年間許多不同層次的挑戰，並說明專案管理的工作需要有能力去決定關鍵的參與者、找出他們重視什麼，以及利用一套完整的影響技巧去促使重大的計畫開花結果。莫妮卡‧阿胥利必須克服來自於一個權力很大的技術專家的強大阻力，而且她在向外尋求必要的技術時贏得了最後勝利，但因為她所採用的方法，也使得她被這項產品開發專案除名，並被安置在「冷衙門」長達一年。如果你的工作促使你與多名利害關係人展開接觸，為了成功，你必須說服他們，你也會發現花時間費神去了解情況是非常值得的。

我們從莫妮卡的經驗得到一些教訓：

- 擁有正確的資訊是一個起點，但往往不足以取得影響力。
- 影響力需要建立相當多的關係，並盡力維護。
- 你必須啟動你的後援關係，並克服反對者。
- 當你所敬重的人不願意做你想要的事情，不能就此否定他們，要去詢問並了解原因。
- 你所求助的管理層級越高，行為規範的操作就越微妙，而且它們對你的聲譽與職業生涯的影響也越大。

直接瀏覽這個範例，請點閱網址：http://www.influencewithoutauthority.com/monicaashley.html。

■在蒙大拿製造小奇蹟：利用影響力改變組織以外的人及團體

提姆林‧巴比斯基和吉姆‧所羅門看到蒙大拿的風力有龐大的發展潛力，但是不熟悉他們組織的當地人卻望之卻步。透過與幾個政府贊助團體的合作，以及一些良好的宣傳，他們終於能展開一個草根性的社會運動，那就是開發一個強大的現成資源，並改善人們的生活。

他們的影響力運動中的重要因素包括：

- 找到一個你熱切關注的議題，以支持你克服複雜的反對聲浪。
- 找出所有相關的利害關係人，並利用任何你所擁有、且與他們有關係的人脈。
- 利用每個可用的溝通工具傳播你的各種訊息。
- 提供資訊、門路、回應，並做好準備工作，減輕重要利害關係人所承受的時間壓力。

直接瀏覽這個範例，請點閱網址：http://www.influencewithoutauthority.com/montanamiracle.html。

■威爾・伍德促銷電子學習訓練計畫：成功改革的案例

威爾・伍德在升任一個麻煩部門的主管之後，利用謹慎的改革規畫、相當多的影響力技巧，以及一些計算過的操作手段完成電子學習計畫（一個更有效率的訓練工具），但是為了成功，他必須克服各種懷疑的論調與吃緊的預算。他所採取的原則包括：

- 提供一個願景，說明改革將會如何提升效能。
- 透過更好的業績表現建立自己的信用。
- 依照不同的需求調整他的互動方式，以建立重要的人脈關係。
- 為他發起的改革所造成與組織權術運作的牽連做好準備。

直接瀏覽這個範例，請點閱網址：http://www.influencewithoutauthority.com/willwood.html。

■芙蘭・葛瑞格斯比中止資深同僚的一億美元企畫案：小心駕馭組織權術

芙蘭・葛瑞格斯碰到一個挑戰，她接手Commuco公司一名很受歡迎的資深高階主管的寶貝計畫，這個案子非常有問題，她必須封殺

它，但又不能犧牲一群有能力的工作人員，以及自己在公司的美好前程。她所展現的影響力原則是：

- 接受挑戰以建立信任。
- 保持警覺，以便知道政治風向。
- 準備好長痛不如短痛。
- 如果你個人無法接受自己必須做的事情，當你找到更好的選擇時就要急流勇退。

直接瀏覽這個範例，請點閱網址：http://www.influencewithoutauthority.com/frangrigsby.html。

國家圖書館出版品預行編目資料

沒權力也能有影響力：學會Exchange交涉術，
就能影響你的上司、同事及合作夥伴／Allan R.
Cohen and David L. Bradford著；陳筱黠譯. － －
初版. － － 臺北市：臉譜，城邦文化出版：家庭
傳媒城邦分公司發行，2008.02
面； 公分. － －（企畫叢書；FP2169）
譯自：Influence Without Authority, 2nd Edition
ISBN 978-986-6739-36-1（平裝）

1. 組織管理 2. 人際關係

494.2 97002544